国家教材建设重点研究基地（高等学校人工智能教材研

浙江大学“新一代人工智能通识系列教材”

人工智能通识基础（理工农医）

General Education of Artificial Intelligence

陈建海　朱朝阳　朱霖潮　沈　睿 ● 编著

ZHEJIANG UNIVERSITY PRESS
浙江大学出版社
· 杭州 ·

图书在版编目（CIP）数据
人工智能通识基础. 理工农医 / 陈建海等编著.
杭州 ：浙江大学出版社，2025. 2. -- ISBN 978-7-308
-25938-5
Ⅰ. TP18
中国国家版本馆CIP数据核字第20251B338W号

人工智能通识基础（理工农医）
陈建海　朱朝阳　朱霖潮　沈　睿　编著

策　　划　黄娟琴　柯华杰
责任编辑　吴昌雷　曾　熙
文字编辑　王钰婷
责任校对　王　波
封面设计　杭州林智广告有限公司
出版发行　浙江大学出版社
（杭州市天目山路148号　邮政编码310007）
（网址：http://www.zjupress.com）
排　　版　杭州晨特广告有限公司
印　　刷　杭州捷派印务有限公司
开　　本　787mm×1092mm　1/16
印　　张　19.75
字　　数　409千
版 印 次　2025年2月第1版　2025年2月第1次印刷
书　　号　ISBN 978-7-308-25938-5
定　　价　59.00元

浙江大学出版社市场运营中心联系方式：0571-88925591；http://zjdxcbs.tmall.com

序

2017年，国务院印发的《新一代人工智能发展规划》指出：人工智能的迅速发展将深刻改变人类社会生活、改变世界。新一代人工智能是引领这一轮科技革命、产业变革和社会发展的战略性技术，具有溢出带动性很强的头雁效应。

作为类似于内燃机或电力的一种通用目的技术，人工智能天然具备“至小有内，至大无外”推动学科交叉的潜力，无论是从人工智能角度解决科学挑战和工程难题（AI for Science，如利用人工智能预测蛋白质氨基酸序列的三维空间结构），还是从科学的角度优化人工智能（Science for AI，如从统计物理规律角度优化神经网络模型），未来的重大突破大多会源自这种交叉领域的工作。

为了更好地了解学科交叉碰撞相融而呈现的复杂现象，需要构建宽广且成体系的世界观，以便帮助我们应对全新甚至奇怪的情况。具备这种能力，需要个人在教育过程中通过有心和偶然的方式积累各种知识，并将它们整合起来实现的。通过这个过程，每个人所获得的信念体系，比直接从个人经验中建立的体系更加丰富和深刻，这正是教育的魅力所在。

著名物理学家、量子论的创始人马克斯·普朗克曾言：“科学是内在的整体，它被分解为单独的单元不是取决于事物的本身，而是取决于人类认识能力的局限性。实际上存在着由物理学到化学、通过生物学和人类学再到社会科学的链条，这是一个任何一处都不能被打断的链条。”人工智能正是促成学科之间链条形成的催化剂，推动形成整体性知识。

人工智能，教育先行，人才为本。浙江大学具有人工智能教育教学的优良传统。1978年，何志均先生创建计算机系时将人工智能列为主攻方向并亲自授课；2018年，潘云鹤院士担任国家新一代人工智能战略咨询委员会和高等教育出版社成立的“新一代人工智能系列教材”编委会主任委员；2024年，学校获批国家教材建设重点研究基地（高等学校人工智能教材研究）。

2024年6月，浙江大学发布《大学生人工智能素养红皮书》，指出智能时代的大学生应该了解人工智能、使用人工智能、创新人工智能、恪守人与人造物关系，这样的人工智能素养由体系化知识、构建式能力、创造性价值和人本型伦理有机构成，其中知识为基、能力为重、价值为先、伦理为本。

2024年9月，浙江大学将人工智能列为本科生通识教育必修课程，在潘云鹤院士和吴健副校长等领导下，来自本科生院、计算机科学与技术学院、信息技术中心、出版社、人工智能教育教学研究中心的江全元、孙凌云、陈文智、黄娟琴、杨旸、姚立敏、陈建海、吴超、许端清、朱朝阳、陈静远、陈立萌、沈睿、祁玉、蒋卓人、张子柯、唐谈、李爽等开展了包括课程设置、教材编写、师资培训、实训平台（智海-Mo）建设等工作，全校相关院系教师面向全校理工农医、社会科学和人文艺术类别的学生讲授人工智能通识必修课程，本系列教材正是浙江大学人工智能通识教育教学的最新成果。

衷心感谢教材作者、出版社编辑和教务部门老师等为浙江大学通识系列教材出版所付出的时间和精力。

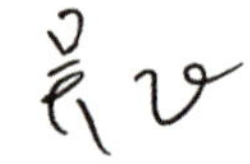

浙江大学本科生院院长

浙江大学教育教学研究中心主任

国家教材建设重点研究基地（高等学校人工智能教材研究）执行主任

前 言

人类是伟大的，是智慧的，人类因智慧而伟大。“智慧”形容人具有的智慧和才智，“慧”表达了一种能用知识进行知识创造的能力。因此，人类自身就是一个伟大的“智能体”，一个具有“生物”特性、有生命的“智能体”。自从人类诞生以来，信息技术就在推动人类的进步和发展中发挥了重要的作用。人类因彼此交互信息而成长，伴随着信息交互技术的进步而不断发展。从远古至今，人类社会经历了五次大的信息技术革命，包括语言的发明、文字的发明、印刷术的发明、电子电报通信和电子计算机的发明，以及互联网等的出现。特别是计算机的出现，引起了信息技术的飞速发展。计算机是人类智慧的创造物，是一个以机器为载体的智能体。因此，计算机也是人工智能体，是人工智能技术的典型代表。

近年来，随着计算机的发展，人工智能技术也得到了快速发展。特别是随着大语言模型的诞生和普及，人工智能引发了全球的广泛关注。各行业领域纷纷研究探索人工智能应用，一度引发了对人工智能人才的巨大需求，更进一步引发了全民对人工智能知识的渴求，人工智能教育教学成为迫切任务。党的二十大报告指出，“教育、科技、人才是全面建设社会主义现代化国家的基础性、战略性支撑。必须坚持科技是第一生产力、人才是第一资源、创新是第一动力，深入实施科教兴国战略、人才强国战略、创新驱动发展战略”①。这三大战略共同服务于创新型国家的建设。高等教育与经济社会发展紧密相连，不仅能够通过改善人力资源结构、培养高层次专门人才来提高劳动生产率和促进科技进步进而推动经济社会发展，还能提供智力资源和科技成果，并推进科学成果向实际生产力的转换，助力经济结构的调整和优化。

2018年，由全国54所高校参与的全国高校人工智能与大数据创新联盟成立。2024年3月28日，教育部举办了数字教育集成化、智能化、国际化专项行

---

① 习近平 · 高举中国特色社会主义伟大旗帜 为全面建设社会主义现代化国家而团结奋斗：在中国共产党第二十次全国代表大会上的讲话［N］. 人民日报，2022-10-26（01）.

动暨“扩优提质年”启动仪式。当日，教育部启动了人工智能赋能教育行动，推出了4项具体举措，旨在用人工智能推动教与学的融合应用，提高全民数字教育素养与技能，开发教育专用人工智能大模型，同时规范人工智能使用科学伦理。2024年的《政府工作报告》围绕“深化大数据、人工智能等研发应用”做出部署，并首次将“大力开展‘人工智能+行动’”写入其中。在建设教育强国的时代背景下，如何大力开展“人工智能+行动”，已经成为广大教育工作者关注的热点话题。

人工智能是把金钥匙，不仅影响未来的教育，也影响教育的未来。正如教育部部长怀进鹏所指出的，要想更好地抓住机遇、应对挑战，就必须积极地拥抱科技与产业的变革，主动拥抱人工智能时代。这就要求我们把人工智能应用到教育教学和管理的全过程、全环节，充分研究它的有效性、适应性，让青少年一代更加主动地学，让教师更加创造性地教。人工智能尤其是生成式人工智能的高速发展，对经济发展、科技进步、教育创新都有极大的赋能和促进作用。人工智能对经济发展而言是新质生产力的引擎，对科技进步而言是新的研究范式，对教育创新而言是新的有力抓手。积极拥抱人工智能、响应国家“人工智能+行动”是教育创新的关键机遇，通过教育创新促进教育的高质量发展，是建设教育强国的重要路径。在“人工智能+行动”的洪流中，我们要创造出教育强国建设的新范式，展示中国特色和中国力量，引领全球未来教育的创新发展。

最近全国高校积极努力推进人工智能教育教学知识普及工作。为响应教育部的战略要求，浙江大学专门成立了人工智能教育教学研究中心，推进面向全校低年级学生的人工智能通识教育及课程建设工作。本教材是“人工智能基础”通识课程的配套教材之一，专门面向理工农医专业大一下学期的本科生。鉴于人工智能通识课程的性质和教学对象，教材在规划内容时不仅结合了通识课的教学目的和要求，还考虑了非人工智能类专业学生在数学、逻辑和计算机方面的知识储备。教材旨在帮助学生理解进而掌握人工智能的基本概念、基础原理，掌握人工智能常用算法、模型及工具的使用。教材采用案例驱动、实战导向的教学方式，为每个知识点引入生动有趣和实用性强的案例，结合生活工作实际，逐步使学生熟练掌握运用Python语言进行简单的人工智能常用模型设计、预训练大模型微调及人工智能模型评估等方法，并能理解人工智能的伦理、安全等问题，最终培养学生既懂人工智能最基本的原理知识，又会使用人工智能工具解决实际问题，为国家数智化战略培养和积累具有人工智能素养的新质人才。

在本教材的撰写过程中，作者考虑了通俗易懂、特色鲜明、实践案例配套及资源丰富等多方面的因素。本教材的主要特色有：第一，教材融入理工农医类专业特点，设计知识重点突出；第二，教材案例融入AI4Science,体现学以致用；第三，教材配套丰富的数字资源，包括数字教材、PPT课件，以及基础资源和用于扩展的学习资源等；第四，教材设计了丰富的知识图谱和能力图谱，可供学生进行个性化学习。第五，本教材融入浙江大学自研Mo平台的新形态的人工智能课程教学模式。希望本书读者也有机会去体验一下这种模式，读者可以扫描此二维码，访问平台，其中包含了本书的教学素材案例和代码（都是可以直接在平台上运行的），以及对本教材内容的修正和扩展。

Mo平台

全书共分13章，全部讲授大约需要32学时。整体知识内容按照层层递进的结构来组织，分为基础入门、机器学习、深度学习、大模型四篇。

第一篇是基础入门篇，对应本书第1～3章，介绍人工智能学习相关的基础入门知识。第1章作为本书起始章，主要介绍了人工智能的起源定义、流派发展浪潮、伦理安全等知识。第2章介绍了人工智能的系统和数据基础知识。第3章介绍了人工智能应用开发基础知识。

第二篇是机器学习篇，对应本书第4～6章，重点介绍机器学习相关的基础知识。第4章作为过渡，通过介绍人工智能问题求解基础知识引出机器学习问题求解有关知识。第5章介绍机器学习有监督学习与最基础的回归和分类模型，加深对机器学习概念原理的理解。第6章主要介绍无监督学习的数据聚类和降维技术知识。

第三篇是深度学习篇，对应本书第7～10章，重点介绍深度学习相关的基础知识。第7章介绍深度学习基础知识，包括三要素、感知机模型和浅层人工神经网络等知识。第8章介绍卷积神经网络的概念、原理和应用。第9章介绍循环神经网络概念、原理和应用。第10章介绍一个人工智能应用完整开发过程的相关知识。

第四篇是大语言模型篇，对应本书第11～13章，重点介绍自然语言大模型的有关知识。第11章介绍自然语言处理NLP建模和Transformer有关基础知识。第12章介绍大语言模型与生成式人工智能的知识。第13章介绍预训练微调和多模态模型有关基础知识。

本书是在浙江大学人工智能教育教学研究中心的悉心组织下，由浙江大学人工智能通识基础A课程组团队负责撰写完成。课程组长陈建海、课程副组长朱朝阳负责课程体系设计并进行全书统稿，教学团队共同参与编写。具体各章节撰写分工情况如下：

第1章由陈建海撰写完成，朱朝阳参与撰写伦理安全部分，王酉和黄刚参与修改；第2章由陈建海撰写完成，黄刚和龚小谨参与修改；第3章由沈睿撰写完成，陈建海参与修改；第4章由陈建海撰写完成，吴韬、吴迎春和金台参与修改；第5章由朱霖潮撰写完成，耿光超、朱政、钟先平和申永刚参与修改；第6章由朱霖潮撰写完成，申永刚和熊诗颖参与修改；第7章由朱朝阳撰写完成，张文普、黄慧和朱霖潮参与修改；第8章由朱朝阳撰写完成，张岭参与修改；第9章由朱朝阳撰写完成，王自力参与修改；第10章由朱朝阳和耿光超共同撰写完成，陈建海参与修改；第11章由朱朝阳撰写完成，龚亮、毛圆辉和周展参与修改；第12章由朱朝阳撰写完成，庄树林参与修改；第13章由朱朝阳撰写完成。

人工智能虽然已经有了长足进步，但它仍然是一个发展中的学科，还尚未形成一个公认的定型的理论和技术标准体系。撰写人工智能通识基础课教材是个崭新的项目，可参考和借鉴的书籍文献极少，因此，本书的编写并非易事。再加上作者视野和水平有限，所以尽管作者们付出了巨大努力，但书中仍难免有一些不尽如人意、甚至错误之处，故恳请专家同行不吝赐教，提出宝贵建议。希望选用本书的广大老师、同学及读者提出宝贵意见和建议。

此外，本书在编写过程中还得到浙江大学师生和社会各界同仁的帮助和支持。在本书出版之际，我们要衷心感谢包家立、梅汝焕、陈张一、彭慧琴和危晓莉提供素材，感谢研究生周渝松、沈志康、陈莹和岳希航的参与，感谢张朝一、姜磊和陈熙豪在内容通俗性方面给予的建议，感谢所有参与撰写并提出宝贵意见的老师。正是他们的支持和付出，本书才得以顺利完成和出版，在此一并感谢那些为本书提供知识资源的国内外专家学者及所有为本书的撰写和出版提供过帮助和支持的人士！

浙江大学人工智能基础（A）课程组
浙江大学人工智能教育教学研究中心
国家教材建设重点研究基地（高等学校人工智能教材研究）
2025年2月

目　录

第一篇　基础入门篇

第 1 章　初识人工智能

第2章 人工智能的系统数据基础

第3章 人工智能的应用开发基础

第二篇 机器学习篇

第4章 从问题求解到机器学习

第5章 回归与分类模型

第9章 循环神经网络

第10章 完整的人工智能应用开发实践

第四篇 大语言模型篇

第11章 自然语言处理建模

第12章 大语言模型与生成式人工智能

第一篇

基础入门篇

本篇导读

基础入门篇对应本书的第1～3章，作为学习人工智能的基础入门部分。通过本篇的学习，您将真正开启人工智能学习之门。第1章作为本书起始章节，主要介绍人工智能的起源定义、流派发展浪潮、伦理安全等知识。第2章介绍人工智能系统概念、技术架构及人工智能系统底层的计算系统和数据表示的有关基础知识。第3章介绍人工智能应用开发的有关基础知识，包括Python基本语言、人工智能应用开发环境、相关包和库及深度学习框架等。

知识图谱

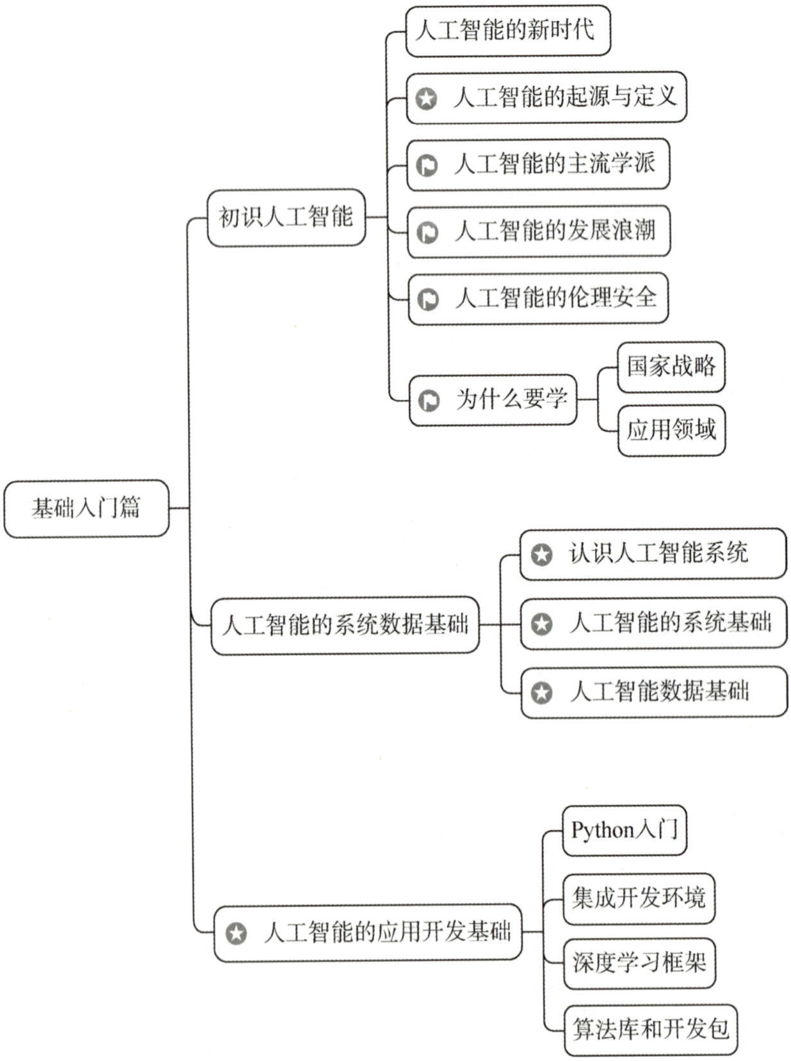

基础入门篇
初识人工智能
人工智能的新时代
人工智能的起源与定义
人工智能的主流学派
人工智能的发展浪潮
人工智能的伦理安全
为什么要学
国家战略
应用领域
人工智能的系统数据基础
认识人工智能系统
人工智能的系统基础
人工智能数据基础
人工智能的应用开发基础
Python入门
集成开发环境
深度学习框架
算法库和开发包

第1章　初识人工智能

本章导读

我们进入了人工智能（Artificial Intelligence，简称AI）时代，机器学习、深度学习、神经网络、大语言模型和人工智能生成内容（AI Generated Content，简称AIGC）等人工智能技术铺天盖地地袭来，我们欣喜若狂又忧心忡忡。人工智能技术已经深深进入了我们的日常生活，对各个行业、领域及社会经济生活的方方面面产生了深远的影响。然而，我们对人工智能技术背后的原理的认识却是模糊的。我们正被“AI到底是什么？”“AI有哪些有用的工具？”“面临AI我们要注意哪些问题？”及“我们问AI的问题，AI给的答案或结果可信吗？”等一系列问题困扰着，迫不及待地想揭开人工智能的神秘面纱一探究竟。在本书第一章，我们将通过介绍人工智能的时代背景、起源与定义、流派、发展浪潮、伦理安全与挑战等内容，使读者对人工智能有一个整体的认识，顺利开启人工智能通识基础知识的大门。

本章要点

◉ 列举身边人工智能应用的例子
◉ 解释人工智能的起源和定义
◉ 比较分析人工智能主流三大学派的技术特征
◉ 列举人工智能发展三次浪潮的重要事件，分析两次低谷的原因
◉ 辨识分析身边的人工智能伦理安全现象

1.1 人工智能的新时代

1.1.1 互联网大数据引来智能化

人类社会从原始农耕时代开始不断发展进步，经历了“（第一次）语言的使用”、“（第二次）文字的创造”、“（第三次）造纸术与印刷术的发明”、“（第四次）电报、电话、广播和电视的发明和普及”及“（第五次）电子计算机的普及应用与现代通信技术有机结合”等一次次信息技术革命，把我们带进了一个以计算机信息技术为基础的科技迅猛发展的崭新时代。从1946年世界上第一台电子计算机诞生伊始，经过人类70多年的不懈努力，计算机、手机和移动终端等技术快速发展，计算机和手机终端之间的互联形成了庞大的网络生态，人类已进入了一个互联网时代。“互联网”一词，对许多人来说曾经是陌生的，但今天无论是谁，拿起了手机、平板电脑等电子产品，就会感受到互联网的存在。特别是手机、平板电脑中的微信、QQ、淘宝和京东等各种各样的App（Application，手机应用程序），为人类的社会生产生活带来了极大的便利。互联网已经深刻改变了人类社会的生产生活方式，对人类社会发展产生了重要的影响。

进一步，无数互联网的用户无时无刻不在与App交互，又爆炸式地产生了大量的信息数据，把我们带入了一个大数据时代。面对日益增长的超大规模数据，人类为了充分发挥数据的作用而分析挖掘数据中蕴藏的价值，又发展出了大数据技术，各种大数据分析处理的算法、程序、软件、系统和平台应运而生。于是，许多App开始基于大数据引入了各种各样神奇的功能。例如当你进入某个电商平台时，会对感兴趣的商品执行点击、收藏或下单等操作，这些操作行为信息会被电商平台记录下来。然后，当你再次进入该平台时，会发现曾经操作过的类似商品被智能化地推送了过来。此时也许你会感到特别惊奇，电商平台怎么这么聪明智能，它怎么知道我喜欢某某商品呢？实际上，这是因为电商平台App后面有一种智能化的推荐程序，即基于电商平台大数据的智能推荐算法，其背后就是一种人工智能技术，为用户提供了智能化的推荐服务。再比如，AlphaGo能战胜世界围棋冠军李世石，正是因为它经过了数百万自我博弈数据的学习训练，才具备了超越人类智能的对弈能力，这也是人工智能技术。由此可见，大数据带来了智能化，人工智能成了一种通过智能化手段发挥大数据作用和价值的重要技术。

1.1.2 人工智能无处不在的时代

今天，在我们的手机中，人工智能已经无处不在。如图1-1所示，阿里巴巴的“淘宝”为用户提供了个性化推荐、智能物流、仓储机器人等服务，“今日头条”为我们提供了新闻推荐和智能搜索排序等服务，“相机App”、“照片App”、“美图美秀”和“Google照片”等图像类的App为我们提供了智能图像理解、智能美图等功能，百度的“度秘”为我们提供了对话式的人工智能聊天秘书、智能会话和智能助理服务，“滴滴优步司机”提供了智能出行和自动驾驶功能服务，谷歌“翻译”App提供了机器翻译服务等。

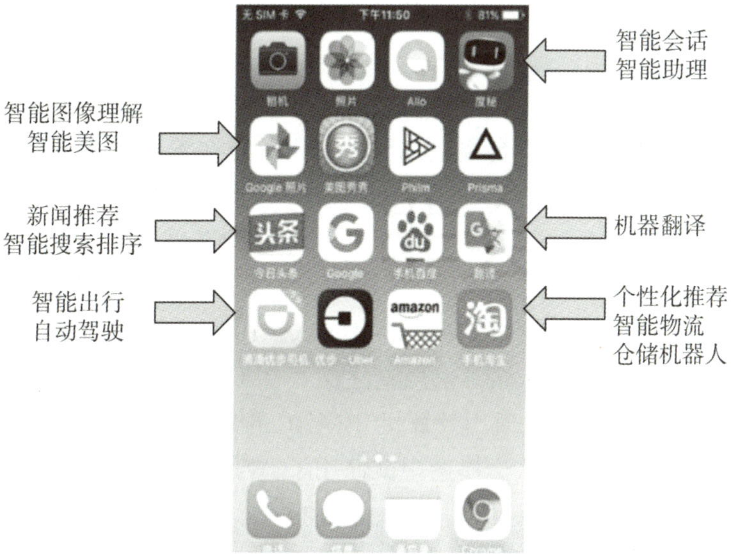

图1-1 无处不在的人工智能

除此之外，也许你曾经看到过家里“扫地机器人”自动识别全屋地面并完成智能扫地的过程。在你进出学校或很多公司门口时，门禁机器通过刷你的“脸”自动识别验证你的身份，确定是否为你开门放行。在食堂的自助餐厅，你看到过刷脸自动完成点餐和结算。你肯定也非常熟悉在停车场进出口的车辆，门禁控制系统智能识别车牌并进行计费。你看到过天上飞的“无人机”，马路上跑的“无人驾驶汽车”。在抖音、小红书的网络视频中你看到过长得像人的会炒菜、端盘子的“人形机器人”。百度的“文心一言”、阿里巴巴的“通义千问”和抖音的“豆包”等一系列被称为“大语言模型”的工具帮我们写报告、PPT、论文及代码等。还有Sora和Stable Diffusion的文生文、文生图及文生视频功能实现得如此逼真，几乎让我们无法想象。当看到Sora生成的逼真视频时，你也许惊叹过：“难道以后拍电影可以不用演员、可以不用导演了吗？”更让世人惊叹的是，2024年轰动科学界的诺贝尔物理学奖和化学奖都跟人工智能直接相关。获奖者获得这届物理学奖的理由是将理论物理和生物物理成功应用于人工智能的构建，实现在人工神经网络机器学习方面的基础性发现和发明。获奖者获得这届化学奖的理由是把人工智能成功用于蛋白质结构的预测。

我们已经进入了一个人工智能的新时代。那么，人工智能到底是什么呢？

1.2 人工智能的起源与定义

在这个充满智能的时代，我们感受到人类的智慧和伟大。人类是善于想象的生物，因此在历史长河中留下了许多天马行空的神话和童话故事。人类有充分的聪明才智和执行能力，通过科学和技术的变革逐渐将想象变成现实。

1.2.1 人工智能的起源

人工智能首次登上历史舞台要追溯到1956年8月在美国达特茅斯学院举行的夏季学术研讨会议（以下简称达特茅斯会议）。在这个会议中，最重要的成果就是正式提出了“人工智能”这一概念，标志着人工智能的诞生。实际上，为了召开这个学术研讨会议，1955年8月，约翰·麦卡锡（John McCarthy，1971年图灵奖获得者，见图1-2-①）、马文·明斯基（Marvin Minsky，1969年图灵奖获得者，图1-2-②）、克劳德·香农（Claude Shannon，信息论之父，图1-2-③）和纳撒尼尔·罗切斯特（Nathaniel Rochester，第一代通用计算机IBM701的总设计师，图1-2-④）四位科学家联合提交了一份提案，在这个提案中就使用了“Artificial Intelligence”这个术语。

图1-2　达特茅斯会议的人工智能科学家

在这个提案中，四位科学家希望美国洛克菲勒基金会能够提供一笔研究经费，资助一批学者于1956年夏天在达特茅斯学院开展“让机器能像人那样认知、思考和学习，即用计算机模拟人的智能”前沿问题的研究。提案中提到，通过研究与突破，人们将试图实现如何让机器能够使用语言，形成抽象的概念，以解决现在只能让人类可以解决的各种问题并不断提高自己。这份提案中提到了有关人工智能7个方面的问题，即如何制造自动化机器来模拟人脑高级功能、如何让机器使用语言来编程模拟人类高级语言、如何让神经元连接排列形成概念、如何对计算复杂性进行度量、如何自我改进算法、如何对算法进行抽象，以及如何体现算法的随机性与创造力等。

虽然参与达特茅斯会议的科学家们最终没有形成太多建设性的意见，但他们在“把人工智能确定为后续要推进的重要研究方向”这一点上达成了共识。因此，从那个时代开始，人工智能沿着模拟人类某方面的功能（如感知、推理和运动等）展开研究并且不断发展，比如计算机视觉算法识别特定对象、自然语言理解算法进行人机问答、无人驾驶汽车在特定场景中行进等。

1.2.2　人工智能的定义

达特茅斯会议之后，人工智能引起了研究学者们的广泛关注。各个不同领域的学者纷纷投入人工智能技术的研究和应用中，给人工智能下了各种各样的定义。然而，到底什么是人工智能，至今也没有标准统一的定义。

1.什么是智能？

简而言之，智能是智力和能力的总称。早在战国时期，中国古代思想家荀子在他的巨著《正名》中便提出了“智”和“能”的概念，即“所以知之在人者谓之知，知有所合谓之智。所以能之在人者谓之能，能有所合谓之能”[①]。其含义是，人（主体）所固有的认识外界客观事物（客体对象）的本能为“知”，主体认知能力与客体事物接触联通所产生的认知叫作“智慧”。人（主体）固有的能力叫作“能”，主体的能力与客体对象接触联通后所形成的能力为“才能”[②]。荀子从一般的知识论出发，将“智”解释为人的认识本能和外在事物的相合，即作为一种知识和认识成果的“智”。这种“智”来源于人与物之合，是一个不断积累的过程。因此，智能又是智慧和才能的总称。“智”和“能”是两个独立的概念。“智”在内，往往在心里，常说“心智”，它和人的心脑直接相关。“能”在外，“能力”一般是通过外在的某种形式表现出来的，跟身体架构整体有关。1983年，哈佛大学发展心理学家霍华德·加德纳（Howard Gardner）教授提出了多元智能理论，把人类的智能分成了语言、音乐、逻辑、空间、运动、人机和认知七个范畴。表1-1给出了多元智能理论对各种智能类型的解释，以及代表性的人工智能技术。

① 梁启雄.荀子简释［M］.北京：古籍出版社，1956.

② 张立文.能所相资论：中国哲学元理［J］.河北学刊，2020（5）：32-48.

表1-1 多元智能的类型分类表

智能类型	说明	代表性的人工智能技术
语言智能	指听、说、读、写的能力，有效运用口头语言或文字表达自己的思想并理解他人，掌握语音、语义、语法并具备用言语思维表达和欣赏语言深层内涵的能力	自然语言处理、自然语言理解、智能语音等
音乐智能	指能够感受、辨别、记忆、改变和表达音乐，感知音调、旋律、节奏、音色等的能力	智能音乐、音乐感知、音乐理解、语音识别、语音感知等
逻辑智能	指能够运算和推理的能力，表现为对事物间各种关系，如类比、对比、因果和逻辑等关系的敏感，以及通过数理运算和逻辑推理等进行思维活动的能力	逻辑运算、逻辑推理等
空间智能	指准确感知视觉空间及周围一切事物，并且能把所感觉到的形象以图画的形式表现出来的能力	机器视觉、图像识别、图像生成等
运动智能	指善于运用整个身体来表达思想和情感、灵巧地运用双手制作或操作物体的能力	动作识别、姿态识别等
人机智能	指人机交互，机器与人相处和交往的能力，能理解别人，觉察和体会他人情绪、情感和意图并做出适宜反应的能力	机器问答、情绪识别、情感识别、人机交互、机器人
认知智能	包括自我认知和自然认知。自我认知，指认识、洞察和反省自身的能力，表现为能够正确地意识和评价自身的情绪、动机、欲望、个性、意志，并在正确的自我意识和自我评价的基础上形成自尊、自律和自制的能力。自然认知是辨别环境（不仅包括自然环境，还包括人造环境）中的各种事物，对物体进行分类和利用的能力	自然认知，包括图像视频的目标识别、目标检测、知识评估、分类等

2.什么是人工智能

人工智能，简而言之，就是人造智能，是人工创造的智能，是人造的智慧和才能。既然是人造的智能，显然不是在人的身上去实现智能，而是在机器上去实现。机器又不是人，不会自己创造智能。因此，让一台机器有智能，这个智能只能是人工方法模拟出来的智能。所以，人工智能是指以机器为载体，用人工方法和技术实现的人的智能。按照多元智能理论，人工智能可以定义为以机器为载体实现的人类的语言、音乐、逻辑、空间、运动、人机及认知等智能的模拟。人的多种智能，一些是生来固有的，还有一些是通过人的后天学习生成的。人工智能实现机器模拟人类智能会有多种不同的技术。比如，针对人类语言智能的模拟，涉及“智”和“能”两个方面的模拟（见图1-3）。首先，模拟“智”，这就涉及语言本身如何定义表示。于是，我们用文字来表示与语言有关的知识，用符号表示文字。我们还定义了一系列的语言语法规则，如字与字构成词、词与词生成句子，句子与句子形成段落，以及多个段落最后构成了文章。语言表示、表达和语义理解属于人工智能技术。其次，模拟语言的“能”，即语言的能力，这包含了听、说、读、写的能力，对语言能力的模拟也属于人工智能技术。就拿模拟“听”的能力来说，要让机器能够“听得懂”，机器就要能够进行“声音识别”得到“对应语言的文字”，语音识别、语言输出就是人工智能技术。自然语言处理和智能语音就是今天广泛研究的跟语言有关的主要人工智能技术。如表1-1中第三列给出了多元智能理论对应的人工智能技术。

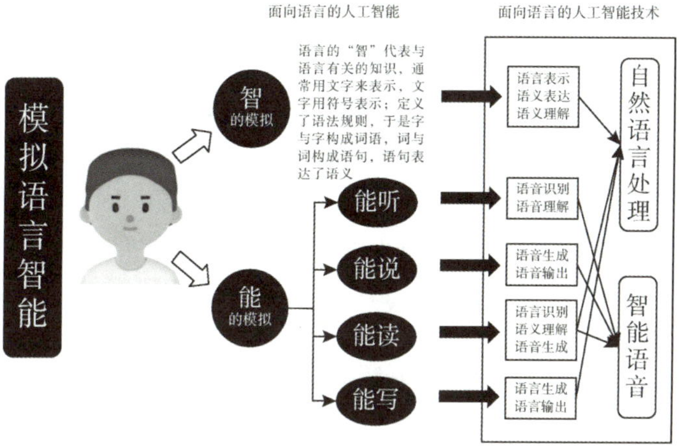

图1-3 语言的智能模拟

早期比较流行的“人工智能”定义是1956年达特茅斯会议上约翰·麦卡锡给出的一个定义：“人工智能就是要让机器的行为看起来像是人所表现出的智能行为。”这是在该领域较早的定义。马文·明斯基教授给出的定义是：“人工智能是一门科学，是使机器做那些人需要通过智能来做的事情。”被誉为“人工智能先驱”的斯坦福大学教授尼尔斯·约翰·尼尔逊（Nils John Nilsson）给出的定义是：“人工智能是关于知识的科学，是怎样表示知识及怎样获得知识并使用知识的科学。”美国麻省理工学院的帕特里克·温斯顿教授的定义是：“人工智能就是研究如何使计算机去做过去只有人才能做的智能工作。”浙江大学吴飞教授在《人工智能引论》中给出的定义是：“人工智能是一门研究难以通过传统方法去解决实际问题的学问之道，基本目标是使机器具有人类或其他智慧生物才能拥有的能力，包括感知（如语音识别、自然语言理解、计算机视觉）、问题求解/决策能力（如搜索和规划）、行动（如机器人）及支持任务完成的体系架构（如智能体和多智能体）。”

这些说法反映了人工智能学科的基本思想和基本内容。现在比较流行的定义是，人工智能是指通过人工方法和技术模仿、延伸和扩展人的智能，使机器能够执行通常需要人类智慧才能完成的任务，如学习、推理、感知、理解和创造等。人工智能已经是一个涵盖多个学科领域的技术科学，是致力于研究、开发用于模拟、延伸、扩展，甚至超越人的智能的理论、方法、技术及应用系统的一门新的技术科学。它企图了解智能的实质，并生产出一种新的能以与人类智能相似的方式做出反应的智能机器，同时研究人类智能活动的规律，构造具有一定智能的人工系统。

那么，这里的智能机器和人工系统究竟是什么，有没有生产出来呢？1936年，被誉为“人工智能之父”“计算机科学之父”的科学家艾伦·图灵（Alan Turing，以下简称图灵）设计了被称为“图灵机”的逻辑机通用模型，提出了信息用0、1二进制表示，以及逻辑计算是可以通过机器模拟的可计算理论。1945年，被誉为现代电子计算机之父的冯·诺伊曼设计了现代电子计算机的体系结构，其由输入与输出设备、存储器、运算器、控制器五大部分组成。1946年，世界上第一台每秒会做5000次加法计算的通用电子计算机ENIAC诞生，这是计算机发展史上的一个重要里程碑事件。我们今天使用的计算机大多是冯·诺伊曼结构的计算机。计算机就是一种具有一定智能的机器和人工系统，实现了对人类部分智能的模拟，比如存储器实现了人脑记忆能力的模拟，运算器实现了人类逻辑计算能力的模拟。对人工智能来说，计算机的发明具有重要意义，它奠定了人工智能研究的重要基础，是人工智能发展史上的伟大事件之一。因此，自从计算机出现以后，人工智能开始研究如何让计算机去完成以往需要人的智慧和智力才能胜任的工作，研究如何应用计算机的软硬件系统来模拟人类智能行为的基本理论、方法和技术。

从学科角度来看，人工智能是智能学科重要的组成部分。它是研究使用计算机来模拟人的某些思维过程和智能行为（如学习、推理、思考、规划等）的学科，主要包括计算机实现智能的原理、制造类似于人脑智能的计算机的方法，从而使计算机能实现更高层次的应用。人工智能不仅涉及计算机学科，还涉及心理学、哲学和语言学等，也可以说几乎涉及自然科学和社会科学的所有学科，其范围已远远超出了计算机科学的范畴。机器人、语言识别、图像识别、自然语言处理（Natural Language Processing，NLP）、专家系统、机器学习及计算机视觉等都成为人工智能发展的一个分支。

最后，从技术赋能的角度来看，人工智能具有增强任何领域技术的潜力，是类似于内燃机或电力的一种“使能”技术。这种使能技术已被广泛应用于其他众多领域，如教育、农业、制造、经济、运输和医疗等。自从工业革命以来，各领域技术得到了巨大的发展，人类许多艰苦的体力劳动逐渐被各种人工智能技术取代，为人类社会进步发展带来了巨大改变。人工智能就是一种创新的技术，它不断地替代人类在不同领域的烦琐工作，已经成为新一轮科技革命和产业变革的重要驱动力量。

3. 强人工智能、弱人工智能和通用人工智能

人工智能研究的是在机器上实现模拟人类智能，到底模拟到什么程度才算做到了人工智能？这个问题是人工智能领域广泛关注的问题，即人工智能的“强”与“弱”问题。

“强人工智能”（Strong AI）一词最初是约翰·罗杰斯·希尔勒（John Rogers Searle）针对计算机和其他信息处理机器创造的。强人工智能观点认为：计算机不仅是用来研究人的思维的一种工具，而且，只要运行适当的程序，计算机本身就是有思维的。强人工智能有两类：一类是类人的人工智能，即机器的思考和推理就像人的思维一样；另外一类是非类人的人工智能，即机器产生了和人完全不一样的知觉和意识，使用和人完全不一样的推理方式。强人工智能是一开始研究者们最终希望达到的智能，实际上可能根本无法达到。我们在网络视频或影片中可以看到很多强人工智能，如在《超能陆战队》《机器人总动员》等科幻片中看到的跟人几乎一样的机器人。

如果人工智能不是为了实现一个逼近甚至超越人类智能的机器人，而是为了通过计算机替代一部分人类的智能化能力或实现一部分智能的增强，当然在某些方面还可能会超越人类，或者说实现了机器模拟人的部分智能，我们称这样的人工智能为“弱人工智能”（Weak AI）。比如，门禁系统的人脸识别、手机App的人脸认证和指纹认证、汽车进出停车场时的车牌识别、语言大模型的对话功能、天气预测智能系统、扫地机器人的智能扫地等。这些例子实现了替代人类完成了看似智能的某些任务，因此属于弱人工智能。

强弱人工智能的划分是从人们对人工智能程度的期待来看的。强人工智能又指与人类一样或超越人类智慧的人工智能，又叫通用人工智能（Artificial General Intelligence，AGI）。实际上，1956年，约翰·麦卡锡第一次提出的人工智能还是弱人工智能的概念。他在提出“人工智能”概念时，还抱怨说“一旦一样东西用人工智能实现了，人们就不再叫它人工智能了”。比如，人类会做数值计算，计算器也会做，但我们不叫计算器为人工智能。尽管他并没有明确区分强人工智能和弱人工智能，但他的工作为后续对人工智能的不同分类奠定了基础。

1.3 人工智能的主流学派

达特茅斯会议以后，人类不断开展对人工智能各种未知领域的探索，并增强了对它的应用，人工智能在曲折中发展，到今天结出累累硕果。许多专家、学者在人工智能发展的道路上各抒己见，形成了多个人工智能学派，主要包括基于生物进化论的进化论学派、基于类别推理的类推学派、基于概率理论的贝叶斯学派，以及符号主义、联结主义和行为主义等学派。其中最具代表性的三大学派为符号主义、联结主义和行为主义学派。这三大学派从不同的角度推进人工智能技术的创新发展，开发出今天各种不同类型的人工智能技术。我们重点针对三大学派展开介绍。

1.3.1 符号主义学派

符号主义学派产生最早，属于早期的人工智能主流学派。在1956年的达特茅斯会议上，人工智能诞生。当时的人工智能学派就是符号主义学派，主要代表人物是艾伦·图灵、约翰·麦卡锡、马文·明斯基、艾伦·纽厄尔（Allen Newell）及赫伯特·西蒙（Herbert Simon）等研究学者。符号主义提出了基于逻辑推理的智能模拟方法，又称为逻辑主义学派。符号主义认为人类认知和思维的基本单元是符号，认知过程是建立在符号表示基础上的一种逻辑运算。计算机就是一个可以用来模拟人的智能行为的物理符号系统。现实世界中各种具象的事物，如苹果，可以用一个图标表示，可以用汉字“苹果”、英文“Apple”或者一个字符“A”来表示，在计算机中仅表示为一个符号而已。这些符号表达了现实中有意义的事物，就成了知识。所有知识汇聚在一起便形成了知识库（图1-4）。

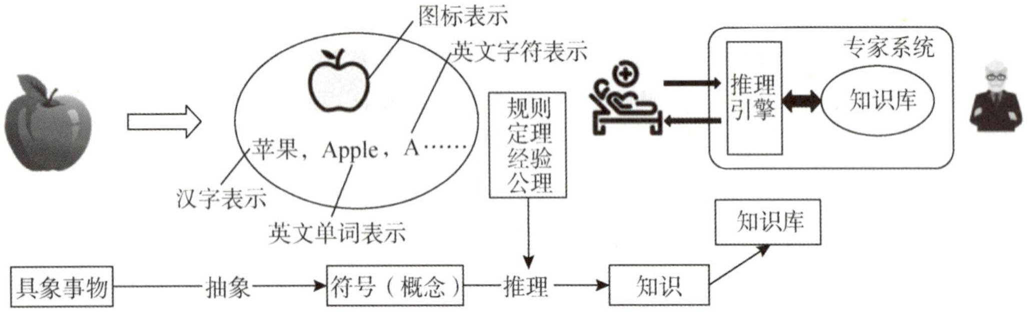

图1-4　符号主义的抽象推理与基于知识库的专家系统

除此之外，人类还有很多逻辑推理方法，数学中各种定义定理证明，比如三段论法、命题证明（逆、否、逆否、真、假、伪）、归纳一演绎法、充要条件等推理过程就是通过计算机符号系统建立符号逻辑规则来实现的。比如，证明“苏格拉底会死”这个问题，计算机是可以模拟的。推理过程就是，首先规定“人总是会死的”；然后根据这条规则进行推理：因为“苏格拉底是人”，得出“苏格拉底会死”的结论。

在计算机上模拟人的智能行为，这样的智能系统智能吗？为此，计算机科学和密码学先驱图灵在发表于1950年的一篇论文——《计算机器与智能》中提出了图灵测试，成为早期人工智能衡量是否具有智能的标准。该测试的流程是，一名测试者写下自己的问题，随后将问题以纯文本的形式（通过计算机屏幕和键盘输入）发送给另一个房间中的一个人与一台机器。测试者根据回答来判断哪一个是真人的回答，哪一个是机器的回答。所有参与测试的人或机器都会被分开。这个测试旨在探究机器能否模拟出与人类相似或无法区分的智能。图灵测试的时长通常为5分钟，如果机器能回答由人类测试者真人提出的一系列问题，且其超过30%的回答让测试者误认为是人类所答，则机器通过测试。如图1-5所示。

为了证明图灵测试是否具有智能的合理性，艾伦·纽厄尔和赫伯特·西蒙与当时另一名著名学者克里夫·肖（Cliff Shaw）合作开发了一套启发式程序——逻辑理论家，第一次证明了图灵关于机器可以具有智能这一诊断，并拉开了运用计算机探讨人类智能活动的序幕。不过之后通过图灵测试的机器很少，直到2014年6月7

日这一天，也就是图灵逝世60周年纪念日，在英国皇家学会举行的“图灵测试”大会上，聊天程序“尤金·古斯特曼”（Eugene Goostman）首次“通过”了图灵测试。

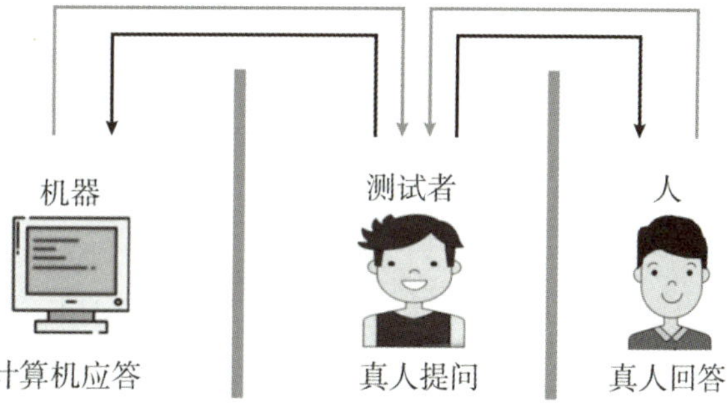

图1-5 图灵测试示意

符号主义学派对人工智能的发展做出了卓越的贡献。成功案例有：机器定理证明程序、人机对弈（IBM深蓝计算机）、专家系统及知识图谱等。符号主义把产生于大脑抽象思维中的智能以物理符号系统假设为基础，通过由符合实体所组成的具有物理模式建立、修改、复制和删除等操作所产生的其他符号结构，实现对应的智能行为。符号主义的优点是精准、严谨、可解释和普适性。由于任何结论都是通过事先的逻辑规则推理出来的，过程很严谨，结果很精准，可解释性很强，因此具有普适性。但是缺点也很明显，比如知识表示抽象难度很大，构建复杂，容易遗漏和知识之间易冲突，特别是特殊条件和规则容易忽略。此外，符号主义的知识变化太快，更新相当复杂。不同专家对同一知识的理解又是有差异的，容易发生语义分歧。

符号主义学派的目标是实现模拟人的心智，主要研究以知识为中心的知识表示、获取、推理等方法技术，打造“有学识的AI”机器。符号主义基于符号表达知识的核心思想，在知识自动获取、自动融合、表征学习及知识推理与运用等方面面临巨大挑战。虽然这种方法是通过模拟人的思维过程来实现人工智能的，但以上方法在当时处于初级阶段的处理能力很弱的计算机系统上是难以有突破性成果的。因此，符号主义于20世纪80年代末渐渐地走向衰落。

1.3.2 联结主义学派

联结主义学派，又称为仿生学派或生理学派，是一种理解认知过程的理论框架。联结主义学派的目标是实现模拟人脑的结构、人脑的思维，实现“聪明的AI”机器，让机器模拟人脑能够感知、识别、判断，如图1-6所示。联结主义试图通过人工模拟大脑的生物神经网络来解释人类的认知功能，如记忆、学习、语言处理和模式识别等，提出了人工神经元、人工神经网络，以及基于神经网络的机器学习和深度学习等方法。联结主义学派的主要代表人物是美国心理学家沃伦·麦卡洛克（Warren McCulloch，以下简称麦卡洛克）和数学家沃尔特·皮茨（Walter Pitts，以下简称皮茨）。

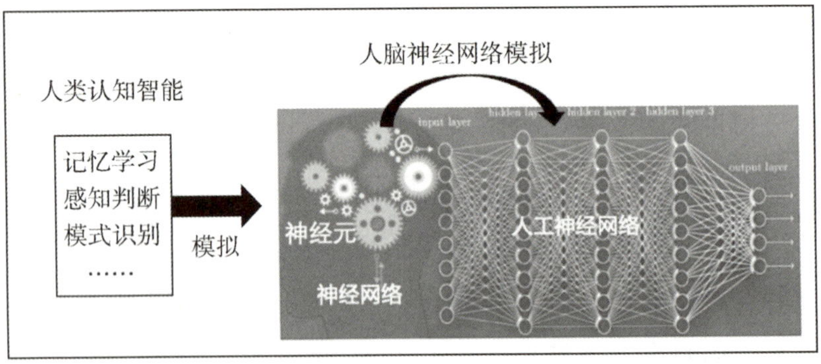

图 1-6 联结主义与人工神经网络模拟人类认知智能

联结主义的产生比符号主义还早，可以追溯到1943年，具有代表性的事件是麦卡洛克和皮茨首次提出了用简单电路模拟人类大脑神经元行为的M-P神经元模型。这个神经元模型是麦卡洛克受到神经元知识、数学家罗素观点、莱布尼茨二进制逻辑理论及图灵机等启发而提出来的数学模型。首先，由医学知识可知，大脑的神经元在外界刺激超过最小阈值时会被激发，否则处于静默状态。这些外部刺激，来自相邻的神经元，它们通过突触传递信号。其次，数学家罗素认为"所有的数学法则都可以自下而上地用基本逻辑构建"。这个底层逻辑为"是"与"非"，并且通过对这两个逻辑判定进行与、或、非一系列操作，就能够构建出复杂的数学大厦。此外，根据莱布尼茨的二进制逻辑单元及罗素的观点，麦卡洛克进一步猜想，神经元的工作机理很可能类似于逻辑门电路，它接受多个输入，产生一个输出。并且通过改变神经元的激发阈值(偏置)和神经元的连接程度(权重)，就可以让神经元参与与、或、非操作。最后，根据图灵论文的启发，麦卡洛克认为大脑很可能是一台可以用编码在神经网络中完成逻辑运算的机器。于是，麦卡洛克就提出了M-P神经元数学模型，如图1-7所示。

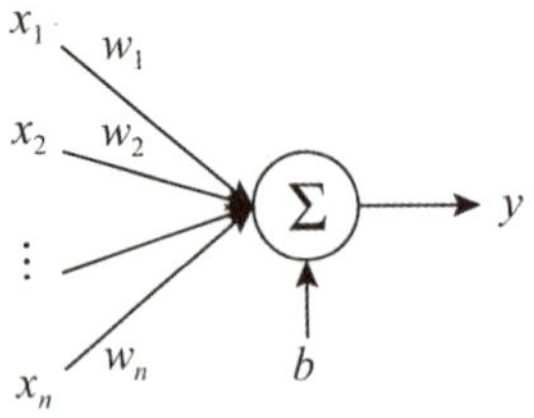

图 1-7 M-P神经元数学模型

数学解释如下

$$y=\begin{cases}0, \sum_{i=1}^{n} w_i x_i < b \\ 1, \sum_{i=1}^{n} w_i x_i \geqslant b\end{cases} \tag{1.1}$$

其中，$x_i \in \{0,1\}$表示神经元输入，即外界刺激；w_i表示输入权重，即外界刺激的强度；b表示阈值，即当外界刺激超过该阈值时，神经元才会有反应。

1957年，美国神经学家弗兰克·罗森布拉特（Frank Rosenblatt，以下简称罗森布拉特）改进了神经元模型，提出了可以模拟人类感知能力的机器，称为“感知机”或“感知器”。两年后，罗森布拉特实现了基于感知器的神经计算机。为了教导感知机识别图像，在加拿大生理心理学家唐纳德·赫布（Donald Hebb）提出的赫布法则的基础上，罗森布拉特提出了一种可迭代、可试错的类似于人类学习过程的学习算法——感知机学习算法。后来，感知机被推广到由多个神经元相连的多层神经网络。联结主义的巨大贡献就在于将多层神经网络模型应用于传统机器学习，开辟了深度神经网络学习（即深度学习）的分支。深度学习在图像识别领域的成果，推动了人工智能发展迈上一个新的台阶。

机器学习是一种基于数据统计建模方法实现模拟人类学习智能的技术，图1-8是神经网络机器学习的工作过程示意图。训练学习阶段，在算法和输出之间是神经网络模型，算法是训练算法，负责在输入数据的基础上进行训练，得到神经网络的参数信息，并输入给神经网络模型，神经网络模型计算后得到输出结果。神经网络输出的结果还要跟实际目标结果进行误差/损失计算，如果误差/损失足够小，达到目标要求，那么训练学习阶段就结束；否则需继续训练算法，调整参数。训练阶段的最终目标是得到一个符合误差/损失目标的神经网络模型。推理应用阶段，进行基于训练学习阶段得到的神经网络模型的推理预测。通过输入新的数据和知识要求给神经网络模型进行推理，得到预测结果。

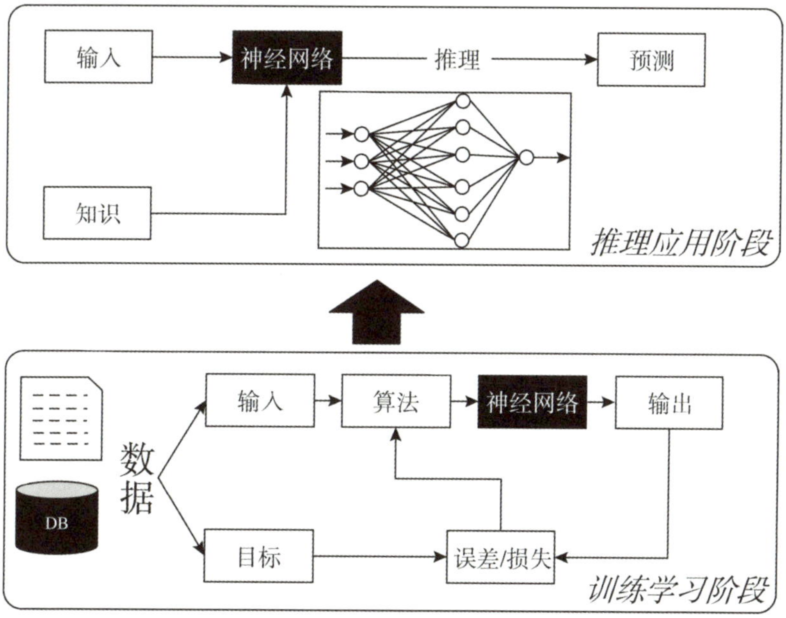

图1-8　联结主义与神经网络机器学习

联结主义学派的发展之路起伏不平，它是在与符号主义学派的激烈竞争中发展起来的。联结主义从1943年神经元模型（M-P模型）的提出到1957年神经网络感知器的发明，之后很长一段时间销声匿迹。直到20世纪80年代以后，因霍普菲尔德网络、受限玻尔兹曼机及多层感知机器的发明，BP误差反向传播算法的提出解决了多层感知器的训练问题，以及卷积神经网络开始被用于语音识别等重大事件，联结主义才呈现出巨大的发展前景，致使符号主义走向没落。特别地，1989年反向传播算法和神经网络被用于识别银行手写支票的数字，首次实现了人工神经网络的商业化应用，增强了人类发展人工智能的信心。由此可见，从模型到算法，从理论分析到实践应用，联结主义为神经网络计算机成功走向市场打下了坚实的基础，也奠定了以图像语音识别、自然语言处理大模型等为代表的现代人工智能的基础。

联结主义的优点在于基于神经网络的自动训练可预测、自适应变化，得到的神经网络模型的能力甚至可以超越人类，高度模仿生物神经网络，并且能够实现高维的学习训练。联结主义应用的成功案例很多，比如人脸识别、机器翻译、ChatGPT、图像分类（AlexNet）、Sora、AI绘画等。它的缺点就在于神经网络推理预测的结果难解释，训练神经网络模型比较费算力，神经网络运行容易发生过拟合，也容易产生偏见、鲁棒性难提高及伦理冲突不可避免等问题。

1.3.3 行为主义学派

行为主义学派的目标是构建一个类人或机器智能体，并关注智能体在环境中的行为。行为主义学派强调模拟人的行为，与外界环境交互决策行动，研究类人机器或机器人。智能体以最大化奖励为目标，与环境不断交互来学习和适应，选择一个策略行动，根据行为的结果进行调整，如图1-9所示。这主要有两种方法：①强化学习：通过试错学习，根据奖励和惩罚优化策略；②Q-learning和策略梯度方法：具体的强化学习算法，用于学习最优策略。

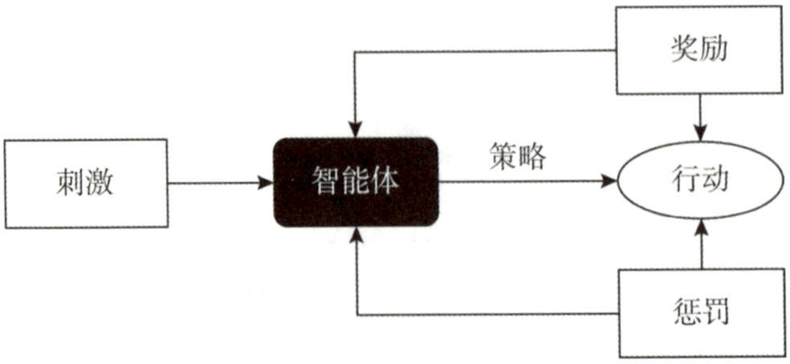

图1-9 行为主义

行为主义的主要代表人物是理查德·S.萨顿（Richard S. Sutton）和安德鲁·G.巴托（Andrew G. Barto）。行为主义主要的应用场景有游戏AI、机器人控制、自动驾驶等。行为主义学派在诞生之初就具有很强的目的性，这也导致它的优劣都很明显。行为主义的主要优势在于重视结果，或者说机器自身的表现，实用性很强。而劣势在于过于简化人类的行为过程，忽略人类内心的活动过程，包括人类学习的主观能动性和人的意识等；缺少情感因素，遇到平衡利益的问题时难以决策；还有试错成本和风险高，因而行为主义的发展受到了许多其他学派的质疑和挑战。

1.4 人工智能的发展浪潮

从1956年至今，人工智能的发展可谓道路曲折、起伏跌宕，经历了符号主义推理期、专家系统知识期和基于数据统计建模的学习期，有两次低谷和三波浪潮。无数专家学者共同努力推动人工智能的发展进步，其间发生了许多重要事件，如图1-10所示。

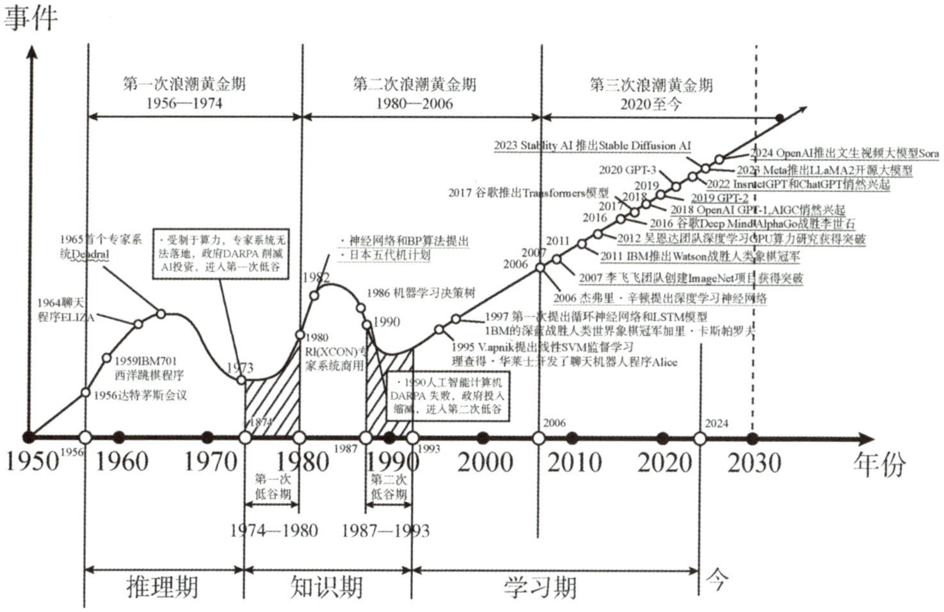

图1-10 三次浪潮两次低谷

1.4.1 第一次浪潮：符号主义时期（1956—1980年）

1956年的达特茅斯会议是这一时期最伟大的里程碑事件，标志着人工智能的诞生，人工智能开始掀起第一波浪潮。1956—1980年，这波浪潮经历了潮起潮落，共24年，包括早期探索期（1956—1974年）和第一次低谷期（1974—1980年）。

（1）第一阶段："潮起"开启早期探索期（1956—1974年）

这个时期是符号主义学派站立潮头的时期，是探索在符号表示的基础上进行逻辑推理的时期，也是人工智能发展起步的时期。这一时期代表性的事件还有西洋跳棋程序、ELIZA聊天程序和首个专家系统等。

1952年，被誉为"机器学习之父"的IBM公司的亚瑟·塞缪尔（Arthur Samuel，以下简称塞缪尔）设计了一款可以学习的西洋跳棋程序，并于1959年在IBM首台商用计算机IBM701上实现，还战胜了当时的西洋棋大师罗伯特·尼赖。塞缪尔的跳棋程序会对所有可能跳法进行搜索，选择决策最佳方法。“推理就是搜索”成为这个时期的人工智能主要研究方向之一。1964—1966年，麻省理工学院人工智能学院开发了世界上第一个聊天程序ELIZA，是第一个尝试通过图灵测试的软件程序。这是人与计算机最早的自然语言对话。

1965年，美国斯坦福大学的爱德华·费根鲍姆（Edward Feigenbaum，以下简称费根鲍姆）教授带领学生团队开发了世界上第一个专家系统Dendral，可以推断化学分子结构和成分。5年后，该团队开发了另外一个专门用于血液病诊断的专家程序MYCIN（霉素），这是当时医疗领域最早的医疗辅助系统软件。专家系统是一个内部含有大量的某个领域专家水平的知识与经验的智能计算机程序系统。它应用人工智能技术和计算机技术，根据系统中的知识与经验，进行推理和判断，模拟人类专家的决策过程，以便解决那些需要专家处理的复杂问题。

（2）第二阶段:“潮落”进入第一次低谷期（1974—1980年）

费根·鲍姆教授团队的专家系统实际上只是初步尝试并没有真正落地，但是专家系统引来了这个时期人工智能的高潮。然而，随着知识规模越来越大和知识结构越来越复杂，专家系统基于知识推理的问题求解方法会带来巨大的计算量，当时的计算机能力根本难以完成。这引起了许多专家学者对人工智能发展的质疑。1973年，英国政府、美国国防部高级研究计划局（DARPA）和美国国家科学委员会等机构，开始大幅削减对人工智能的投资。从1974年开始，受到机器计算能力的限制，人工智能进入第一次低谷期。这个低谷期持续了10年，直到1980年之后真正的专家系统相关应用才开始逐步在商业落地。

1.4.2 第二次浪潮：联结主义时期（1980—2006年）

第二次浪潮发生在1980—2006年。这个时期产生了联结主义学派，出现了神经网络机器学习、深度学习等概念。这个阶段人工智能发展遇到第二次低谷期。该阶段根据一些重要事件分为第一次低谷的复兴期（1980—1987年）、第二次低谷期（1987—1993年）和第二次复兴期（1993—2006年）3个阶段进行描述。

（1）第一阶段：第一次低谷期的复兴期（1980—1987年）

在这个时期，一方面，RI（XCON）专家系统真正投入商用，第五代超级人工智能计算机也用于专家系统；另一方面，神经网络研究的突破使人工智能开始走出第一次低谷期，进入了第二次浪潮的发展期。

1978年，卡耐基梅隆大学开始开发一款能够帮助顾客选配计算机配件的专家系统软件程序——RI（XCON），并于1980年交付给美国数字设备公司(DEC)真正投入使用。XCON是第一个真正投入商业使用的比较完善的专家系统，取得了巨大的商业成功。1982年，日本政府投入8.5亿美元发起了第五代计算机系统研究计划，目的是创造具有划时代意义的超级人工智能计算机，能够与人对话、翻译语言、解释图像、完成推理。日本尝试了使用大规模多核CPU并行计算来解决人工智能计算力问题，其中核心部分就是专家系统，希望打造面向更大的人类知识库的专家系统来实现更强大的人工智能。

进入20世纪80年代后，神经网络研究有了新的进展，尤其是1982年英国科学家约翰·霍普菲尔德（John Hopfield）几乎同时与杰弗里·辛顿（Geoffrey Hinton，以下简称辛顿）发现了具有学习能力的神经网络算法，使得神经网络迅猛发展。20世纪90年代，神经网络开始被商业化并用于文字图像识别和语音识别。为解决非线性分类和学习的问题，误差反向传播BP算法被提出，用于多层神经网络的参数计算。

（2）第二阶段：第二次低谷期（1987—1993年）

由于专家系统的过度商业化和不可持续性导致的泡沫和崩溃，从1987年开始，人工智能再次进入低谷期，并且持续了近6年。产生泡沫的重要原因是在这个时期，个人计算机（PC）发展迅猛，许多人低估了个人计算机PC发展的速度，特别是Intel的x86芯片架构的计算机，在短短几年内就发展到了足以应付各个领域专家系统的需要的程度。

日本政府支撑的专家系统第五代计算机系统研究计划项目在经过了10年的研究仍然未取得显著成功，由于成本问题不得不以失败告终。此外，1990年，美国国防部高级研究计划局的新任领导也认为AI并非“下一个浪潮”，于是美国战略计算促进会便大幅削减了对AI的资助。人工智能发展受到抑制。

（3）第三阶段：第二次复兴期（1993—2006年）

虽经历了第二次低谷期，但人工智能研究没有止步，也形成了许多具有实质性创新意义的成果。专家系统无法持续的根本原因在于符号主义本身的缺陷，研究学者逐渐开始放弃符号学派的思路，改为以统计思路来解决实际问题。于是，基于统计机器学习建模和神经网络方法的联结主义学派开始登上了舞台。

1986年，机器学习决策树方法和ID3、ID4、CART等各种改进方法出现，还有一系列其他机器学习算法也相继出现。1995年，统计学家Vapnik提出了一种用于二分类的线性SVM（Support Vector Machine，支持向量机）监督学习方法。受到20世纪60年代聊天程序ELIZA的启发，理查德·华莱士（Richard Wallace）也在1995年开发了新的聊天机器人程序Alice，它能够利用互联网不断增加自身的数据集优化内容。1997年，德国科学家霍克赖特和施米德赫伯第一次提出了循环神经网络和长期短期记忆（LSTM）模型。同年，IBM的深蓝计算机Deep Blue战胜了人类世界象棋冠军加里·卡斯帕罗夫（以下简称卡斯帕罗夫）。卡斯帕罗夫甚至吃惊地表示深蓝有时可以“像上帝一样思考”。

进入2000年，核化的SVM（Kernel SVM）将原空间线性不可分问题通过Kernel（内核）映射成高维空间的线性可分问题，成功解决了非线性分类的问题。2001年，随机森林机器学习算法首次被提出，该方法能比AdaBoost更好地抑制过拟合问题，效果非常不错。同年，为了对机器学习混乱的方法如朴素贝叶斯、SVM、隐马尔可夫模型等进行统一规范使用，一种新的被称为图模型的统一框架被提出，为各种学习方法提供了一个统一的描述框架。

1.4.3 第三次浪潮期（2006至今）

这个时期是一个以深度学习神经网络为代表的人工智能技术推动人工智能蓬勃发展、以生成式人工智能GAI和AIGC为代表的人工智能全面普及应用驱动人工智能爆发增长的时期。

1.第一阶段：蓬勃发展期（2006—2016年）

这个时期，最具标志性的事件是杰弗里·辛顿提出了深度学习。不仅如此，深度学习迅猛发展，逐渐成熟，并在多领域深入应用创造价值，这推动了人工智能进入蓬勃发展期。

（1）深度学习逐渐成熟并在多领域深入应用

辛顿在2016年出版的*Learning Multiple Layers of Representation*中，提出了基于多层神经网络的学习方法，深度学习引起了广泛关注。辛顿的多层神经网络奠定了后来神经网络的全新架构，至今仍然是深度学习的核心技术。

深度学习起初用于图像语音识别，成为人工智能的一大热点。深度学习性能主要取决于两个方面，一方面是高质量的数据集，另一方面是模型训练和推理所需的算力。这两个方面在这个时期都取得了重大的研究突破。

在数据集方面，李飞飞教授于2007年发起创建了图像数据集ImageNet项目。该项目号召大量民众上传图像并给图像打标注，以积累和标记足够的图像数据用于深度学习。ImageNet项目已经成为专门用于视觉对象识别软件研究的大型可视化数据库，至今已经积累了超过1400万张、类别超过2万个的图片数据。ImageNet项目向世人证明了一个高质量的数据集对于深度学习性能的重要性。2013年，深度学习在语音和图像识别应用中实现了重大突破，识别率分别超过了99%和95%，这一惊人的效果是人类难以做到的。

由于在超大规模数据之上的无监督式机器学习的巨大计算量，训练模型要消耗大量的时间。为了提高训练推理效率，2009年华裔科学家吴恩达教授及其团队开始研究使用图形处理器（Graphics Processing Unit，GPU）进行大规模无监督式机器学习。2012年，团队取得了巨大成功，向世人展示了一个超强的神经网络，成为历史上在没有人工干预下机器自主强化学习的里程碑式的事件。这一事件也说明GPU算力对于提高深度学习效率和构建大规模神经网络至关重要。

两位华裔科学家的研究展现了数据和算力对提高深度学习效率的性能的重要

性，为深度学习发展做出了卓越贡献。进入21世纪以后，互联网迅猛发展，大型互联网平台相继诞生。特别是2008年以后，互联网的普及爆炸式地产生了超大规模的数据。同时，云计算技术打造了具有超大规模算力的云计算平台，为人工智能的后续发展提供了足够的数据资源和算力支撑。

2010年以后，各个互联网平台在积累的大数据基础上，加大了算力和人工智能算法开发投入。在数据和算力的支撑下，深度学习表现出比传统的基于知识工程的人工智能更强大的性能。比如，2011年IBM推出了基于问答的Watson（沃森）系统，在综艺竞答类节目《危险边缘》中与真人一起进行关于人类常识的智力问答的抢答竞猜，凭借其强大的知识库最后战胜了两位人类冠军而获胜。此外，2016年谷歌收购了英国Deep Mind公司，专注于人工智能深度学习技术，开发了基于深度强化学习的AlphaGo围棋博弈程序，并在2016年和2017年分别发起了两场轰动世界的围棋博弈人机之战。最后，AlphaGo战胜了两位曾经的世界围棋冠军——韩国的李世石和中国的柯洁。

（2）深度学习开始从成熟走向深入多领域应用创造价值

在第三次浪潮期，深度学习进一步发展到机器视觉、智能语音、自然语言处理领域，并发挥出强大作用。各种智能化产品走向市场商业应用，形成各种人工智能产业生态。

其中最为显著的是图像识别技术逐渐从成熟走向深度开发。从日常的人脸识别到照片中各种对象识别，从手机的人脸解锁到AR空间成像，以及图片、视频的语义提取等，深度学习都在其中发挥了重要作用。机器视觉虽然还有很长的路要走，但深度学习带来的巨大潜力引来了大量研究者的关注，以深度学习为基础的机器视觉开辟了一个极具前景的研究方向。

在智能语音方面，深度学习也有重大突破，各种智能语音商品走向了商业应用。亚马逊公司从2010年开始研发语音控制的智能音箱，2014年正式发布了产品Echo，一款可以通过语音控制家庭电器和提供资讯信息的音箱产品。后来，国外的谷歌、苹果，国内的阿里巴巴、小米、百度及腾讯等厂商都推出了类似产品，一时间，智能音箱产品遍地开花。2018年，谷歌演示了语音助手的升级版，展现了语音助手自动电话呼叫并完成主人任务的场景。

在自然语言处理方面，主要研究的工作是机器翻译。早期的NLP研究是基于规则来建立的词汇、句法语义分析、问答、聊天和机器翻译系统。20世纪90年代以后，基于统计的机器学习方法应用于NLP，机器翻译获得了成功。2008年以后，由于深度学习在图像和语音方面的成功，NLP研究者开始研究深度学习应用。目前已在机器翻译、问答、阅读理解等领域取得了进展，出现了深度学习的热潮。

2.第二阶段：爆发增长期（2017至今）

这个时期主要的标志性事件是以大模型为基础的生成式人工智能GAI和人工智

能生成内容AIGC的出现，推动人工智能步入爆发增长期。

2017年，谷歌提出了Transformer模型，这是一种基于自注意力机制的深度学习模型，其最初被提出用于自然语言处理任务，尤其是机器翻译。它由编码器和解码器两部分组成，每个部分由多个相同的层堆叠而成。编码器负责理解输入序列，而解码器则根据编码器的输出来生成目标序列。这种结构特别适合于序列到序列的任务，如机器翻译、文本摘要等。

在Transformer的基础上，为使用深度学习生成人类可以理解的自然语言，2018年，OpenAI推出了第一代生成式预训练模型GPT-1。GPT-1的神经网络参数突破了1亿，具有一定的泛化能力，能够用于和监督任务无关的任务中。GPT成为大语言模型的代表。

2019年，GPT升级到GPT-2，神经网络参数达到15亿。2020年5月，OpenAI公司发表了GPT-3论文，GPT升级到GPT-3，参数达到了1750亿。2020年9月22日，微软获得GPT-3独家授权，与OpenAI共同推动GPT研发升级与应用。2022年1月，一个经过微调的被称为InstructGPT的新版GPT-3，可以将有害的、不真实的和有偏差的输出最小化。2022年底，OpenAI公司又专门为机器人聊天训练了一个名为ChatGPT的模型，能够以对话的方式与人进行交互。对话模式能够回答连续的问题、承认错误、质疑不正确的前提并拒绝不恰当的请求。

2023年7月，Meta公司发布了人工智能模型LLaMA2的开源商用版本，大模型应用进入了“免费时代”。初创公司也能够以低廉的价格来创建类似ChatGPT这样的聊天机器人了。由此，利用微调技术，百度的文心一言、阿里巴巴的通义千问、字节抖音的豆包、腾讯的混元、华为的盘古、清华大学的GhatGLM-6B、浙江大学的大先生、复旦大学的MOSS等一系列国内新大模型问世。2024年初，美国OpenAI公司的人工智能文生视频大模型Sora横空出世，瞬间吸引了全人类的目光。人们开始在各个领域探索大模型应用，对“AI+”或“AI4All”抱有很高的期望，纷纷利用大模型进行日常聊天或者生成文本报告、视频、代码等。

随着大模型应用的深入，基于大模型的人工智能生成内容AIGC成为构建人工智能应用生态的新方向。2018年，人工智能生成的画作在佳士得拍卖行以43.25万美元成交，成为世界上首个出售的人工智能艺术品，引发各界关注。AIGC开始进入各领域，与各行业融合，赋能行业生态。AIGC进入元宇宙，可大幅降低创制元宇宙的成本，带来能效的巨大提升，同时也提升了VR（Virtual Reality，虚拟现实）和AI智能交互性。AIGC进入工业领域，可生成个性化的产品描述、营销材料等，满足个性化需求，同时可以预测市场趋势、优化生产流程等。AIGC进入生物医药领域，不仅赋能AI药物设计，对化学空间的高效搜索和生物活性的预测，推动新药的发现和设计，还可以赋能构建生物行为模型，模拟和预测个体或种群的生物行为。AIGC进入传媒领域，可产生对话新闻、无记者新闻和自动辟谣新闻。AIGC

进入影视领域，通过多模态融合、超现实主义视觉呈现、视频风格转换等技术，可引发影视革命，产生无演员电影和无导演电影。AIGC与电商融合，可产生AIGC时代的“替身模特、合身模特和分身模特”，让试衣随时随心。AIGC进入游戏领域，赋能游戏全链路的研究应用，横向可覆盖游戏制作、运营及周边生态全生命周期，纵向可拓展更多元的游戏品类。AIGC进入娱乐行业，可带来数字化身和社交新潮，在网文创作中辅助专业作者寻找灵感思路，提高写作效率。在虚拟形象设计方面可以生成具有个人特色的卡通形象，打造“数字分身”。AIGC可为视频生成赋能，让内容更丰富，轻松实现自动优化。AIGC还可以赋能3D模型构建，实现高精度渲染，生成熠熠生辉的视频。

第一次浪潮、第二次浪潮有起有落，第三次浪潮还未结束，这波浪潮还在澎湃前进，人工智能未来可期。

1.5 人工智能的伦理安全

人类对新科技的追求永无止境，在科技不断突破的过程中，一直有对立的两派阵营：一派坚信科技会给人类带来美好的生活，而另一派则坚信科技的发展会毁灭人类。比如核反应堆技术，既能用于建造造福人类的核电站，但同时又能制造毁灭地球的原子弹。

作为第四次产业革命催化剂的人工智能技术，同样存在着这样的两面性：人工智能提高了生产效率，但同时也会催生大量失业人口；智能算法在改善生活品质的同时，又不可避免地产生算法歧视和统治；最新的AIGC技术，在助力科学研究和个性化学习方面发挥着巨大的作用，但同时也造成了学术造假、诚信危机，加剧了教育不公平。

更令人担忧的是，人工智能在设计之初就是要模仿人类的智能行为，这种智能行为是用于改造世界的，但是这种技术同时也会给人工智能植入一些科技狂人的偏执想法，这种想法同样是可以毁灭世界的。大量自主性攻击武器被制造出来，虽然设计之初的条约是被禁止用于战争的，但是要完全控制其不被用于战争却非常困难。

本书将对人工智能的伦理安全问题进行一些探讨，用以提醒我们在使用和开发人工智能技术的同时要遵循的基本伦理原则和底线。

1.5.1 AI造假

在AIGC出现之前，我们使用的大多是判别式的人工智能技术，AI的输出内容都是人类事先设定的，如分类结果、知识库中的图文等。在这种情况下，采用人工智能技术虽然也能造假，但是很容易通过技术手段鉴定，而且造假成本高，同时有明显的人类主观意识参与，比如通过PS进行换脸等。但是随着AIGC的出现，大语言模型能完全脱离人类的意志自动产生新的内容。这种快速生成的内容，是通过一种统计的算法产生的。AI在通过自回归技术预测下一文字的时候，非常有可能把原来不相关的两个内容串联起来。AI自己都不知道自己在造假，这种现象被称为AI幻觉。据NewsGuard网站统计，目前已经有超过800家网站提供由人工智能生成的新闻和信息，这些新闻和信息真假难辨，如果被不法分子利用就会对我们的生命财产安全造成威胁。

2015年，一篇关于黑巧克力有助于减肥的研究论文在学术界引起了广泛关注，文章作者公开承认采用的是AI生成并处理过的实验数据，旨在展示学术界和媒体在处理科学信息时的漏洞和问题。近年来，因GAI生成文本、数据和图片而引发的撤稿事件屡见不鲜。这种依赖AI生成虚假内容的行为，严重违背了学术研究的基本原则，损害了科研生态的纯净性，更对学术进步和公众信任造成了不可估量的损害。这些事件不仅揭示了科研诚信的严峻挑战，也凸显了在科技进步的浪潮中进而维护学术研究的质量和诚信，已成为当前学术界亟待解决的问题。

2017年，斯坦福大学做了一项对比实验，实验选取了3组人员，第一组由10位资深的历史学家组成，第二组由25名斯坦福大学的本科生组成，第三组由10位效力于新闻机构的事实核查员组成，这3组人员都属于高级知识分子。测试中让这3组人员对一组新闻进行识别，其中掺杂了一些AI制作的假新闻，最后测试的结果只有事实核查员通过测试，另外两组无法识别出AI制造的假新闻。由此可见，要识别AI造假，具有非常大的挑战性。

在日常生活中，AI造假也被用于诈骗。通过模仿亲人的头像和语音，曾有不法分子成功地从受害人那里骗取财产，手段防不胜防。

1.5.2 算法偏见和歧视

基于深度学习的人工智能模型是在给定的数据集基础上训练获得的，如果训练的数据有偏差和歧视，那么模型的输出结果就会有歧视和偏见。比如银行在授信的时候，会根据以往的客户资料来判断，假如以前黑人信用不好，那么会对其他黑人造成偏见。有时候训练数据还包含居住者的地区信息（穷人区、富人区），那么会对穷人区的人员造成偏见。在求职者的面试过程中，同样会对学历、性别形成偏见。

在人工智能算法里，有个非常重要的现象被称为“幸存者偏差”，这种现象表明我们获取到的数据是我们只能获得到的数据，或者是有选择地获得的数据。这个概念可以追溯到二战期间美国空军关于幸存者偏差问题的研究案例。当时，美军想通过分析返回的飞机来决定飞机上的哪些部位需要加固，如图1-11所示。当时所有人都根据返回的飞机机翼上有最多的弹孔而认为需要加固机翼，但是统计学家亚伯拉罕·沃德（Abraham Wald）指出，返回的飞机都是幸存者，它们的共同点是都经过了战斗并存活下来，因此有弹孔的部位实际上不是最需要加固的，需要加固的恰恰是没有弹孔的油箱和发动机部位。最后证明亚伯拉罕·沃德的观点是正确的。如果只关注幸存者，就会忽略那些未能存活下来的飞机，从而导致错误的结论。“幸存者偏差”现象只关注到幸存者的信息而忽略了整体情况，从而导致错误的结论。

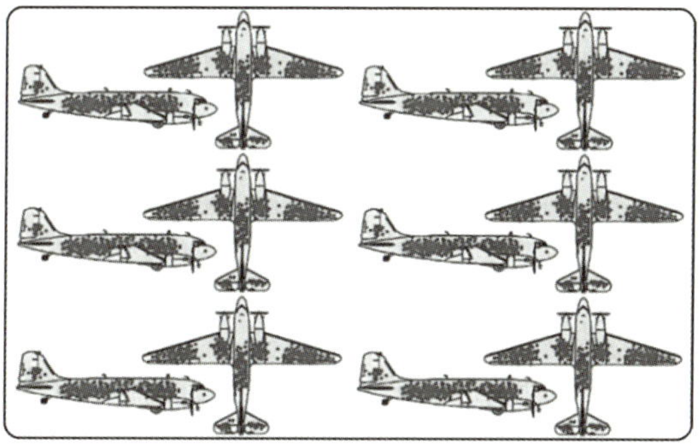

图1-11 幸存的飞机

人工智能算法的这种偏见和歧视会进一步演变成算法统治，比如在快递、外卖和网约车行业，打工者需要不断满足算法设定的条件，那些不符合算法的人群会因为得不到资源而被淘汰，而满足算法的那些人又不断地强化这种偏见性的算法，致使社会分工越来越缺乏人性。

1.5.3 道德困境与伦理冲突

当我们把行动的选择权交给人工智能后，自然而然地也把道德的选择权交给了机器。在人工智能领域，有2个非常著名的两难选择，即道德困境与伦理冲突。

关于伦理冲突的一个经典案例是自动驾驶。在图1-12（a）中，一辆自动驾驶的汽车在自动驾驶过程中，突然遇到路上有行人的紧急情况，AI能精确判断如果紧急刹车，则车上的乘客（车主）会飞出窗外，掉落悬崖而死亡；如果不紧急刹车，将直接撞到路上行人。此时，AI将如何选择？从AI的角度，算法如果被植入保护主人的信息，那么此时AI会选择撞死路人。但是社会的伦理道德要求在这种情况下，以路上的行人安全为第一准则，此时AI得选择牺牲主人而避免交通事故的发生，此时AI则陷入了伦理冲突。

关于道德困境的一个经典案例是电车困境。在图1-12（b）中，一辆电车行驶在电车轨道上，突然遇到前方有人的紧急情况，电车面临抉择，如果正常直行将会撞死5个人，但是如果左拐则会撞死1个无辜的人。在这个案例中，在直行道上行走的5个人违反了交通规则，电车直行是无过错的。此时，功利主义者认为，从社会资源角度讲，应该是牺牲1个无辜的人而挽救5个有过错的人；但是康德主义认为，不应该牺牲1个无辜的人，而应该选择撞死5个有过错的人。如果现在把这些选择交给AI，AI则陷入了道德困境。

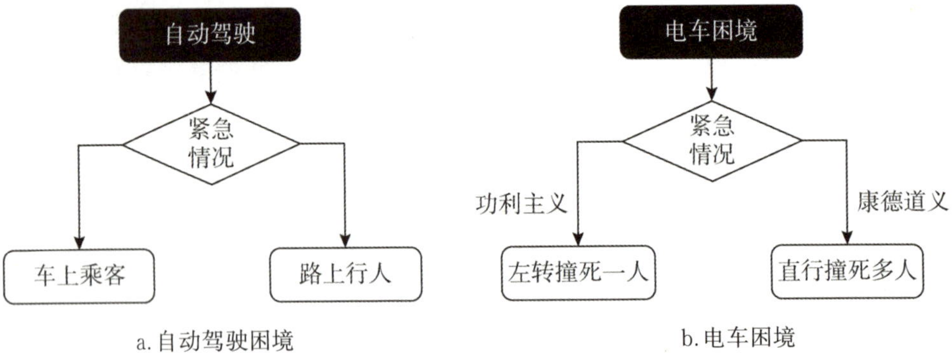

图 1-12 道德困境

以上这两个经典的案例向我们表明，人工智能要真正地落地应用还有一段很长的路要走，在没有解决好这些伦理问题前，轻易地使用人工智能技术可能会对社会的安定团结带来不可预计的灾难。要解决这个问题，需要全社会多学科的共同努力。

1.5.4 公共安全与个人隐私

在使用人脸识别算法进行人脸识别时，系统会让用户拍一张人脸照片到AI系统，AI算法再基于照片识别算法进行识别，验证用户身份。用户在这种情况下被迫交出了自己的隐私数据。如果这些隐私数据泄露，被不法分子利用，就会对个人的生命财产安全造成威胁。

在医疗领域，如果要提高AI诊断的准确率，必须大量使用病人的个人信息给模型学习，哪怕在训练时隐藏了个人身份信息，通过患者的一些其他信息（比如身高、年龄、诊断意见等），算法依然能准确判断出患者的个人信息。

在推荐系统中，AI能根据用户历史点击和感兴趣的信息，进行沉浸式推送，这些个人爱好被AI利用后会进行“杀熟”，让每个人都生活在信息茧房中。这让商家获得高额的利润的同时，牺牲了个人选择的自由权，信息被集中到少数人的手中，形成垄断。

1.5.5 AI伦理安全风险的应对

道德和伦理，可以说是近义词，伦理强调客观的规则规范。中国古代传统文化的思想就是伦理的思想、儒家的思想。而对道德而言，古人云“道之得于己者”，你把它内化了，你就是一个有道德的人。道德困境和伦理冲突是人类社会不可避免的一部分，它反映了不同的道德观和价值观之间的冲突。在处理这些冲突时，个人和组织需要仔细权衡不同的道德原则和后果，以做出决策。重要的是我们要识别和分析伦理冲突，不仅考虑短期影响，还要考虑长期后果和社会价值。此外，开放的讨论和对不同观点的尊重有助于解决道德困境，找到妥协点或解决方案。伦理决策不是绝对的，通常涉及灰色地带，具有复杂性。因此，道德教育和培训是培养人们处理伦理冲突的重要手段，可以提高人们的道德敏感性和决策能力。伦理决策是社会和文化背景中的复杂问题，需要不断地讨论和反思，以促进更公正和负责任的行为。

人工智能的模型是基于数据训练出来的，数据的质量决定了模型的准确性。人工智能的算法偏见究其根源就是幸存者偏差现象。幸存者偏差可能导致模型过于依赖部分成功案例，而忽略了失败或未被观察到的数据。因此为了避免这种歧视，在模型训练的时候应该对数据进行有效处理，保证数据的多样性，让所选择的数据符合统计规律，包含所有可能的现象。

针对数据隐私问题，不仅要开发隐私保护技术，比如差分隐私、联邦学习、区块链等，还要制定严格的数据保护法规。针对算法偏见问题，要深入研究，改进数据收集和处理方法，开发去偏见算法，确保训练数据的多样性和代表性。针对公平性问题，要开发和采用公平性评估和调整方法，确保AI系统在各个群体中的公平表现。针对透明和可解释问题，要努力开发出更加透明和可解释的模型，使用户和监管者能够理解和信任AI系统的决策。不仅如此，考虑到AI系统的决策和行动的伦理问题，以及责任归属问题的复杂性，必须要制定明确的伦理准则和法规，确保AI系统的开发和使用符合伦理标准，特别是要明确责任主体。在法律框架和监管方面，要制定和完善相关法律法规，建立适应AI发展的监管机制，确保AI技术安全、合规应用。

在人工智能的实际应用中，我们应该把设计一个负责任的AI当作人工智能发展的重中之重。一个AI任务设计应兼顾考虑“事先、事中、事后”全方位的因素。在事先，考虑改进数据集获取的方法，要系统全面，不能只看正样本，也要考虑负样本情况，同时兼顾伦理标准。在事中，主要工作是进行模型训练，必须规范化、准则化、透明化，模型数据都应该有备案。在事后，要加强监管，做到可追责，责任认定明确，制定法律法规有法律保障。比如，对一个医疗事故进行追责时，是医生、机器操作者、制造商还是软件开发人员的责任，我们必须能够可追溯。对一个交通事故追责时，我们应该找车辆制造商、驾驶员/车主、监管机构呢，还是怪道路条件不好导致交通事故的市政工程行政主管部门呢？这些都必须要解决好。

诚然，努力发展人工智能以推动各领域的发展很重要，但是应对人工智能伦理安全风险更加重要。我们使用人工智能，更要保护人类的价值观、道德观，在多元价值中达成伦理共识，尊重不同文化，包容多样性，以消除算法歧视，建立全球化、区域化的伦理规范。

1.6 本章小结

我们进入了一个人工智能无处不在的时代。1956年的达特茅斯会议上人工智能诞生了，人工智能探索扬帆起航。在人工智能发展道路上，符号主义发展了以逻辑推理和知识工程专家系统的早期人工智能方向，联结主义学派发展了基于神经网络机器深度学习的人工智能方向，而行为主义学派发展了基于强化学习的人工智能技术方向，代表了今天人工智能发展三大主流方向。人工智能发展道路曲折，经历了三次浪潮期、两次低谷期，现在正立于潮头往前发展。人工智能发展一度陷入低谷的主要原因是算法规模增大、算力的不足、成本过大及政府投入削减。人工智能井喷爆发的应用和技术自身的局限性引发了伦理道德巨大的安全风险，需要我们在认知上保持清醒头脑。我们发展人工智能为各行业各领域赋能的同时，也要让AI成为负责任的AI，让其懂得伦理，营造人机共处、伦理共识的健康和谐的智能化环境。

本章习题

一、判断题

1. 扫地机器人、无人机和自动驾驶都是人工智能的应用。（ ）
2. 1956年的达特茅斯会议标志着人工智能的诞生，但并没有确立人工智能作为一个正式的研究领域。（ ）
3. 符号主义认为计算机就是一个可以用来模拟人的智能行为的物理符号系统。（ ）
4. 人工智能发展两次进入低谷期的共同原因是机器算力限制，政府削减人工智能投资。（ ）
5. 第三次浪潮开启的标志性事件是辛顿提出深度学习神经网络。（ ）
6. 人工智能的幸存者偏差总是存在的。（ ）
7. 人工智能的可解释性无法做到。（ ）
8. 人工智能只能在虚拟环境中应用，无法对现实世界的物理系统产生影响。（ ）
9. 人工智能技术主要应用于消费领域，而在工业和科学研究中的应用还非常有限。（ ）
10. 由于算法的复杂性和透明性问题，人工智能的“黑箱”问题使得其决策过程难以解释和理解。（ ）

二、选择题

1. 以下哪个不属于人工智能应用（ ）

A.计算器　　B.个性化推荐

C.扫地机器人　　D.人脸识别

2.哪个学派的目标是模拟人脑的神经网络结构　（　）

A.符号主义学派　B.联结主义学派

C.行为主义学派　D.以上都不是

3.图灵测试的主要目的是？　（　）

A.测试计算机的运算速度

B.评估计算机的人工智能水平

C.测量计算机的存储容量

D.验证计算机的编程语言

4.下列哪一项不属于人工智能的核心研究领域？　（　）

A.自然语言处理　B.计算机视觉

C.机器人学　D.化学反应

5.在人工智能系统的开发和使用过程中，以下哪一项最能确保伦理安全？　（　）

A.只关注技术的准确性和效率，而忽略用户的隐私和数据保护。

B.在开发过程中不进行伦理审查，以加快项目进度。

C.建立透明的算法决策过程，并确保用户能够访问和理解数据使用的方式。

D.仅依赖自动化系统进行决策，不考虑人类的伦理判断。

三、简答题

1.简述什么是人工智能。

2.简述人工智能的三大学派及基本区别。

3.简述现有人工智能技术中哪些会让我们担忧，未来哪些AI技术应用范围广泛，及其原因。

4.简述现有人工智能技术在道德伦理方面存在哪些风险。

5.是否存在你曾经在媒体上听到过、讨论过或看到过，并且永远不可能实现的人工智能技术？

第2章 人工智能的系统数据基础

本章导读

在现实生活中，我们已经见识了无处不在的人工智能应用。比如，能够帮我们扫地的机器人，能够识别人脸辨识身份的门禁系统，能战胜世界围棋冠军李世石的围棋人工智能AlphaGo，能够与之聊天并咨询各种疑难问题的DeepSeek大语言模型应用。从系统角度看，这些人工智能应用就是一个个的人工智能系统。那么，到底什么是人工智能系统呢？人工智能系统的技术架构包括哪些组成部分？人工智能系统底层的计算机系统有哪些基础知识？人工智能系统中的数据在计算机中又是如何表示的？全面理解构建一个人工智能系统应该具备哪些基础知识？本章将带领我们学习人工智能系统有关的基础知识，包括人工智能系统的概念和应用技术架构，以及人工智能系统底层的计算机系统基础知识和数据表示基础知识。通过这一章的学习，我们旨在帮助您逐步建立起全面的人工智能系统思维。

本章要点

◉ 能够解释人工智能系统概念及应用技术架构
◉ 能够列举人工智能系统的三个要素并分析三者之间的关系
◉ 能够列举计算机系统组成并分析其工作原理
◉ 能够列举人工智能系统的算力基础设施资源
◉ 能够辨识人工智能数据的结构和模态
◉ 能够分析人工智能系统中各种数据的表示方法
◉ 能够列举人工智能的各种算法并辨识典型的人工智能应用算法

2.1　认识人工智能系统

人工智能是以机器为载体用人工方法技术模拟人的智能。自从计算机诞生之后，无数学者努力尝试研究在计算机（能“计算”的机器系统）上实现人工智能。计算机是一个具有“计算”功能并由硬件和软件组成的一体化系统，从物理上看是个硬件系统，从逻辑上看是硬件之上承载着软件的系统。我们把利用人工方式模拟人类智能行为的计算机系统，称为人工智能系统。它通过算法和数据分析并执行智能任务，如语言理解、图像识别和制定决策等。日常生活中，我们所见到的各种场景的人工智能应用，就是人工智能系统，比如AlphaGo是深蓝计算机上实现模拟人类下围棋的智能系统，扫地机器人是智能体机器实现模拟人类“扫地”的智能系统。

2.1.1　人工智能系统架构

如图2-1所示，我们从逻辑上给出一般人工智能系统的总体技术架构。整个架

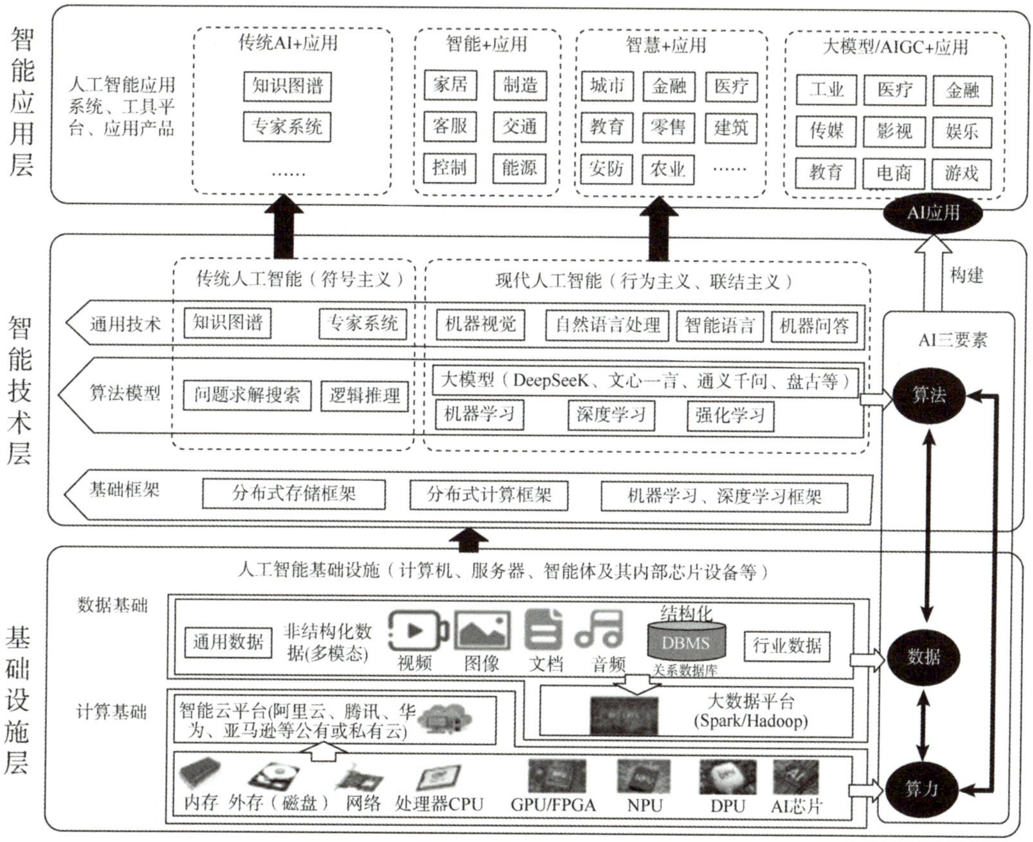

图2-1　人工智能系统技术架构

构从下到上分为基础设施层、智能技术层和智能应用层三个部分。基础设施层为人工智能系统提供底层硬件算力和数据。智能技术层给出人工智能系统的核心技术基础框架、算法模型和通用技术。智能应用层给出面向各领域的人工智能系统应用场景。

1.基础设施层

基础层给出人工智能系统的底层基础设施，包括计算和数据两个基础设施部分。

计算基础设施是承载人工智能系统的机器软硬件资源。这些资源由智能云平台进行统一的分配调度管理。这里的机器可以是实体的计算机或服务器，是远程的虚拟云主机，是智能体或嵌入式设备小系统，或是单机和多机分布式计算系统。这些机器系统包含人工智能系统运行所需的计算资源，称为算力。算力主要包括存储（内存、外存）、网络通信、处理器CPU、GPU/FPGA、华为自研海思NPU芯片、中科驭数自研的DPU芯片等加速设备以及专用的AI芯片等资源，是人工智能系统的算法能够高效运行的重要保障。算力是人工智能运算能力的体现，是人工智能系统的核心要素之一。

数据基础设施汇聚了人工智能系统的数据资源，是人工智能系统中重要的一层，也是人工智能系统中的核心要素之一。人工智能系统的机器学习建模需要数据，数据资源由大数据平台进行统一管理。常见的大数据平台有Hadoop和Spark。数据可能有多种来源。数据可以来源于行业业务系统中的关系数据库的结构化数据，也可以是多模态的如文档、图像、音频和视频等非结构化通用数据。人工智能算法，特别是机器学习算法是从数据中学习得到的，数据是人工智能机器学习建模的基础。与算力一样，数据也是人工智能技术核心要素之一。机器学习从数据中学习规律并实现建模。数据是人工智能训练和优化的基础。高质量的数据集是训练准确模型的前提，数据的获取、处理和存储能力直接影响到人工智能应用的效果。人工智能的任何判断，都是对数据进行整合和分析的结果。

2.智能技术层

智能技术层给出了人工智能系统的基础技术，分为基础框架、算法模型和通用技术三个部分。基础框架主要有分布式存储、分布式计算以及深度学习框架等三种类型。分布式存储框架实现了人工智能系统大数据的存储管理。分布式计算框架为人工智能机器学习建模算法的高效执行调度分配算力资源。深度学习框架是用于构建和训练深度学习模型的软件工具和库，为深度学习建模和人工智能应用开发提供高效便捷的技术途径。

算法模型给出了各种人工智能技术及其实现的智能算法，也是人工智能技术的核心部分。人工智能技术的重要任务是实现智能，智能实现的基础还是算法。早期符号主义时期的人工智能以算法为主（比如问题求解搜索算法），进入联结主义时期，基于大数据的学习型算法受到关注，机器学习、深度学习、强化学习和大模型（DeepSeek、文心一言、通义千问、盘古等）等算法成为主流。特别地，大模型的广泛应用让无数老百姓感到震惊，比如DeepSeek发布的一系列可以快速本地部署应用的开源小模型，引发全球震撼，加速大模型应用更加广泛地落地。

为了便于理解人工智能技术，我们把人工智能技术做一个分类。由于近几年机器学习成为人工智能领域被广泛关注的热点研究方向，我们以机器学习作为一个分界点，把人工智能技术分为传统人工智能和现代人工智能两个部分。

早期符号主义学派通过研究符号方法实现人工智能。他们在早期的计算机系统上实现了基于符号化的知识表示、知识关联以及逻辑规则推理。因此，符号主义实现了一种知识表示和逻辑推理的智能模拟方法，解决了知识表示和推理、问题求解、博弈及谓词逻辑等智能问题。这种以基于符号推理和白盒推理为核心的人工智能被归为传统人工智能技术。传统人工智能的典型代表就是以知识表示和推理为基础的专家系统。第一章提到的知识期和推理期的人工智能，都属于早期人工智能。当然，符号主义方法在今天仍然有用，比如，打开计算机看到的各种信息都是符号的，以及广泛应用的知识图谱、搜索引擎等技术。

进入21世纪以来，随着互联网迅猛发展而爆炸式产生的大数据，驱动了人类要基于大数据进行统计分析和挖掘价值以指导业务决策的需求，比如要从数据中进行学习、对业务决策进行建模，这就引来了以机器学习为代表的数据驱动的人工智能。随着机器学习进一步发展，衍生出深度学习、强化学习等分支，进一步推动人工智能进入今天不断向前蓬勃发展的时期。机器学习发展出了深度学习和强化学习两个重要分支。强化学习是行为主义的代表。AlphaGo与DeepSeek的成功就是强化学习成功应用的体现。特别是深度学习的发展，开辟了计算机视觉、智能语音、自然语言处理（NLP）等新技术方向。在自然语言处理技术的基础上，又出现了大语言模型（LLM）技术，而后又发展出了生成式人工智能（GAI）和人工智能生成内容（AIGC）方向的技术。我们把为解决分类、回归、聚类、关联和生成等问题，基于数据而发展起来的，以机器学习、深度学习、强化学习、LLM、GAI、AIGC等为代表的人工智能归为现代人工智能。

3. 智能应用层

智能应用层在人工智能系统架构的最上层。人工智能技术应用的呈现形式一般是智能应用系统、智能工具平台和智能应用产品。从人工智能发展来看，主要包括早期“传统AI＋”应用、“智能＋行业”的智能化应用、“智慧＋行业”的智慧化应用、“AIGC＋行业”的大模型化应用等。传统AI应用是早期的人工智能应用，特别是符号主义人工智能技术。它主要以增强计算机的智能化能力为目标，在算力受限的条件下聚焦优化各种复杂算法，典型应用包括专家系统和知识图谱等。随着机器学习、深度学习技术的发展，人工智能开始在各行业、领域大规模应用。各行业融入人工智能以实现智能化成为人工智能应用的第一大方向，出现了智能制造、智能家居、智能客服、智能控制、智能交通、智能能源等行业应用并快速发展。后来，随着人工智能进一步与行业深度融合，大量行业提出了更高的智能化需求，人工智能应用发展开始走向以智慧化为目标的方向，于是智慧城市、智慧金融、智慧医疗、智慧教育、智慧零售、智慧建筑、智慧安防、智慧农业等成为新应用方向。

智慧和智能既有相同的地方也有一定的区别。智慧化是指通过提升人工智能系统的智能水平，使其能够更有效地处理复杂任务、做出更精准的决策以及更好地适应动态环境的过程。智能化通常指的是在特定的环境中，系统或算法能够模拟、理解和执行人类的智能行为，包括拥有学习、推理、规划、感知和自然语言理解等能力。智慧强调大数据、人工智能应用以及智能算法的综合运用，以提升智能水平，而智能强调运用人工智能算法实现智能化控制。

还有，随着深度学习在自然语言处理领域的突破，大语言模型技术得到迅猛发展，各行业开始大模型应用。于是，生成式人工智能GAI和基于大模型的人工智能生成内容AIGC引发广泛关注，渐渐地AIGC与各行业融合，产生了AIGC+工业、AIGC+医疗、AIGC+教育、AIGC+新闻、AIGC+传媒、AIGC+影视、AIGC+娱乐、AIGC+电商以及AIGC+游戏等一系列新应用方向。

2.1.2 人工智能系统三要素

人工智能系统的构建融合了数据、算法、算力，我们把数据、算法、算力称为构建人工智能系统的核心三要素，如图2-2所示。

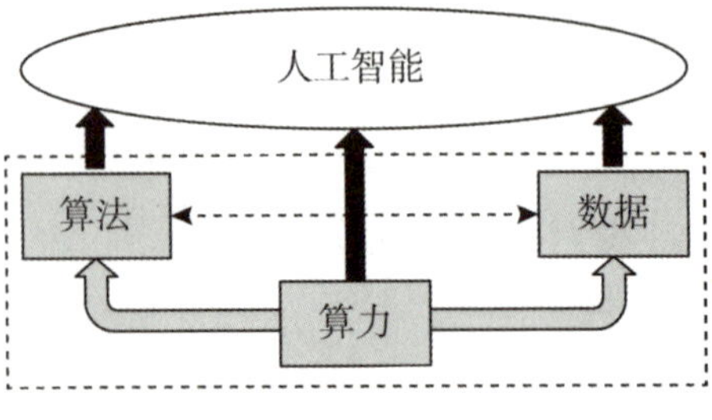

图2-2 人工智能系统三要素

为了清楚理解这3个要素，我们不妨看一下众所周知的智能围棋AlphaGo的人工智能系统。我们都认为AlphaGo曾经把人类围棋世界冠军李世石打败了。AlphaGo是怎么做到的呢？

事实上，这是人工智能赋予了AlphaGo学习能力。我们让AlphaGo学习了大量实战的围棋棋谱，它才变得越来越聪明。这里的棋谱信息就是数据。AlphaGo通过从数据中学习才变得更聪明，是数据带给了AlphaGo智能。数据是实现人工智能的重要基础。那么，在跟李世石博弈下棋的过程中，AlphaGo是怎么一步步走棋的呢？李世石走完一步后，AlphaGo要决策该怎么走棋，它会根据棋盘当前棋子分布状态进行决策计算，计算出一个最有可能战胜对方的最佳走棋位置，然后把棋子放在这个位置上。这里，AlphaGo决策计算走棋的方法就是算法。

AlphaGo不是人，没有人脑。因此，AlphaGo要走棋需将算法转化成一个计算机程序，并在计算机系统上运行才能做到。我们都知道棋谱很复杂，这个算法显然也非常复杂，人脑决策一步棋总是要花不少时间的，而AlphaGo走棋却很快，每一步棋的决策时间才3毫秒，因为AlphaGo的计算机系统有强大的算力。可以说，AlphaGo背后的算法很早就有了，那为什么以前没有战胜人类，很重要的原因就是以前计算机性能很差，系统算力太不足了。因此，要打造出智能强大的AlphaGo离不开数据、算法和算力3个基础要素。

瑞士著名的科学家尼古拉斯·沃斯教授曾提出：数据结构+算法=程序。数据结构是程序的骨架,算法是程序的灵魂。人工智能也是由众多程序组成的。因此，算法也是实现人工智能的灵魂，是人工智能之所以“智能”的基础，也将指导计算机处理数据，并进行学习。在数据驱动的人工智能中，算法通过处理和分析数据，使机器能够模拟人类的智能行为，完成各种复杂的任务。机器学习就是从数据中学习智能的过程。人工智能在图像识别、自然语言处理等领域取得巨大成功的原因，就在于机器学习、深度学习等算法的成功应用。

在人工智能的实现中，数据、算法、算力三者紧密联系、缺一不可。机器学习的任务就是建模，而建模需要输入数据。建模过程中会不断地进行模型的训练、测试和评估，训练、测试和评估的过程都依赖于算法。训练模型就是从数据中学习知识得到模型。高效精准的模型离不开高质量的数据。在训练过程中，需要不断调整参数，优化模型，优化过程中需要不断验证和评估模型好坏与否。人工智能训练和预测推理算法的高效执行离不开机器系统的算力。同样，在人工智能应用中，人工智能数据处理和算法运行的实时性和效率，也离不开强大的算力保障。

2.2 人工智能的系统基础

在三要素中，以计算机系统为代表的算力是构建人工智能系统的重要技术基础。为更好理解人工智能系统，本节将对人工智能系统底层的计算机系统有关知识进行总体介绍。

2.2.1 计算机系统组成

在我们身边，计算机随处可见，从个人手机、平板电脑、办公桌上的普通电脑、笔记本，到机房中专门提供特定服务的专用服务器等，都是计算机系统。

如图2-3所示，一个计算机系统由硬件系统和软件系统两部分组成。硬件系统由存储器、处理器和输入输出3个子系统构成。软件系统包括系统软件、工具软件和应用软件3种类型。接下来，我们先看硬件组成，再看软件组成。

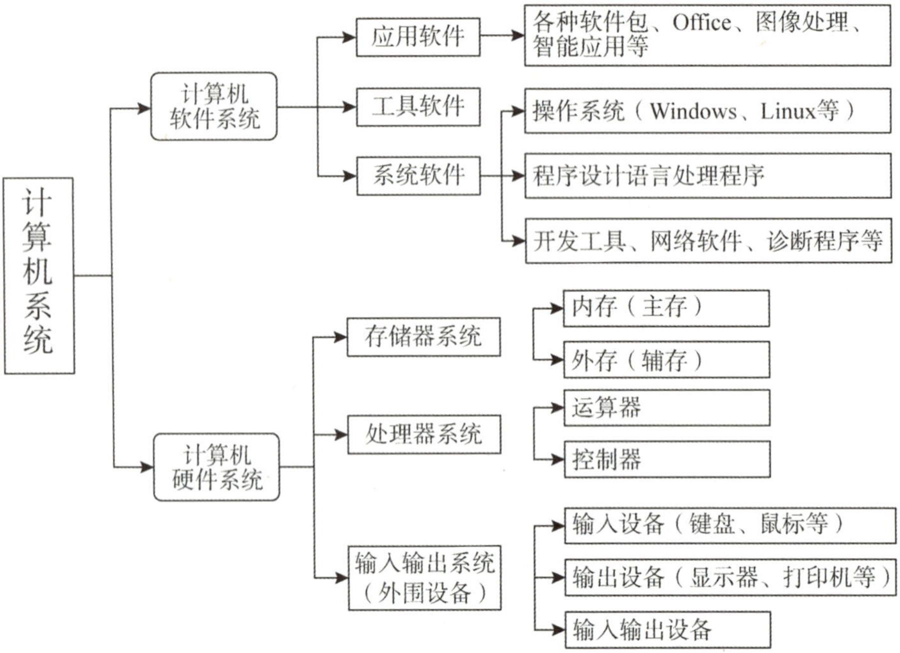

图2-3 计算机系统组成

1.硬件系统组成

众所周知，今天我们大多数人使用的计算机都是电子计算机，所以我们暂时不考虑量子计算机、生物计算机等非电子计算机的情况。从系统硬件结构来看，现代电子计算机采用的是1944年被称为“计算机之父”的美籍匈牙利数学家冯·诺依曼提出的体系结构，如图2-4所示。冯诺伊曼体系结构下，计算机硬件由存储器

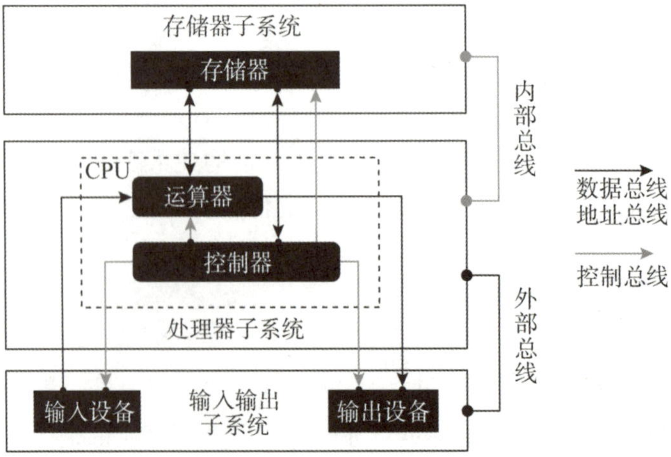

图2-4 冯·诺伊曼计算机组成

（Memory）、运算器（Arithmetic Logic Unit，ALU）、控制器（Control Unit，CU）、输入设备（Input Device）和输出设备（Output Device）5个部分组成。同时，硬件系统又被分为3个子系统，即存储器子系统、处理器子系统和输入输出子系统。

存储器是计算机中专门负责存放程序和数据的部件，具有存储数据和取出数据的功能。存储器是数据的中转中心，是计算机内部的数据集散地，它构成了计算机的存储子系统。存储器系统又分为内存（主存）和外存（辅存）两个部分。运算器，也称为算术逻辑单元，是执行各种运算的部件，用于实现数据加工处理。控制器，是计算机的神经中枢，指挥计算机各个部件自动、协调地工作。因为运算器与控制器间的联系非常紧密，所以我们把运算器与控制器集成在一块集成电路上，称之为中央处理器，即CPU。CPU构成计算机的处理器子系统。输入设备负责将数据、程序等用户信息变换为计算机能识别和处理的二进制信息形式输入计算机。输出设备负责将计算机处理（如运算器计算）的结果（二进制信息）变换为用户所需要的信息形式输出。输入设备和输出设备构成计算机的输入输出子系统。输入设备包括键盘、鼠标等。输出设备包括显示器和打印机等。

处理器系统又分为运算器和控制器。输入输出系统是计算机的外围设备。

五大部分和三大子系统之间通过总线进行连接。总线是一组导线，是3个子系统之间信息传输的通道。总线按传输的信息类型分为：地址总线、数据总线和控制总线。地址总线传输的是地址信号，数据总线传输的是数据内容，控制总线传输的是控制信号。CPU和存储器、输入输出设备是通过控制总线连接的。

冯·诺伊曼的贡献不仅仅在于给出了硬件体系架构的完美设计，还给出了程序存储及软件的工作机制。冯·诺伊曼体系架构第一次提出了存储程序的思想——把计算过程描述为由许多命令按一定顺序组成的程序，然后把程序和程序执行所需要的数据一起输入计算机，并在执行前存放到存储器中，同时要求程序和数据采用同样的格式——二进制进行存储。计算机对已存入的程序和数据进行处理后再输出结果。要想使计算机自动执行程序，只要在执行程序时，给出程序所在的存储位置即可。冯·诺伊曼的程序存储原理解决了重要的“程序重用”问题。

那么，冯·诺伊曼体系计算机的5个部分是如何协同工作的呢？下面举个例子：“2+3=5”是如何实现的（见图2-5）。

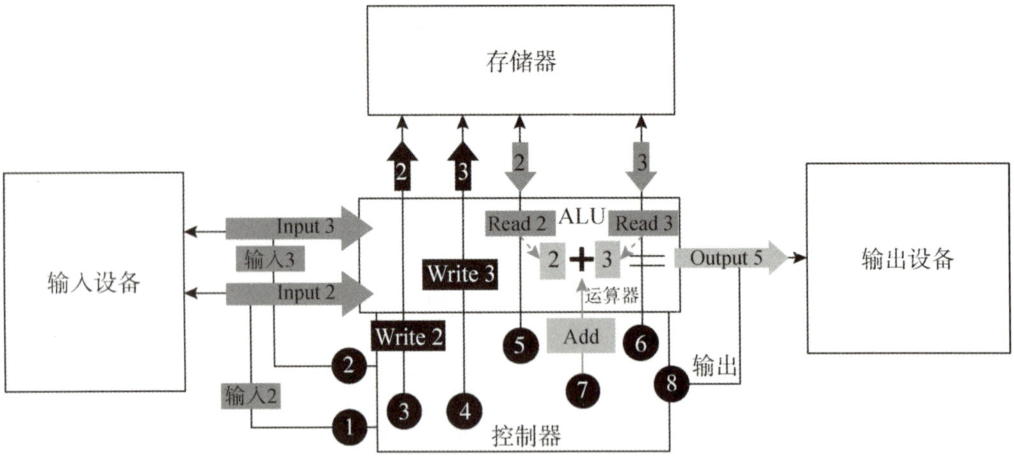

图2-5 计算“2+3=5”的过程

具体过程如下。

第一步：控制器向输入设备发出控制信号，要求输入设备输入2，即执行输入命令：Input 2，于是2从输入设备（如键盘）输入到了运算器。

第二步：控制器发出信号Write 2，把2写入存储器，于是2保存到了存储器中。

第三步：控制器发出输入3的信号，即Input 3，于是3被输入到运算器。

第四步：控制器发出信号Write 3，把3写入存储器，于是3保存到了存储器。

第五步：控制器发出信号Read 2，于是2从存储器读入到运算器。

第六步：控制器发出信号Read 3，于是3从存储器读入到运算器。

第七步：控制器发出信号“Add 2，3”，执行“+”运算，ALU执行2+3得到结果5。

第八步：控制器发出信号Output 5，输出设备显示输出结果5，过程结束。

以上计算“2+3=5”的过程有8步，每一步的执行称为指令，整个过程所有指令的集合就是计算机的程序。

2. 软件系统组成

软件系统是计算机系统的重要组成部分。所谓软件是指为方便使用计算机和提高使用效率而组织的程序，以及用于开发、使用和维护的有关文档的总称。如图2-3所示，计算机软件系统包括系统软件、应用软件和工具软件3种类型。系统软件（System Software）由一组控制计算机系统并管理其资源的程序组成，其主要功能包括：启动计算机，存储、加载和执行应用程序，对文件进行排序、检索，将程序语言翻译成机器语言等。系统软件包括操作系统、程序设计语言处理程序，以及开发工具、网络软件和诊断程序等。其中操作系统是系统软件的核心，是人与计算机之间交互的重要接口，负责管理计算机资源。工具软件是用于帮助用户执行特定任务、提高工作效率或管理计算机系统的各种软件，比如系统优化与维护工具、文件管理工具、压缩解压缩工具、数据备份恢复工具、网络工具、开发工具、虚拟化工具等。应用软件是为满足用户在不同领域、不同问题的应用需求而提供的那部分软件，是运行在操作系统上的应用程序。

2.2.2　处理器系统

1.处理器的结构

处理器系统就是中央处理器CPU，是运算器和控制器的集合，是进行各种算术运算和逻辑判断的部件。这些计算都是以指令的形式存在的，CPU是执行指令的部件。处理器分为5个部分，包括运算器、控制电路、地址电路、数据寄存器与指令代码寄存器。图2-6给出了处理器的结构。

运算器是执行算术运算和逻辑运算的电路部件。控制电路（Controller）负责对指令代码进行译码并产生控制运算器执行运算的信号，以及发出到存储器进行数据读/写的信号和其他各种控制信号。地址电路（Address Program Counter）负责产生并输出地址信号，在控制信号的作用下指定存储器或者外部设备进行相关的数据传输操作。数据寄存器（Data Register）用于存放运算器执行运算所需的数据，数据在执行运算前已经存入其中。指令代码寄存器（Instructor Code Register）里存放处理器执行操作需要的指令代码。

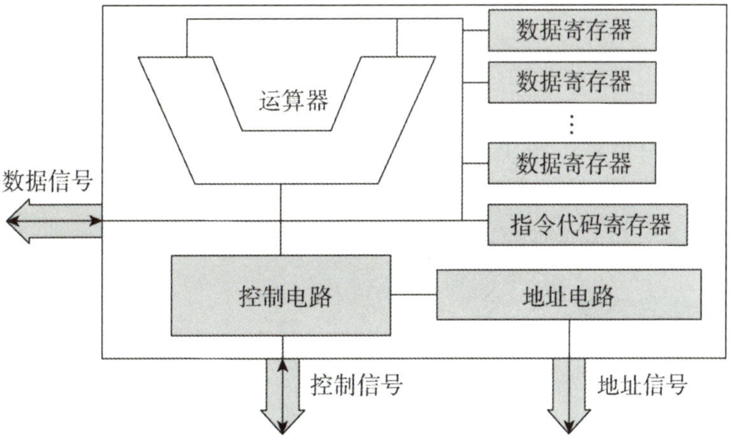

图2-6　处理器结构

2.处理器的任务

处理器的重要任务是执行程序的指令。一个程序在计算机中存在的形式就是一个指令序列，其在计算机中被执行，实质就是程序的指令序列中的每一条指令被执行。CPU执行指令的过程包括提取指令、分析指令、执行指令。

CPU指令系统，也被称为指令集，是一组特定的命令集合，这些命令由CPU识别和执行。指令集是计算机程序设计和运行的基础，因为它定义了计算机能够执行的操作类型。指令集是CPU功能的核心。它包含了CPU可以进行操作的所有命令，如数据移动、算术运算、逻辑运算、控制流程等。不同的CPU可能有不同的指令集，这决定了CPU的性能、效率和功能特性。例如，某些特定的指令集优化可以针对特定的任务类型提供更高的性能。

随着计算机技术的不断进步，指令集也在不断发展和演变。早期的计算机指令集相对简单，只包含基本的算术和逻辑操作，而随着计算机应用的多样化，指令集逐渐变得更加复杂和全面，以支持更多的操作和功能。现代的CPU指令集不仅包括基本的运算指令，还包含针对特定任务优化的指令，如浮点运算、图形处理、人工智能计算等。不同的CPU制造商可能会开发自己的指令集，或者采用通用的指令集架构。这些差异导致了不同CPU在性能、兼容性、功耗等方面的差异。因此，在选择CPU时，除了考虑其基础性能参数外，指令集也是一个重要的考虑因素。

衡量处理器的性能指标主要有主频、CPU数量，以及核心数量、字长、协处理器和高速缓存（Cache）等。主频是衡量CPU运行速度的参数。比如，一台机器的处理器信息是“2.4 GHz 八核 Intel Core i9”，说明其型号是Intel Core i9，主频是2.4GHz，每秒执行的指令数量是2.4G（24亿）条。字长是处理器一次能够处理的最大二进制数的位数。协处理器是通过扩展的加速器件，如GPU加速卡、FPGA卡、ASIC卡等，不单独工作，在CPU的协调下完成任务（如处理浮点运算的协处理器）。内部高速缓存器是平衡CPU核之间或CPU之间的数据访问速度差异的器件。

计算机中的处理器系统可以是单一的CPU芯片，也可以是多个CPU芯片组成的阵列。常见的处理器厂商有Intel、AMD等公司。无线设备的处理器主要由Qualcomm（高通）公司为我国提供自主设计制造的CPU芯片（如神威超级计算机使用的处理器SW1600，其内核达16个）。在移动设备中，华为设计生产的海思麒麟系列芯片已经可以媲美高通的骁龙芯片。

2.2.3 存储器系统

计算机的存储器系统实现计算机记忆功能，它是保存程序代码和数据的物理载体。存储器由若干个存储单元组成，每个存储单元都有一个唯一的标识叫作存储器地址，用二进制位模式进行标识。数据存放在存储单元中，存储单元以字节（Byte，缩写为B）为单位，一个字节由8位二进制位（bit，缩写为b）组成。存储容量即存储器中存储单元的总数，也叫作字节数，或者称为地址空间。存储容量大小和单位如表2-1所示。

表2-1 存储字节数

单位		实际字节数	近似表示方法
B(Byte)	字节	1	1
KB(K Byte)	千字节	2^{10}	10^3
MB(M Byte)	兆字节	2^{20}	10^6
GB(G Byte)	千兆字节(吉字节)	2^{30}	10^9
TB(T Byte)	兆兆字节(太字节)	2^{40}	10^{12}

存储器系统采用主辅结构，即存储器分为内（主）存储器和外（辅）存储器，如图2-7所示。

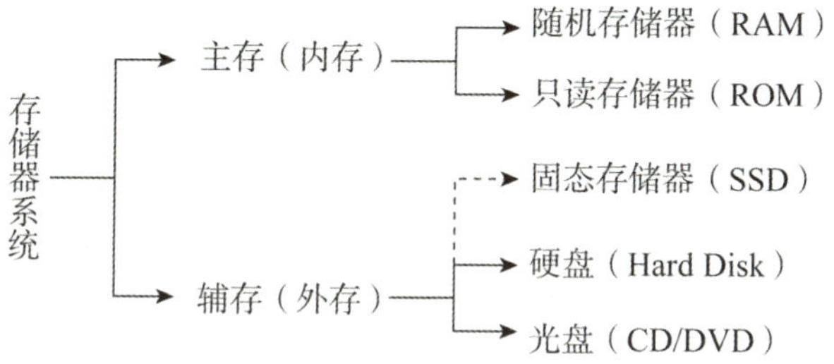

图2-7 存储器系统的组成

1.主存（内存）储器

内存储器由半导体存储器组成，是电子器件，运行速度快，与CPU直接相联，由CPU根据存储单元地址进行存取操作。每个内存单元存储1个字节的地址，地址也按二进制位进行标识，连续存放。内存空间和CPU地址总线数目有关。如图2-8所示。

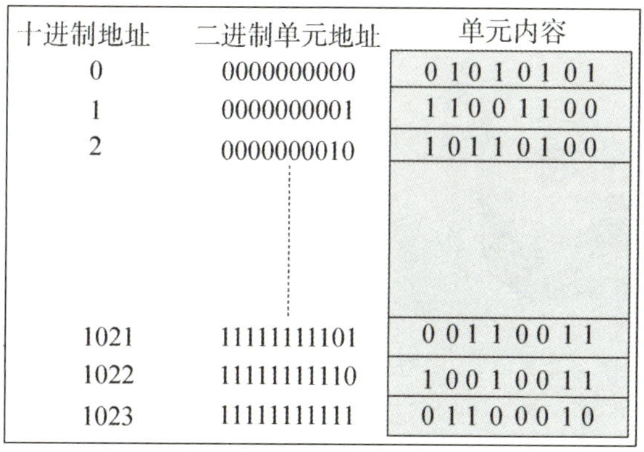
十进制地址
二进制单元地址
单元内容
0
0000000000
0 1 0 1 0 1 0 1
1
0000000001
1 1 0 0 1 1 0 0
2
0000000010
1 0 1 1 0 1 0 0
1021
1111111101
0 0 1 1 0 0 1 1
1022
1111111110
1 0 0 1 0 0 1 1
1023
1111111111
0 1 1 0 0 0 1 0

图2-8 内存空间

内存主要有两种类型。

（1）随机存储器（Random Access Memory，RAM）是计算机主存储器系统中的主要组成部分。主要特性包括：①可以随时对RAM写入数据，也可以随时从

RAM读取数据；②具有易失性——数据会由于系统断电而消失。RAM根据其保持数据的方式可以分为：动态RAM（Dynamic RAM，DRAM）和静态RAM（Static RAM，SRAM）。DRAM的存取速度较慢但价格要便宜些。DRAM通常用于制作内存条，SRAM通常用作高速缓存器，而高速缓存器位于CPU和内存之间。

（2）只读存储器（Read-Only Memory，ROM），断电后存储的数据不会丢失。主要包括：PROM（Programmable Read-Only Memory，可编程只读存储器），是一次性写入的存储芯片，数据一旦写入即不能被改写；EPROM ——如果数据需要被改写，就需要用一种紫外线光设备将原数据擦除后再重新写数据；EEPROM (Electrically Erasable Programmable Read-Only Memory，电可擦除可编程只读存储器)，加电即可删除原来数据，以Byte为擦除单位，工艺相对复杂，价格很高，容量小。ROM有一个重要的应用是存放启动计算机所需要的BIOS（Basic Input and Output System，基本输入输出系统）程序。计算机每次开机都执行相同的操作，所以BIOS程序是固定不变的，它被“固化”在ROM中。

2.辅存（外存）储器

位于主机“外部”，用来保存程序和数据，主要是磁盘，数据存储具有持久性，存储容量大（TB级）。缺点是速度慢。磁盘（Magnetic Disk，Disk），是涂有磁性材料的塑料片（软盘，已淘汰）或合金片（硬盘）。存储信息中被磁化的记为数据1，无磁性的则为数据0。硬盘旋转很快、记录密度高且要求无尘环境，因此，密封磁头、盘片、电机、读写电路形成一个不可随意拆卸的整体，如图2-9所示。

磁盘的工作过程是，在磁盘读写电路的控制下，读写磁头沿着盘片直线移动，盘片围绕中心轴高速旋转实现数据的寻找和读取。磁盘读写电路接收来自CPU发出的操作命令，在CPU和磁盘之间进行数据交换。

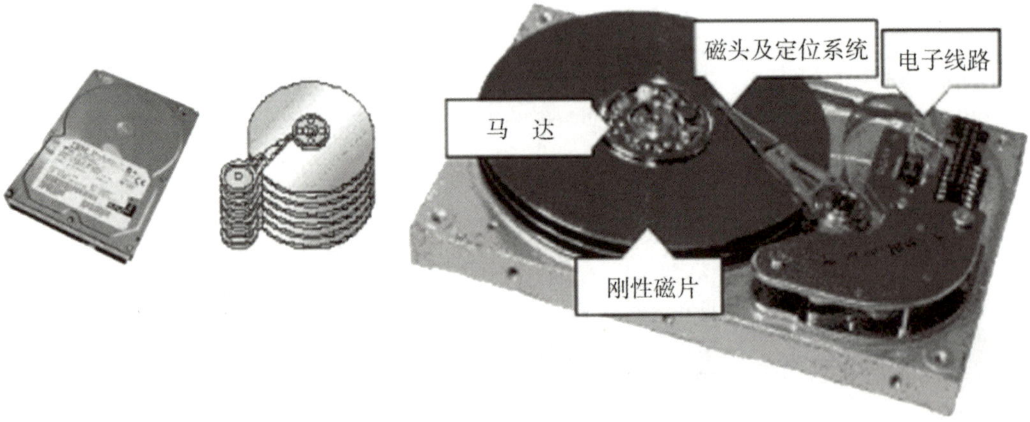

图2-9 硬盘的结构

3.存储器系统的基本工作原理

在计算机系统中，如图2-10所示，存储器子系统的基本工作原理是程序和数据存储在外存中，被执行的程序和数据从外存中调入主存运行，运行结束后程序和数据被重新存入外存。这种主存—辅存结构具有很好的互补性，同时也是经济的。主存容量小，有易失性，但速度快，承担运行程序的任务；外存速度慢，但容量大，时间持久，用于保存程序和数据。

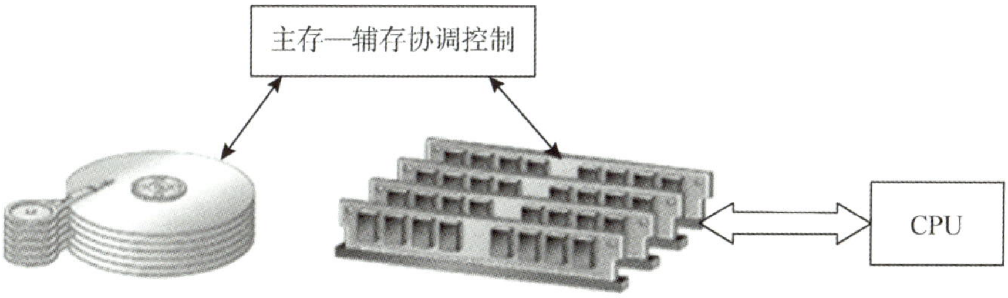

图2-10 基本工作原理

2.2.4 输入输出系统

通常讲的外部设备（外设），包括输入设备和输出设备。输入设备是人们向计算机系统发出操作命令、输入操作数据的装置。比如键盘、鼠标、显示器等，如图2-11所示。键盘还有键的个数的区别，比如有101和104个键的。鼠标种类就更多了，主要根据使用手感有不同的形状设计。移动鼠标指针并按下鼠标键，它在显示器上的位置数据就会被捕捉到计算机中，并根据位置信息对按键动作进行响应。

输出设备把计算机处理的结果以数字、字符、图像、声音等形式表示出来。常见的主要有显示器、打印机等。显示器主要技术指标为分辨率，分辨率越高，表示显示质量越好。可分为CRT显示器和液晶（Liquid Crystal Display，LCD）显示器两类。打印机的主要技术指标为点密度DPI（Dots Per Iuch，每英寸点数）。DPI越高，打印质量越好。可分为针式打印机（除专用票据打印机外，基本淘汰）、喷墨打印机（墨盒喷墨打印）、激光打印机（硒鼓成像）。

其他的同时具有输入和输出功能的设备有数码相机、数码摄像机、摄像头、语音话筒、游戏操作杆、光电阅读器、POS机、光笔、读卡器、扫描仪、传真机、触摸屏、专业的音频/视频设备、绘图仪、数码产品播放器等。

（a）101键盘　（b）104键盘　（c）鼠标

图2-11 输入设备

2.2.5 操作系统

在计算机中最为重要的系统软件就是操作系统。操作系统是管理、控制和监督计算机软、硬件资源协调运行的程序系统，由一系列具有不同控制和管理功能的程序组成。它是直接运行在计算机硬件上的、最基本的系统软件，是系统软件的核心。如图2-12所示，操作系统是计算机硬件和用户（其他软件和人）之间的接口，是计算机系统的核心。它使用户能够方便地操作计算机，能有效地对计算机软件和硬件资源进行管理和使用。

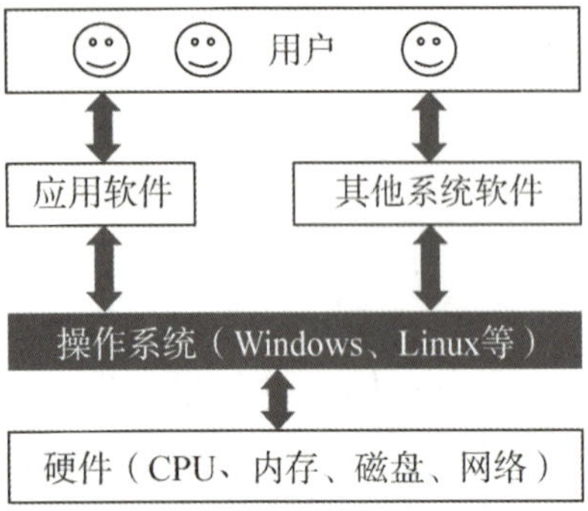

图2-12 操作系统是接口

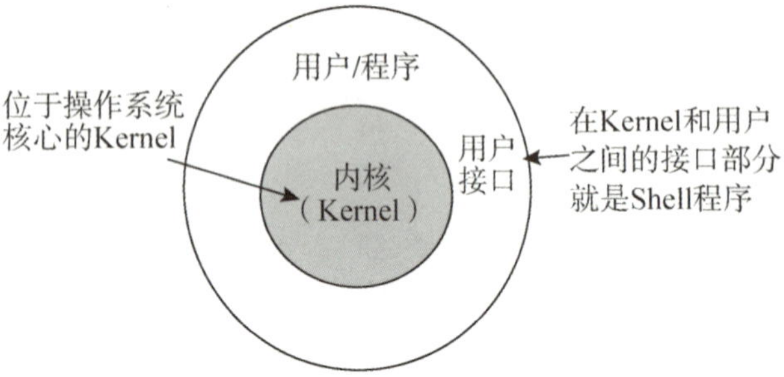

图2-13 操作系统的结构

如图2-13所示，操作系统由内核（Kernel）与用户接口（Shell）两部分组成。内核是操作系统的核心，管理计算机各种资源所需要的基本模块（程序）代码，包括文件管理、设备驱动、内存管理、CPU调度和控制等功能。用户接口负责接收用户（包括用户执行的应用程序）的操作命令，并将这个命令解释后交给Kernel去执行。DOS系统将Shell叫作命令解释器（Command）。在Windows系统中，Shell指GUI（图形用户界面）。

操作系统是计算机发展中的产物，它的主要作用有两个：一是方便用户使用计算机，二是提供用户和计算机间的接口。用户键入一条简单的命令就能自动完成复杂的功能，就是因为有操作系统的帮助。它还能统一管理计算机系统的全部资源，合理组织计算机工作流程，以充分、合理地发挥计算机的效率。

操作系统通常应包括下列五大功能模块：①处理器管理功能：当多个程序同时运行时，解决CPU时间的分配问题。②作业管理功能：完成某个独立任务的程序及其所需的数据的集合称为一个作业。作业管理的任务主要是为用户提供一个使用计算机的界面，使其方便地运行自己的作业并对所有进入系统的作业进行调度和控制，尽可能高效地利用整个系统的资源。③存储器管理功能：为各个程序及其使用的数据分配存储空间，并保证它们互不干扰。④设备管理功能：根据用户提出使用设备的请求进行设备分配，同时还能随时接收设备的请求（称为中断），如要求输入信息。⑤文件管理功能：主要负责文件的存储、检索、共享和保护，为用户提供方便的文件操作系统。

此外，编译系统和各种工具软件也属此类，它们从另一方面辅助用户使用计算机。下面分别介绍它们的功能。应用软件是为解决各类实际问题而设计的程序系统。从其服务对象的角度，又可分为通用软件和专用软件两类。应用软件包括办公软件和其他应用软件。

操作系统的种类繁多，依据功能和特性分为分批处理操作系统、分时操作系统和实时操作系统等；依据同时管理用户数的多少分为单用户操作系统和多用户操作系统；还有一类是适用于管理计算机网络环境的网络操作系统。

微机操作系统随着微机硬件技术的发展而发展，从简单到复杂。Microsoft公司开发的DOS是一个单用户单任务系统，而Windows操作系统则是一个多用户多任务系统。经过十几年的发展，已从Windows 3.1发展出Windows NT、Windows 2000、Windows XP、Windows Vista、Windows 7、Windows 8、Windows 10、Windows 11等，是当前微机中广泛使用的操作系统之一。

UNIX是非常著名的多用户多任务分时操作系统。UNIX不仅是一个运行可靠、稳定的系统，而且由其开创的操作系统技术一直为其他操作系统所遵循，因此它成了事实上的标准。Linux是一款可以免费使用和自由传播的类Unix操作系统。Linux被认为是一种高性能、低开支的，可以替换其他昂贵操作系统的软件。Linux是一个源码公开的操作系统，程序员可以根据自己的兴趣和灵感对其进行改编，这让Linux吸收了无数程序员的精华，不断壮大，已被越来越多的用户所采用，成为Windows操作系统强有力的竞争对手。Mac OS是Apple公司为其Macintosh系列计算机设计的操作系统，早于Windows，且也是基于GUI的。其具有很强的图形处理能力，被公认为最好的图形处理系统。

此外，移动设备操作系统Android（安卓），是Google公司收购了原开发商Android后，联合多家制造商推出的面向平板电脑、移动设备、智能手机的操作系统。基于Linux开放的源代码开发的仍然是免费系统。iOS是Apple公司为其生产的移动电话iPhone开发的操作系统，主要应用于Apple的i系列数码产品，如iPhone、iPAD等。华为鸿蒙系统（HUAWEI HarmonyOS）是华为公司在2019年8月9日于东莞举行的华为开发者大会（HDC.2019）上正式发布的分布式操作系统。华为鸿蒙系统是一款全新的面向全场景的分布式操作系统，它创造了一个超级虚拟终端互联的世界，将消费者在全场景生活中接触的多种智能终端、人、设备和场景有机地联系在一起，以实现极速发现、极速连接、硬件互助和资源共享，并使用合适的设备提供场景体验。

2.3 人工智能数据基础

人工智能的实现离不开数据，数据是人工智能3个要素之一。在现实世界中有各种对象，到了计算机中均被数字化。计算机中数据的表示是一个必须要解决的基础性问题。数的表示也延伸到了数据领域，现实世界中的各种对象数字化到计算机中的结果就是“数据”。各种不同类型或模态的数据，如数值、文本、图像、声音、视频等在计算机中如何表示，都是需要解决的重要问题。为了更清楚地了解数据，本节介绍与数据表示有关的基础知识。

2.3.1 数据表示基础

根据冯·诺依曼体系理论，所有的数据都以二进制形式存储和计算处理。也就是说，在计算机中，存储、运算、交换和管理的所有数据都是以0和1形式存在的。数据处理主要在处理器中完成。在处理器中的运算器进行运算的数都是二进制的。在计算机中数的表示规则的设计，也需考虑运算器部件的运算功能。不论是怎样的数据，各种数据只要进入计算机，就必须是以某种方式表示成二进制进入到计算机。

计算机为什么采用二进制呢？因为二进制数在物理上用电路非常容易实现。既可以用高、低两个电平分别表示“1”和“0”，也可以用脉冲的有无或者脉冲的正负极性来表示它们。因此，计算机中的CPU就是一个物理电路。用来表示二进制数的编码、计数、加减运算规则很简单。二进制数的两个符号“1”和“0”正好与逻辑命题的两值“是”和“否”或“真”和“假”相对应，为计算机实现逻辑运算和程序中的逻辑判断提供了便利的条件。如图2-14所示，二进制数10110010就对应了开关物理电路。一根线路表示0或1，代表1位二进制，8根线路数表达出8位二进制数。这里也可看出，要表达出更大范围的数，需要用的线路根数就要更多。

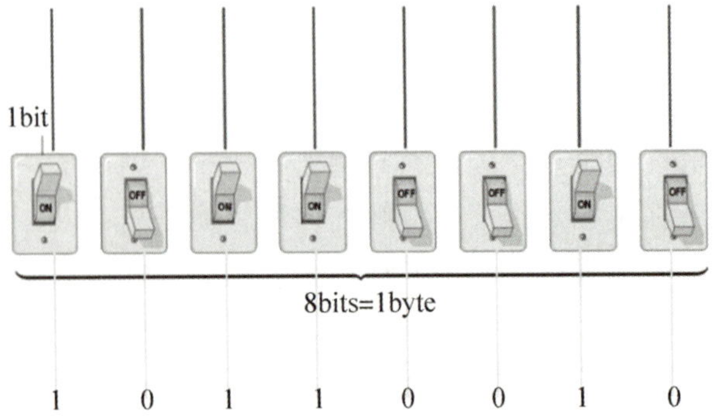

图2-14 简易开关电路表示二进制

在数学中，我们一般看到的数都是十进制形式的。十进制数是可以转换成二进制的。数的常用进制还有八进制、十六进制。表2-2给出了数的进制之间的对应关系。

表2-2　进制转换对应关系

十进制	二进制	八进制	十六进制	十进制	二进制	八进制	十六进制
0	0	0	0	9	1001	11	9
1	1	1	1	10	1010	12	A
2	10	2	2	11	1011	13	B
3	11	3	3	12	1100	14	C
4	100	4	4	13	1101	15	D
5	101	5	5	14	1110	16	E
6	110	6	6	15	1111	17	F
7	111	7	7	16	10000	20	10
8	1000	10	8	17	10001	21	11

任意一个十进制数都可以表示成小数部分和整数部分的和。整数部分转换为二进制，可以采用除二取余的方法。比如45对应的二进制是101101_2。具体计算如图2-15所示。

2 | 45　　余数 1 低位
2 | 22　　0
2 | 11　　1
2 | 5　　1
2 | 2　　0
1　　1 高位

图2-15　整数转换为二进制（除二取余法）

对于小数部分的转换，采用十进制小数乘二（×2）取整的方法，将进位（整数部分）按顺序组合起来。比如$0.625=0.101_2$。具体计算如图2-16所示。

0.625	× 2	积为 1.25	进位位为1（高位）
0.25	× 2	积为 0.0	进位位为0
0.5	× 2	积为 1.0	进位位为1（低位）

图2-16　小数转换为二进制

二进制转八进制和转十六进制均比较简单，直接按对应的数码逐个转换。二进制转八进制，以小数点为界，分别将3位二进制与1位八进制对应。二进制转十六进制，以小数点为界，分别将4位二进制与1位十六进制对应。任意进制转为十进制，按照多项式展开求和。

不同的数据被划分成不同的数据类型。我们把数据分为数值类数据和非数值数据。数值数据包括没有小数点的整数、带小数点的实数，还有正数或负数的符号区别。非数值的数据有字符、汉字等文本数据，图像、音频、视频等多媒体模态数据。以下分别介绍是如何表示的。

2.3.2 数值数据的表示

对数值数据的表示，整数和实数在计算机中的表示方法不同。

1.整数的表示

根据是否有正负符号，整数分为无符号的纯正整数和带符号的可以是正的或负的整数，它们在计算机中表示方法不同。

（1）无符号整数在计算机中的表示

$2_{10}=10_2$　$127_{10}=1111111_2$　$399_{10}=110001111_2$

若2、127、399这3个整数在内存中如下连续存放：

101111111110001111

计算机如何分辨出这3个数呢？自然地，一种解决方案就是设置固定的长度（譬如，整数占16位）。

2表示成：0000000000000010

127表示成：0000000001111111

399表示成：0000000110001111

这样在计算机中3个数放在一起就是：

000000000000001000000000011111110000000110001111

到计算机里面取这3个数的时候，就按照16位的长度来逐一取即可。

实际上，今天的计算机就是采用了这样的方法，每种类型的数都规定了固定的长度（二进制位数）。

（2）有符号整数在计算机中的表示

有符号整数的表示，利用一个符号位表示是正或负的。采用了原码的表示方法。约定二进制最高位0表示正数，1表示负数。比如，按照8位二进制的设计，01011000，表示＋1011000，就是十进制的＋88。11011000表示－1011000，就是十进制的－88。这种表示方法被称为“原码”表示法。但这种方法的缺点在于运算（比如两个数做加法）时符号要单独考虑，物理电路设计会比较复杂。

能否考虑一种方法，符号位也能参与计算而不影响运算结果呢？于是，为了降低复杂性，计算机设计出了一个新的码，叫反码。在原码的基础上除符号位其余各位按位取反，即1变为0，0变为1之后得到。比如－88的原码是11011000，则对应的反码就是10100111（符号位不变）。然后，我们再在反码的基础上＋1，得到一个新的码，叫补码。即，－88的补码便是：10100111＋1＝10101000。

有了补码后，运算的时候就不用单独考虑符号了，实现了电路设计的简化。实际上，计算机的处理器有一个加法器，加法运算是基于补码来的，不用考虑符号。加法器规定正整数的补码、反码和原码相同。负整数的补码=反码+1。在现代计算机中，整数都是以补码形式来表示的。整数在做计算的时候，结果也是补码。最后，我们看这个补码结果到底是十进制对应哪个数，还得从补码转换为原码，再转换为十进制。最后看符号位为1就是负数，为0就是正数。

再举个例子，已知两个整数a、b，其中a=11，b=−10，要求计算a+b的值。怎么计算呢？具体如下：先将a和b转换为补码，再进行补码相加，结果就是最后的结果。a=11是正数，其补码还是11的二进制，是01011。b=−10是个负数。符号位1，−10的二进制原码是11010，转换为反码就是10101，再反码+1，得到10110。接下来，就是01011与10110两个数相加，得到

$$\begin{array}{r} 0\,1011 \\ +\quad 1\,1010 \\ \hline 10\,0001 \end{array}$$

这里我们假定加法器是5位，第6位溢出，剩下5位的结果是00001，符号位为0，因此是+1。

2. 实数在计算机中的表示

在数学中的实数是带有小数点的数。那么在计算机中，小数点该如何表示？这里分两种情况：固定小数点位置的定点数方法和不固定小数点位置的浮点数方法。

（1）定点数表示

定点数就是固定小数点位置，包括定点纯小数和定点纯整数两种格式，如图2-17所示。

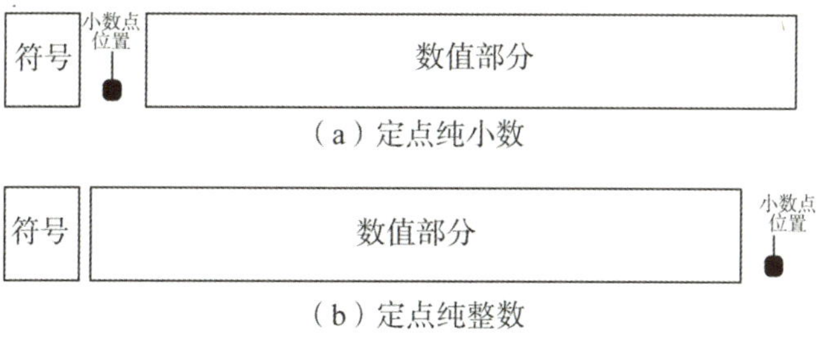

图2-17　两种定点数的表示

由于位数限制，小数在计算机中不能精确表示，定点表示法表示的实数范围及精度都很小。

（2）浮点数表示

整数可以表示了，那么实数又该如何表示呢。实数是带有小数点的数。一个实数包括整数部分和小数部分。小数点位不固定，所以实数又叫浮点数。一种方法就

是将定点纯整数与定点纯小数融合来表示。由于位数限制，计算机中整数表示数的范围是很有限的。那么要表示更大范围的数怎么办呢?

于是，一种类似科学计数法的方式被用来解决该问题，以实现更大范围的数的表示。特别是带有小数点的实数，由于小数点位置是不确定的，因此实数也称为浮点数。具体操作步骤如下：首先，将任意一个实数（浮点数）转换成科学计数法的形式，如0.######×2^{-XXX}，这里不是标准的科学计数法，而是类科学计数法。这里看出，“0.######”就是纯小数，指数部分“−XXX”是纯整数。这样，我们就可以设计定点纯小数+定点纯整数融合的部件来解决浮点数的表示问题了。我们把纯小数部分称为尾数，纯整数部分称为阶码。不要忘了符号位，这是尾数和阶码都有的，单独算一位。

我们以32位浮点数的表示为例，可以给出的表示方法如下：

数的符号	阶码符号	阶码值	尾数
1 bit	1 bit	7 bit	23 bit

例：+0.65625×2^{-21}如何表示?

首先，把0.65625和−21分别转换为二进制形式，0.65625的二进制是0.10101，−21对应的是10010101。接着，尾数部分取23位，不足补齐23位，正数的符号位为0。最后，得到的结果如下：

符号位	阶码	尾数
0	10010101	10101000000000000000000

不难看出，这种表示法可表示的实数范围及精度都很大。

2.3.3 文本和文档数据的表示

数值数据可以直接转换为二进制进行表示，文本里面不是数值数据，而是一些字符数据。由于字符无法直接对应某个数，所以只能用代码表示，通常是用编码的方法。比如，邮政编码就是把全国各个不同地方进行的统一编号。我们用编码的方法，给每个字符都编一个编号就是代码，所以文本数据采用编码的方式表示。

用过记事本的都知道，记事本程序创建的文件就是文本文件。文本（Text）由字符组成。文本中的字符包括字母、汉字、符号。由于字符本身不是一个数。因此，每个字符的表示只能采用另外一个二进制数来代为表示了，这个二进制数就是该字符的二进制代码。我们也可以把这个二进制数称为字符的二进制代码。那么用什么样的二进制代码来表示字符呢？在计算机中，每个字符都属于一个字符集。字符集是包含所有可用字符及其对应的二进制代码的集合，不过通常我们看到的是它们的十进制或十六进制形式。

很早以前，不同计算机厂商生产的相似功能的产品都采用各自的数据格式，这导致数据不同，不同的程序无法兼容。不仅如此，硬件厂商采用的处理器不同，程序处理的数据也不同，因而出现了各种各样的字符集。文本数据就出现过多种，IBM早期的同一台机器中就有近10种字符集。1967年出现了美国标准信息交换代码ASCII（American Standard Code for Information Interchange），第一次以规范标准的类型发表，成了不同计算机数据交换的标准代码。只要不同的应用程序都采用ASCII，文本文件数据就可以在不同的计算机之间交换了。文档通常就是类似Word创建的文件，也是基于文本的另一种形式。文本和文档都是用的等长编码，需要由应用程序创建和打开。文本和文档中的字符编码主要有ASCII、Unicode和汉字编码。

1.字符文本的数据表示与ASCII编码

美国信息交换标准代码ASCII是基于拉丁字母的一套电脑编码系统，主要用于显示现代英语和其他西欧语言。它是最通用的信息交换标准，并等同于国际标准ISO/IEC 646。不过，ASCII最后的一次更新是在1986年。ASCII也称为ASCII字符集，有两种格式：7位码和8位码。

ASCII最初公布的是字符长度为7位的二进制编码，定义了基本的文本字符数据，包括英文字母和常用的符号，共128个字符。图2-18给出了China这个单词的7位ASCII表示。

字符	C	h	i	n	a
ASCII码	1000011	1101000	1101001	1101110	1100001
十进制	67	104	105	110	97

图2-18 ASCII表示的China单词

如图2-19所示，计算机键盘上的字符都在ASCII字符集中，包括大小写的52个英文字母（a~z和A~Z）、0~9的10个数字字符、控制字符，以及各种标点符号字符。实际上，当键盘按下某个键后，输入到计算机中的那个数据就是该键对应的ASCII编码，只不过我们从显示器输出看到的样子是对应的字符。比如，你敲一下“A”键，实际上在计算机中得到的是65这个数，而你看到的是“A”。

图2-19 键盘

ASCII是等长编码，128个字符对应128个编码，刚好采用7位二进制来表示，又称7位二进制编码。但实际上一个字符是采用8个二进制位来存储处理的，刚好占1个字节。为了能够表示更多的字符，ASCII改用8位码。8位码称为扩展ASCII

码，版本名字为“Latin-1扩展ASCII字符集”。

以下给出ASCII字符集编码表，如图2-20、2-21所示。

ASCII 码表

符号	十进制	符号	十进制	符号	十进制	符号	十进制
null	0	□	16	空格	32	0	48
☺	1	□	17	!	33	1	49
☻	2	2	18	"	34	2	50
♥	3	!!	19	#	35	3	51
♦	4	π	20	$	36	4	52
♣	5	§	21	%	37	5	53
♠	6	▬	22	&	38	6	54
beep	7	↨	23	'	39	7	55
◘	8	↑	24	(	40	8	56
tab	9	↓	25	)	41	9	57
换行	10	→	26	*	42	:	58
起始位置	11	←	27	+	43	;	59
换页	12	∟	28	,	43	<	60
回车	13	↔	29	–	45	=	61
♫	14	▲	30	.	46	>	62
☼	15	▼	31	/	47	?	63

图2-20　0～63字符编码

ASCII 码表

符号	十进制	符号	十进制	符号	十进制	符号	十进制
@	64	P	80	`	96	p	112
A	65	Q	81	a	97	q	113
B	66	R	82	b	98	r	113
C	67	S	83	c	99	s	115
D	68	T	84	d	100	t	116
E	69	U	85	e	101	u	117
F	70	V	86	f	102	v	118
G	71	W	87	g	103	w	119
H	72	X	88	h	104	x	120
I	73	Y	89	i	105	y	121
J	74	Z	90	j	106	z	122
K	75	[	91	k	107	{	123
L	76	\	92	l	108	|	124
M	77	]	93	m	109	}	125
N	78	^	94	n	110	~	126
Z	79	_	95	o	111	⌂	127

图2-21　64～127的字符编码

2.汉字文本的数据表示与汉字编码

文本中的汉字字符，无法用二进制数表示，也无法直接用ASCII的字符来表示。因此，汉字也一样采用编码方式来解决其表示的问题。汉字编码要考虑从古代到现代汉字有哪些。汉字除了中文简体、繁体之外，还包括日文和韩文中使用的汉字。汉字数量是比较庞大的，比ASCII字符多得多，且汉字排序会更加复杂，有拼音、部首、笔画等。因此，带有中文处理的系统中，需要有专门的汉字处理程序，如汉字输入（法）程序。考虑到系统的兼容性和计算机原有的外文产品，中文系统扩展了ASCII，增加了汉字编码。

中文汉字编码总共有3个编码标准，分别是1980年发布的GB 2312-80标准、1993年发布的GBK扩展汉字编码标准，以及2001年发布的GB 18030编码标准。

首先，GB 2312-80字符集总共收录了简化汉字6763个、符号715个，总计7478个字符，这是中国大陆普遍使用的简体字字符集。市面上还有楷体—GB 2312、仿宋—GB 2312、华文行楷等字符集，绝大多数字体支持显示这个字符集，亦是大多数输入法所采用的字符集。市面上绝大多数所谓的繁体字体，其实采用的是GB 2312字符集简体字的编码，用字体显示为繁体字。

其次，1993年的GBK字符集，中文名为国家标准扩展字符集，是兼容GB 2312-80标准的字符集，收录了21003个汉字，882个符号，共计21885个字符，包括了中日韩（CJK）统一汉字20902个和扩展A集（CJK Ext-A）中的汉字52个。

最后，GB 18030-2000字符集，包含了GBK字符集和CJK Ext-A的全部汉字，共计27533个汉字，它在2005年进行了扩展，升级为GB 18030-2005字符集，在GB 18030-2000的基础上，增加了CJK Ext-B的42711个汉字，形成了超大型中文编码字符集，共计70244个汉字。GB18030-2005编码采用可变4字节编码，有CJK统一汉字和我国少数民族文字字符（如藏、蒙、彝、傣、朝鲜、维吾尔文等）的字形等。

另外，汉字编码与后面讲到的全球统一码Unicode有差异，不完全兼容。因此需要转换和处理。GB汉字编码标准给出的是编码要求，即字符被保存的格式。而Unicode给出了字符的编号，没有规定这个字符如何表示（保存到计算机中）。因此，需要通过程序在不同编码标准之间进行转换，如后面会讲到的UTF（Unicode Transformation Format，Unicode转换格式）。

我国的汉字编码是强制性的国家标准，“适用于图形字符信息的处理、交换、存储、传输、显示、输入和输出”，不但指各种计算机的机器及智能手机等各种带处理器的终端设备，而且还指各种中文处理软件，如办公系统、财务系统等。

3. 统一文本的数据表示与Unicode编码

ASCII及扩展ASCII码都是基础编码，只能在有限的拉丁语系统中使用，不能与其他语言，如汉语、阿拉伯语之间交换数据。而全球有200多个国家和地区，使用不同的语言，该如何交换数据呢？为解决这个问题，现在计算机普遍采用了一种被称为统一码“Unicode”的编码，也叫万国码、单一码。它不仅较好地解决了不同语言的用户、不同类型的计算机之间交换数据的难题，而且能在同一台计算机中使用不同的语言进行数据交换。

Unicode最初是Apple公司制定的通用多文种编码，后来被Unicode统一联盟进行开发，成了计算机科学领域里的一项业界标准，包括字符集、编码方案等。Unicode几乎能表示世界上所有语言书写的字符集编码标准，还包含了许多专用的字符集，如数学符号。

Unicode主要有Unicode 16和Unicode 32两种编码字符集。Unicode 16采用2字节表示一个字符，可以表示65536个字符。Unicode 32用4字节对字符编码，32位二进制有几十亿个组合，理论上可支持几十亿个字符的编码。

为了与ASCII码保持一致，Unicode保留了前256个字符为ASCII字符集。也就是Unicode的前256个字符与ASCII字符编码完全相同。例如，字母“A”，在ASCII中对应编号是十进制数65，十六进制是41，ASCII编码为41（单字节），那么在Unicode 16中，用编码为十六进制的0041（2字节）表示。目前大多数系统，包括PC、Mac和互联网网站等，都采用Unicode编码。

1992年，Unicode被确定为国际标准ISO 10646，使之成为应用于世界范围各种语言文字的文本形式的字符集，其中包括汉字。例如，“计算机”的Unicode 16编码为“8BA17B97673A”（十六进制表示）。如果在文本中有这3个字，那么实际保存为如下二进制序列：

100010111010000101111011100101110110011100111010

实际上，汉字编码只是解决了汉字字符的数据表示，主要用于汉字的存储和传输。而显示或打印字符需要有专门的处理程序，这个处理程序将字符编码读出，它通过计算得到可显示、可打印的数据格式。在屏幕上显示或者打印出来的字符并不是字符编码，而是字符被程序当作“图像”处理后的结果，这里还需要转换为另外的编码。

编码技术要确定表示字符的字节顺序。例如，字符A可以用ASCII编码的1字节表示为41（十六进制），2字节的为0041，4字节的为00000041。而2字节的A的编码也可以是4100，4字节的A的编码也可以是41000000或00004100。如果编码和解码没有按照同一种顺序，就会出现乱码。因此，为了解决多字节乱序问题，就有了UTF标准的出现。它确定的是Unicode字符不同字节顺序之间的转换格式。

根据字节数的不同，UTF也有多种格式，如UTF-8、UTF-16、UTF-32。Unicode主要使用的是UTF-8格式。例如，在浏览器中就有页面编码为UTF-8的设置项。有时候，程序会要求选择或者取消该设置，使得浏览器不会显示乱码。

4.文档数据的表示

在计算机中，文档经常可见。一般由文档软件（如Word）生成。不同软件生成的文档格式会不同。有多种软件可以生成，特别是WPS Office或Microsoft Office办公软件Word生成的文档（document）文件，其内容就是文本格式的扩展。文本主要由各种字符组成，使用标准的编码来表示，而文档还会含有许多特征码，如表示字体字形的变化、字符的大小、颜色、对齐方式、段落格式排版等信息。

文档格式有多种，如字处理软件Word的数据文件就是一种常用的文档类型。

金山公司的WPS软件也是处理文档的软件。不同语言的文档还包括多种字体，如宋体、楷体、黑体、仿宋等。实际上，目前计算机提供的各种语言都有多种字体，因此计算机中有大量的字体（font）文件，包括操作系统提供的，也包括各种程序自带的。网络上也有大量的字体文件（称为字体库）可供下载。现在使用的字体文件不是编码，而是显示或打印这种字体的计算公式。文档文件需要文档处理程序，如Office、WPS等打开，如果使用文本程序强行打开文档，则会丢失文档中的版式或显示为乱码。

实际上，文档不仅仅是Word软件产生的文件。文档也可以是各种“资料”，是指在计算机上各种应用软件产生的专用的数据文件。例如，Excel电子表格产生表格数据文件，程序设计需要提供的需求分析文档、设计文档、测试文档、使用手册等。

2.3.4 多媒体数据的表示

除了数值和字符文档以外，在计算机中所处理的对象还包含大量的图形、图像、声音和视频等多媒体数据，每一种类型称为模态。要使计算机能够处理这些多媒体数据，一样也要先将它们转换成二进制信息。

1.图形和静态图像

图形（Graphics）是指有几何图形的图，是从点、线、面到三维空间的黑白或彩色几何图，也称矢量图。矢量图形的格式是一组描述点、线、面等几何图形的大小、形状及其位置、维数的指令集合。这些指令被编码为二进制数据存储在计算机中。只能用专门的绘图程序软件（如Windows的画图程序）打开图形。图形文件不能直接显示，通常需要专门的绘图软件打开文件，这个软件通过读取这些指令直接将图形绘制到屏幕上，如图2-22所示。

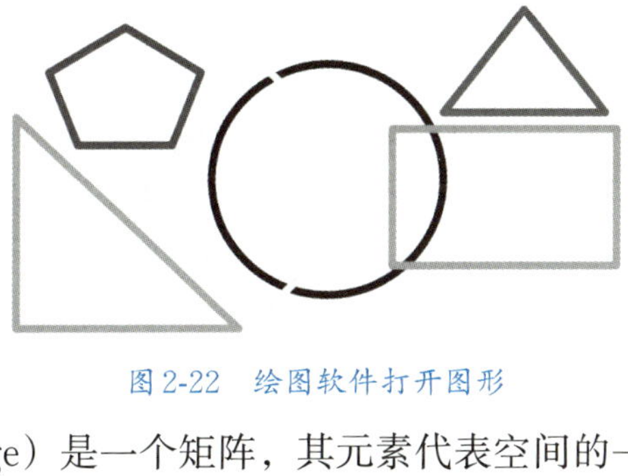

图2-22 绘图软件打开图形

静止的图像（Image）是一个矩阵，其元素代表空间的一个点，称之为像素点，这种图像也称位图。位图图像适合于表现层次和色彩比较丰富、包含大量细节的图像。彩色图像需由硬件（显示卡）合成显示。由像素矩阵组成的图像可用画位图的软件（如Windows的画图）获得，也可用彩色扫描仪扫描照片或图片来获得，还可用摄像机、数码相机拍摄或帧捕捉设备获得数字化帧画面。图像文件可以用相应的图形软件进行各种处理，如改变图像尺寸、对图像进行编辑修改、调节调色板等，还可对图像做各种各样的编辑和效果参数设置，力求达到较好的效果。图形文件的格式是计算机存储这幅图的方式与压缩方法，要针对不同的程序和使用目的来选择格式，不同图形处理程序也有各自的内部格式。常见的图形文件格式有：BMP、TIFF（TIF）、JPG、GIF、PNG、PCX、WM、PSD、PDD、EPS及TGA等。

图形数据在计算机中是以像素点RGB数据信息来表示的。R、G、B分别是一个0～255的整数，对应包含8个二进制位的二进制数。一幅100×100的图像，包含10000个像素点，每个像素点包含R、G、B的24位二进制数据。想知道一幅图像的RGB二进制数据信息，可以用专门工具来查看。图2-23（a）是原始图片，图2-23（b）是读取的二进制信息。

（a）原始图片

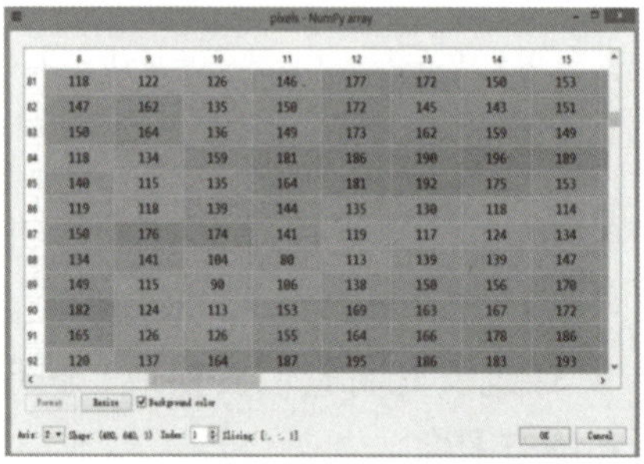

（b）读取的二进制数据

图2-23　图片的RGB二进制数据信息

2. 音频数据表示

音频（Audio）除音乐、语音外，还包括各种音响效果。将音频信号集成到多媒体中，可提供其他任何媒体不能取代的效果，不仅能烘托气氛，而且可以增加活力。通常，声音用一种模拟的连续波形表示。通过采样可将声音的模拟信号数字化，即在捕捉声音时，要以固定的时间间隔对波形进行离散采样。这个过程将产生波形的振幅值，以后这些值可重新生成原始波形。采样后的声音以文件方式存储后，就可以进行声音处理了。对声音的处理，主要是编辑声音、存储声音和对不同格式声音之间进行转换。计算机音频技术主要包括声音采集、无失真数字化、压缩/解压缩及声音的播放。常见的声音文件格式有：WAV、WMA（Windows Media Audio）、MP3、RA（Real Audio）及MID格式。

3. 视频与动画

视频（Video）是图像数据的一种，实际上是由若干有联系的图像数据组成，其连续播放便形成了视频。视频容易让人想到电视，但电视视频是模拟信号，计算机视频是数字信号。计算机视频图像可来自录像机、摄像机等视频信号源的影像，这些视频图像使多媒体应用系统表现力更强。动画（Animation）与视频一样，也与运动着的图像有关，它们的实现原理是一样的，两者的不同在于视频是对已有的模拟信号进行数字化的采集，形成数字视频信号，其内容通常是真实事件的再现，而动画里的场景和各帧运动画面的生成一般都是在计算机里绘制而成的。常见的视频与动画文件格式有：AVI、MOV、DAT、ASF、WMV、RM、SWF等。每一种格式代表了一种标准，不同格式的视频或动画表示标准不同，这里不展开详述。

2.4 本章小结

人工智能系统技术架构上包括基础、技术及应用3个层面。基础层面中包括系统设施、软件设施和数据设施。数据、算法和算力构成了人工智能系统的3个核心技术要素。在系统基础方面，现代电子计算机采用的是冯·诺伊曼体系架构：计算机由存储器、运算器、控制器、输入设备和输出设备5个部分组成，又划分为3个子系统——存储器子系统、处理器子系统和输入输出子系统。操作系统是系统软件。计算机中所有的数据均采用二进制表示。数值数据直接转换为二进制。非数值的多模态数据采用编码方式，编码对应二进制。文本字符采用ASCII编码。汉字采用国标的方式表示。图形图像采用像素点RGB对应二进制表示，视频和音频采用各种不同的标准格式编码，没有统一标准。

本章习题

一、判断题

1. 人工智能系统是在计算机之上模拟人类智能的技术系统。（ ）
2. 面向特定的人工智能应用领域，智慧应用和智能应用从功能设计和特点上是有所不同的，比如智慧家居与智能家居。（ ）
3. 计算机在实现智能时依赖于逻辑推理规则，而这种规则是由开发人员事先明确定义的，因此无法适应新的未知问题。（ ）
4. 计算机中并不是所有的数据都采用二进制表示。（ ）
5. 计算机的处理器、存储器和输入输出系统通过系统总线进行连接。（ ）
6. 存储单位的1KB就是1000个字节。（ ）

二、选择题

1. 下面哪一项不属于人工智能系统核心的3个要素？（ ）

   A. 算力　B. 数据　C. 算法　D. 模型

2. 下列哪种数据类型通常用于表示图像中的像素？（ ）

   A. 整数　B. 浮点数　C. 字符串　D. 布尔值

3. 处理器系统可以是单一的CPU，也可以是多个CPU组成的阵列。一块CPU芯片集成了控制器和________。（　　）

A. 存储器　　B. 寄存器　　C. 运算器　　D. 程序计数器

4. 自然语言处理是计算机理解和生成________的技术。（　　）

A. 图像　　B. 文本　　C. 声音　　D. 数字信号

5. 以下关于计算机图形数据表示描述正确的是________。（　　）

A. 图形和图像在计算机中的编码方法相同

B. 图形数据在计算机中是以像素点RGB数据信息的二进制来表示

C. 图像是栅格的图形与矢量显示方式一样

D. 视频由连续图像组成的表示方式跟图形一样

三、简答题

1. 简述人工智能系统技术架构。
2. 简述人工智能的3个要素及其关系。
3. 简述冯·诺依曼体系结构组成及工作原理。
4. 简述图像数据的二进制表示方法。

第3章 人工智能的应用开发基础

本章导读

如今，在日常生活中，我们随处可见各种人工智能的应用。比如，在家里帮主人定期清扫地面的扫地机器人，帮忙控制家居设备的天猫精灵，手机上用于照片美颜的App，上学上班进门刷脸识别完成身份验证的门禁系统等。那么，这些人工智能应用是用什么工具开发出来的呢？到底有哪些开发工具框架？

本章我们将学习人工智能开发所需的知识，包括编程语言、集成开发环境和算法框架库，以及算法设计和实现的方法。通过这一章节的学习，旨在帮助学生逐步构建起完整的人工智能应用开发知识体系。从开发环境到编程语言，再到算法库和深度学习框架，每一步都在为你的AI之旅铺平道路。

本章要点

◉ 能够使用Python语言进行基础编程

◉ 能够列举和使用人工智能算法库

◉ 能够列举和使用人工智能深度学习框架

3.1 从手写数字识别应用说起

3.1.1 认识数字

还记得小时候父母是如何教我们认识0~9这十个数字的吗？他们可能会在纸上写下这些数字，然后一一指给我们看，通过不断重复和练习，我们逐渐熟悉并学会它们。这个过程不仅体现了人类的智慧，也展示了我们的学习能力。现在，我们想要让机器也具备这样的能力——识别手写的数字。这便是人工智能的魅力所在，它让机器能够模仿人类的学习过程，从而拥有智能。

机器进行数字识别的过程，其实与人类学习的过程颇为相似。父母为我们准备的手写数字，就是机器学习中的数据集；他们逐一教我们的过程，就是机器的“训练”过程。我们只要先准备一个手写数字的数据集，然后利用机器学习方法进行训练，得到一个能够识别每个数字的模型，这个模型就能对新的手写数字进行识别预测了，如图3-1所示。

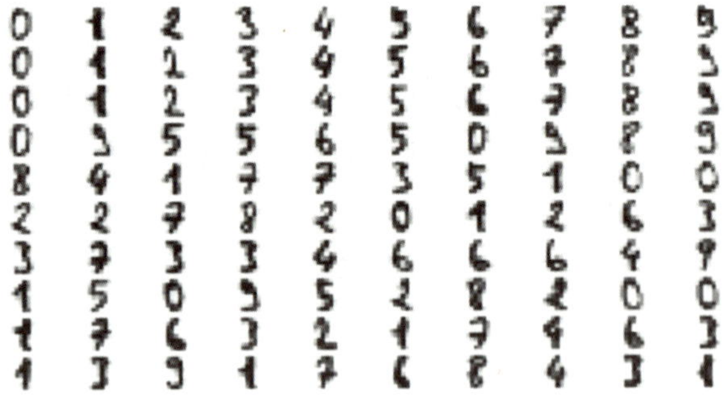

图3-1 手写0~9数字图像Digits数据集部分图片

3.1.2 一个简单手写数字识别程序

要实现这样的人工智能手写数字识别应用，通常我们需要完成以下步骤。

第一步，数据加载和预处理。加载手写数字数据集，对数据进行必要的预处理，比如展平图像、标准化特征等。

第二步，模型选择和训练。选择一个合适的机器学习模型，使用训练数据来训练模型。

第三步，模型评估和调优。在测试数据上评估模型的性能，根据评估结果调整模型参数或选择其他模型以提高性能。

第四步，用户接口实现。完成一个用户界面的设计，该界面允许用户输入手写数字图像，且能够将用户输入的图像预处理成模型可以接受的格式。

第五步，预测和结果展示。使用训练好的模型对用户输入的图像进行预测，将预测结果展示给用户。

以下给出的是用Python语言并使用Scikit-learn库进行手写数字识别的完整示例。这个示例使用了Digits数据集，通过K-近邻（K-Nearest Neighbors，KNN）分类器来识别手写数字，并计算了模型的准确率。

```
from sklearn.datasets import load_digits
from sklearn.model_selection import train_test_split
from sklearn.preprocessing import StandardScaler
from sklearn.neighbors import KNeighborsClassifier
from sklearn.metrics import accuracy_score

# 加载数据集
digits = load_digits()

# 将数据展平并分割为训练集和测试集
X = digits.images.reshape((len(digits.images), -1))
y = digits.target
X_train, X_test, y_train, y_test = train_test_split(X, y, test_size=0.3, ran-
dom_state=42)

# 标准化特征
scaler = StandardScaler()
X_train = scaler.fit_transform(X_train)
X_test = scaler.transform(X_test)

# 训练K-近邻分类器
knn = KNeighborsClassifier(n_neighbors=3)
knn.fit(X_train, y_train)

# 预测并计算准确率
predicted = knn.predict(X_test)
accuracy = accuracy_score(y_test, predicted)
print(f"Accuracy: {accuracy * 100:.2f}%")
```

3.1.3 基本开发环境

要顺利实现上述程序的运行，首先需要搭建配置人工智能开发的基本环境。本教材推荐利用Anaconda平台在本地搭建和配置所需的环境。

1.Anaconda平台

Anaconda是一个开源的Python发行版，它包含了Conda（一个开源的软件包管理系统和环境管理系统）、Python，以及超过250个预装的科学和机器学习包。Conda允许在同一台机器上安装不同版本的软件包及其依赖路径，并能够在不同的环境之间进行切换。

对于初学者，我们建议使用Anaconda，主要原因有以下几点。

（1）安装流程简便

Anaconda为初学者提供了一个简便的安装过程，通过一次性安装就可以获得Python解释器，以及大量常用的科学计算、数据分析、机器学习等库。这避免了初学者需要单独下载和安装每个库的烦琐过程，降低了入门门槛。

（2）环境管理功能

Anaconda内置的Conda环境管理器使得创建、管理和切换不同的Python环境变得非常简单。初学者可以轻松地为不同的项目创建独立的环境，避免包冲突和版本不兼容的问题。这有助于更好地组织和管理自己的代码和依赖。

（3）丰富的库和工具

Anaconda包含了大量经过优化和测试的科学计算库、数据分析工具和机器学习框架，如NumPy、Pandas、Matplotlib、Scikit-learn等。这些库和工具为初学者提供了丰富的功能，从而快速实现各种数据科学和机器学习任务。

（4）交互式学习环境

Anaconda集成了Jupyter Notebook，这是一个非常受欢迎的交互式学习环境。初学者可以在Jupyter Notebook中编写代码、查看结果、绘制图表，并且可以随时修改和重新运行代码。这种交互式的学习方式有助于初学者更好地理解和掌握编程和数据科学的概念。

（5）跨平台支持

Anaconda支持Windows、macOS、Linux等多种操作系统，这使得初学者可以在自己熟悉的操作系统上开始学习，无需担心兼容性问题。

（6）社区和文档支持

Anaconda拥有一个活跃的社区和丰富的文档资源。初学者可以通过社区获取帮助、分享经验，以及访问大量的教程和案例。这些资源对于初学者来说非常有价值，可以更快地掌握相关知识和技能。

因此，对于想要学习数据科学、机器学习或科学计算的初学者来说，使用Anaconda是一个非常好的选择。

2. 集成开发环境

在人工智能开发过程中，除了需要有一个平台之外，一个高效、稳定的集成开发环境（Integrated Development Environment，IDE）也是不可或缺的。集成开发环境简单来说就是编辑代码、运行程序的地方，它将代码编写、编译、调试、测试等多个开发环节整合在一个界面内。通过提供统一的用户界面来提高开发人员的工作效率，降低开发复杂度。

Python有很多常用的IDE，比如Jupyter Notebook 、PyCharm、Spyder、VS Code等。每种IDE都有其独特的优点和特色功能。

（1）PyCharm

①由JetBrains公司开发，提供了丰富的功能和工具，如智能代码补全、代码检查、图形化调试器等。

②支持多种Python框架和库，如Django、Flask等。

③有专业版和社区版之分，社区版完全免费，适合大部分开发者需求。

（2）Jupyter Notebook

①基于Web的交互式开发环境，特别适合数据分析、科学计算和教学。

②可以在网页界面中编写代码、运行结果并直接查看输出。

③支持Markdown和LaTeX，便于编写文档和演示。

（3）Spyder

①专为科学计算和数据分析设计的集成开发环境。

②是一个开源项目，遵循GPL v3许可协议，允许自由分发、修改和研究源代码。

③允许用户通过插件系统扩展其功能，如添加新的编辑器、改进代码分析工具等。

（4）Visual Studio Code （VS Code）

①由微软开发，是一款轻量级但功能强大的源代码编辑器。

②通过安装Python插件，可以支持Python语言的开发，提供代码高亮、智能感知、调试等功能。

Anaconda、Pycharm和Jupyter Notebook的具体的安装配置步骤可扫描二维码查看。

开发环境安装

3.2 Python入门

Python是一种被广泛使用的高级编程语言。它简洁易学，具有强大的标准库及第三方库支持，使Python成为数据科学和人工智能领域备受欢迎的语言。

3.2.1 代码结构特点

Python代码编写的结构特点主要表现为以下几方面。

1.注释

在Python中，注释是程序中不被执行的文本，添加注释可以保障代码的可读性，帮助开发者理解代码的功能、逻辑或特定部分的实现细节。其中单行注释以#开头，多行注释则可以使用成对的三引号（'''或"""）。

```
# 这是一个单行注释
"""
这是一个多行注释
使用三个双引号
"""
```

2.代码缩进

Python要求开发者严格使用缩进来表示代码的逻辑层次，一般使用4个空格（Tab键）进行缩进，这可以减少不必要的括号、换行标记等，并且使得逻辑关系清晰可见。

3.空行

空行是Python代码中不可或缺的一部分，这种视觉上的分隔和间隔，可以帮助开发者更好地组织和理解代码。Python的官方风格指南PEP 8建议，在顶级函数和类的定义之间使用两个空行进行分隔，而在方法定义、类定义内部的逻辑段之间则使用一个空行。

3.2.2 标识符命名规则

1.取名规则

Python标识符是用于识别变量、函数、类等对象的名称。取名时要严格遵守以下基本规则。

（1）标识符只能由字母（a~z、A~Z）、数字（0~9）、下划线（_）3类字符组成，且不能以数字开头。例如：3x就属于非法的标识符。

（2）Python对大小写敏感。例如：Total和total就是两个不同的标识符。

（3）不能使用关键字。Python有一组保留的关键字，它们不能被用作标识符。

2.命名约定

另外，在Python社区还普遍遵循一套标识符的命名约定，以提高代码的可读性和一致性。以下是一些常见的命名约定。

（1）变量和函数：通常使用小写字母，单词之间用下划线分隔，例如 my_variable 或 compute_sum。

（2）类名：类名通常使用驼峰命名法（CamelCase），即每个单词的首字母大写，例如 MyClass。

（3）常量：虽然 Python 没有真正的常量，但约定俗成地使用全大写字母表示常量，单词之间用下划线分隔，例如 MAX_SIZE 或 DEFAULT_VALUE。

（4）私有属性或方法：在类定义中，私有属性或方法通常以下划线开头（单下划线或双下划线），例如 _my_private_var 或 __my_private_method。

```
# 变量
x_train = 10
# 函数
def compute_area（l，w）：
    return l * w
# 类
class MyClass：
    def __init__（self，value）：
        self._value = value  # 私有属性
    def get_value（self）：
        return self._value
# 常量
MAX_SIZE = 100
# 使用示例
obj = MyClass（50）
print（obj.get_value（））  # 输出： 50
```

3.2.3 数据类型

Python 数据类型非常丰富，常用的有 7 种，包括数字（Number）、字符串（String）、布尔类型（Boolean）、列表（List）、元组（Tuple）、集合（Set）和字典（Dictionary），使用 type()函数可以获取对象的类型。

1.数字（Number）

```
x = 10    #整型 int
```

```
y = 3.14   #浮点型 float
c = 3+2j   #复数 complex
```

在Python中，数字类型是用来存储数值数据的。主要包括整数、浮点型和复数。

这些数字类型支持丰富的算术运算，可以满足各种数学计算的需求，具体如下：

加法（+）：5 + 3 结果为 8。

减法（−）：5.5 − 3.1 结果为 2.4。

乘法（*）：5 * 3 结果为 15。

除法（/）：5 / 2 结果为 2.5，返回浮点数。

取整除（//）：7 // 2 结果为3，返回商的整数部分。

取余（%）：5 % 2 结果为 1，返回余数。

幂运算（**）：2 ** 3 结果为 8。

取绝对值（abs()）：abs（−5） 结果为 5。

另外如需要更丰富的数学函数，可以使用Python的math模块，如math.sqrt()（计算平方根）、math.pow()（计算幂）、math.log()（计算对数）等。

2.字符串（String）

Python中的字符串是由字符组成的不可变序列，用一对引号（单引号或双引号）包裹。

```
s = "hello"  #字符串 str
```

3.布尔类型（Boolean）

```
flag = True #布尔型 bool
```

在Python中，布尔型只有True和False这两个值，它们分别代表真和假。布尔值可以用于条件判断，可以参与逻辑运算，同时关系运算的结果就是布尔值。

关系运算用于比较两个值的大小或相等性，如果表达式成立就返回True，不成立就返回False，如表3-1所示。

表3-1　关系运算

运算符	样例	结果
等于（==）	5 == 3	结果为False
不等于（!=）	5 != 3	结果为True

续表

运算符	样例	结果
大于（>）	'fc' > 'cde'	结果为True
小于（<）	'123'<'1'	结果为False
大于等于（>=）	120 >= 18.6	结果为True
小于等于（<=）	10 <= 10	结果为True

主要的逻辑运算如表3-2所示。

表3-2 逻辑运算

运算符	规则	样例	结果
与运算 and	当且仅当两个操作数都为True时，结果才为True；否则结果为False	True and False	False
或运算 or	当至少有一个操作数为True时，结果就为True；只有当两个操作数都为False时，结果才为False	True or False	True
非运算 not	将布尔值取反：True变为False，False变为True	not False	True

4. 列表（List）

```
fruits = ["apple", "banana", "cherry"]
fruits.append("orange")
```

列表用于存储有序的数据集合，可以包含不同类型的元素，包括数字、字符串、对象等，甚至可以包含其他列表。列表是可变的，这意味着你可以修改它们的内容。常用的方法如表3-3所示。

表3-3 列表常用方法

方法	功能
append（x）	在列表的末尾添加一个元素 x
extend（iterable）	通过添加一个可迭代对象中的所有元素来扩展列表
insert（i，x）	在指定位置 i 插入一个元素 x
remove（x）	移除列表中第一个值为 x 的元素。如果 x 不在列表中，会引发 ValueError（值错误）
pop（[i]）	移除并返回列表中的最后一个元素（默认），或者移除并返回指定位置 i 的元素
clear（）	从列表中移除所有元素
index（x[，start[，end]]）	返回列表中第一个值为 x 的元素的索引。如果 x 不在列表中，会引发 ValueError。可选参数 start 和 end 用于指定搜索范围
count（x）	返回 x 在列表中出现的次数

续表

方法	功能
sort（[key[，reverse]]）	对列表进行排序。可选参数 key 指定一个函数来定制排序，reverse 是一个布尔值，若为 True，则按降序排序
reverse（）	就地将列表中的元素倒序排列
copy（）	返回列表的一个浅拷贝

5. 元组（Tuple）

与列表类似，元组用于存储一组有序的元素，但元组是不可修改的。

```
mytuple = (10.0, 20.0)
```

6. 集合（Set）

集合（set）是一种无序且不重复的数据结构，它基于哈希表实现，提供了高效的元素查找、添加和删除操作。主要的集合运算如表3-4所示。

```
myset = {1，2，3，4，5}
```

表3-4 常用集合运算

操作	运算符	功能
并集	| 或 union（other_set）	合并两个或多个集合中的所有元素，去除重复项
交集	& 或 intersection（other_set）	找出两个集合中共有的元素
差集	— 或 difference（other_set）	找出属于第一个集合但不属于第二个集合的元素
对称差集	^ 或 symmetric_difference（other_set）	找出只属于其中一个集合的元素

7. 字典（Dictionary）

字典是以键值对（key-value pairs）的形式存储数据的一种数据结构。字典的键（key）必须是唯一的，并且是不可变对象，而值（value）则可以是任何数据类型。字典使用大括号 {} 来定义，键和值之间用冒号（:）分隔，键值对之间用逗号（,）分隔。适用于需要根据键快速查找、插入和删除数据的场景。

```
student = {"name": "Alice", "age": 18, "grade": "A"}
```

3.2.4 流程控制

流程控制是指控制程序执行的逻辑路径，它允许程序根据条件执行不同的代码块或者重复执行某段代码，以及跳过不必要的代码等，在Python中我们通过分支语句和循环语句来实现流程控制。

1.分支语句

使用if、elif和else关键字来判断条件，并根据条件的真假执行不同的代码块。

```
age = 18
if age >= 18:
    print("Adult")
elif age > 12:
    print("Teenager")
else:
    print("Child")
```

2.循环语句

Python 主要支持两种循环语句：for 循环和 while 循环。

for循环用于遍历序列（如列表、元组、字典、集合或字符串）或其他可迭代对象。while循环则会在给定条件为真时重复执行代码块。

```
for i in range(5):  # 输出0-4
    print(i)


total = 0
number = 1
while number <= 100:   # 计算 1 到 100 的所有整数的总和
    total += number
    number += 1
```

3.2.5 函数

函数是组织好的、可重复使用的、用来实现单一或相关联功能的代码块，可以接收输入（称为参数），并返回输出（称为返回值）。函数的使用使得代码更模块化、可读性更强且易于维护。

在Python中定义函数使用def关键字，函数可以接收参数并返回值。参数可以为1个或者多个，用逗号隔开，当然也可以没有参数。代码块是函数的实现，又叫函数体。在函数体中，可以使用return语句返回值给调用者，这个值就被称为返回值。在定义函数之后，可以通过函数名和圆括号（可包含实参）来调用函数。例如：

```
def greet(name):          # 定义函数名为greet，一个参数为name
    return f"Hello, {name}!"
print(greet("Alice"))  # 调用greet函数并传入参数"Alice"

def add(x, y):          # 定义函数名为add，两个参数分别为x,y
    return x + y
result = add(5, 3)   # 调用add函数并传入参数5和3，将返回值赋值给result
print(result)
```

3.2.6 模块、包与库

在Python中，模块、包和库是代码组织和重用的基本单位，它们之间存在一定的层次关系和功能区别。模块（Module）是包含Python代码的文件，包（Package）则是包含多个模块的文件夹，一组已经编写好的模块或包的集合就是库（Library），用于提供特定的功能或服务。

在Python中，有以下多种方式来导入模块，包和库的导入方式是类似的。

1.import 模块名

使用import语句可以导入整个模块，然后可以使用（模块名.函数名）来访问模块中的函数。例如：

```
import math
print(math.sqrt(16))
```

2.from 模块名 import 功能名

该方法用于导入特定部分，调用该功能时不需要添加模块名。例如：

```
from math import sqrt
print(sqrt(16))
```

3.from 模块名 import *

该方法与第二种方法是相似的，只是该方法导入的是该模块下的所有方法，而第二种方法导入的是指定的某几个功能，两种导入方法调用功能的时候都不需要添加模块名。例如：

```
from math import *   # sqrt和exp均为math中的方法
print(sqrt(16))
print(exp(2))
```

4.import 模块名 as 别名

如果我们觉得模块名太长，我们可以使用别名。需要注意的是，当我们使用别名之后，之前的名字就不能再继续使用，否则会报错。例如：

```
import math as m
print(m.sqrt(16))
```

5.from 模块名 import 功能名 as 别名

同理，我们也可以为模块中的特定功能设定别名。例如：

```
from math import sqrt as m_sqrt
print(m_sqrt (16))
```

这里还要特别指出，如果是第三方库，那么通常在导入之前还需要进行安装。因为第三方库不是Python标准库的一部分，它们是由其他开发者编写的，用于提供特定的功能或服务。因此，在使用这些库之前，需要先将它们安装到Python环境中。

安装第三方库主要可以采用以下方法，我们以scikit-learn库为例。

（1）使用Python的包管理工具pip

运行pip install scikit-learn的命令，可以从Python Package Index（PyPI）或其他源下载并安装所需的库。

（2）在Anaconda Navigator下载安装

搜索scikit-learn，进行下载（见图3-2）。

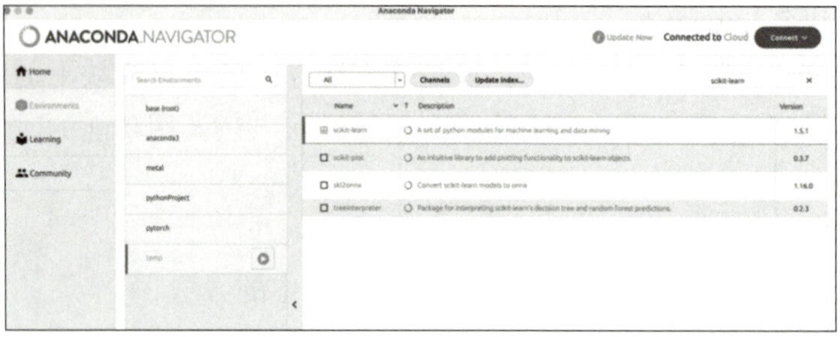

图 3-2　Anaconda Navigator 中搜索安装 scikit-learn

（3）在终端使用Conda安装

如图3-3所示在终端输入：

conda install scikit-learn

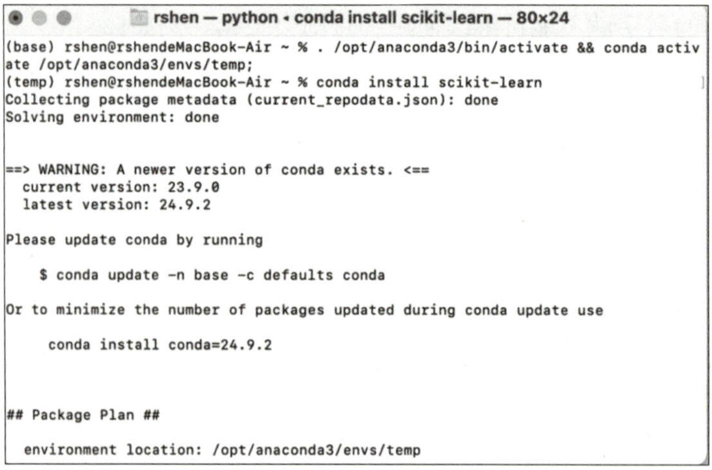

图 3-3　终端使用 Conda 安装

安装完成后，就可以如前所述通过import语句把代码导入该库，并使用其提供的功能了。

3.2.7　面向对象编程

Python是一种面向对象的语言，支持面向对象编程的三大特性：封装、继承和多态。谈到对象，就不得不提及类。类是对象的蓝图或模板，用于定义对象的属性和方法，而对象则是根据类创建的实例。以下是对面向对象编程的三大特性的详细解释。

（1）封装是将数据（属性）和操作数据的方法（函数）封装在类中，隐藏了内部实现细节。

（2）继承是指允许一个类（子类）继承另一个类（父类）的属性和方法。子类可以重用父类的属性和方法，并且可以扩展或修改这些功能。

（3）多态是指不同的类可以定义相同的方法名，但这些方法实现不同的功能。

```
# 定义Person类
class Person:
def __init__(self, name, age):
self.name = name
self.age = age

def greet(self):
return f"Hello, my name is {self.name} and I am {self.age} years old."
# 创建对象
alice = Person("Alice", 30)
# 使用对象的方法
print(alice.greet())
```

3.2.8　异常处理

在 Python 中，异常处理是通过 try 和 except 语句来实现的。这允许你捕获和处理在程序执行过程中可能出现的错误，从而避免程序的崩溃。例如：

```
try:
    result = 10 / 0
except ZeroDivisionError:
    print("Cannot divide by zero!")
```

在这个示例中，try 块中的代码尝试执行除零操作，这会引发 ZeroDivisionError 异常。except 块捕获到这个异常并处理它，从而避免了程序崩溃。

掌握这些基础知识，可以帮助你在Python编程中处理各种任务，并为更高级的编程和应用打下坚实的基础。

3.3　AI算法库和开发工具包

AI算法库和开发工具包在人工智能领域起着至关重要的作用。它们为研究人员和开发人员提供了强大的支持，使得构建高效、可扩展和可靠的人工智能系统成为可能。在本节中我们将介绍常用的库。

3.3.1 数据处理和分析

在数据处理和分析领域，Pandas 是非常重要的一个库。它提供了两个核心数据结构：DataFrame 和 Series。DataFrame 是一个类似于表格的二维数据结构，支持高效的数据操作和分析，而 Series 是一维的、带标签的数据结构。Pandas 允许用户进行各种数据操作，包括数据清洗、过滤、分组和合并，并支持多种数据格式的读写，如 CSV、Excel 和 SQL 数据库等。

Pandas 提供了高效的数据结构和丰富的数据操作工具，使得处理结构化数据变得简单和高效。

3.3.2 数值计算和科学计算

在数值计算和科学计算领域，NumPy 和 SciPy 是非常重要的 Python 库，它们各自具有独特的功能和优势。下面简单介绍一下这两种库。

（1）NumPy 是一个广泛使用的 Python 科学计算库，提供了高效的多维数组对象和用于数值计算的工具，主要应用于数据分析、科学计算、机器学习、图像处理等场景。

NumPy 主要具有以下特点：它提供了高效的多维数组对象 array，比 Python 内置列表和元组更快；它具有广播机制，允许不同形状的数组进行算术运算；NumPy 支持矢量化操作，避免了循环逐元素运算，提升了计算效率；它还提供了线性代数函数和傅里叶变换工具，用于信号处理和频域分析；此外，NumPy 包含随机数生成工具，并与 SciPy、Pandas 和 Matplotlib 等库紧密集成，成为数据分析和机器学习的基础组件。

（2）SciPy 是一个基于 NumPy 的科学计算库，扩展了 NumPy 的功能，提供了许多用于数学、科学和工程计算的功能，包括优化、积分、插值、特征值问题等，被广泛应用于数据分析、工程模拟和科研领域。

3.3.3 可视化工具

Python 提供了许多强大的可视化工具，用于数据可视化、图形展示和界面设计。下面介绍一些常用的 Python 可视化工具。

（1）Matplotlib 是 Python 中最基础且广泛使用的绘图库，适用于生成高质量的静态、动态和交互式图表。它支持多种图形类型，如线图、散点图、柱状图和饼图等，并且具有高度自定义的能力，使用户可以细致调整图形的外观和布局。

（2）Seaborn 是一个基于 Matplotlib 的 Python 数据可视化库，提供了高级的接口来绘制统计图表。它旨在简化数据可视化的过程，并通过更美观的默认样式和更强大的功能来增强 Matplotlib 的可视化能力。

（3）TensorBoard是TensorFlow提供的可视化工具，用于监控和可视化深度学习模型的训练过程。它帮助研究人员和工程师理解模型的训练过程、调试和优化模型。通过TensorBoard，用户可以查看训练过程中的各种指标，如损失函数、准确率、学习率变化等，还可以可视化模型结构和训练数据。

3.3.4　自然语言处理工具

用于处理自然语言处理的工具有NLTK、spaCy及Transformers。下面简单介绍一下这三种工具。

（1）NLTK（Natural Language Toolkit）是一个用于Python的NLP库，它提供了丰富的工具和资源，包括词汇资源（如WordNet）、语料库、标注工具、解析器和语言模型，支持各种自然语言处理任务，如分词、词性标注、命名实体识别和句法分析。

（2）spaCy是一个快速、工业级的NLP库，适合大型数据集的生产环境，支持任务如分词、词性标注、命名实体识别、依存解析和词向量表示。

（3）Transformers是一个由Hugging Face开发的库，提供了预训练的Transformer模型（如BERT、GPT）。它简化了使用大型预训练模型的过程，并且集成了广泛的模型和数据集，使得实现最前沿的NLP应用变得更加容易。

3.3.5　图形用户界面开发工具

Python中有多种工具和库可用于图形用户界面开发，以下是一些流行的Python GUI开发工具。

（1）PyQt是一个用于创建图形用户界面应用程序的Python绑定程序，基于Qt应用程序框架。它允许开发者利用Qt的强大功能，构建跨平台的桌面应用程序。它支持丰富的控件和功能，如自定义界面、图形视图和多线程，允许开发者设计现代化的用户界面。PyQt的功能强大且灵活，适合需要高性能和高度定制的应用开发。

（2）Tkinter是Python的标准GUI库，基于Tcl/Tk框架，支持创建跨平台的桌面应用程序。它提供了易于使用的控件和布局管理器，适合开发简单到中等复杂度的应用程序，特别适合初学者。

这些工具涵盖了从数据处理、模型构建到训练部署的各个方面，可以帮助开发者更高效地进行人工智能开发。

3.4　深度学习框架

在深度学习初始阶段，每个深度学习研究者都需要写大量的重复代码。为了提高工作效率，这些研究者就将这些代码封装成框架并分享在如github等平台供所有研究者一起使用。从而促进了深度学习领域的快速发展，其中一些功能强大且易于使用的框架逐渐受到广泛欢迎，成为主流。如PyTorch、TensorFlow、PaddlePaddle等，其中飞桨（PaddlePaddle）是由百度开发的一款功能强大的开源深度学习框架，也是中国首个自主研发、功能完备的产业级平台，为开发者提供了一个全面、高效且易于使用的工具集。

接下来我们将介绍如何搭建和配置这3种深度学习框架。

3.4.1 PyTorch框架环境配置

PyTorch是一个由Facebook人工智能研究院（Facebook AI Research，FAIR）开发的开源深度学习框架，旨在为研究人员和开发者提供灵活、易用且高效的工具。作为Torch的Python版本，PyTorch结合了动态计算和自动微分的特性，使得构建和训练深度神经网络变得更加简单。自2016年发布以来，PyTorch迅速发展并获得广泛认可。它不仅被学术界所采用，还被许多工业界公司使用，如Salesforce、斯坦福大学及Udacity等。随着PyTorch生态系统的不断扩展，越来越多的工具和库（如TorchVision、TorchText等）被开发出来，以支持不同类型的深度学习任务。具体的配置过程如下。

1.创建虚拟环境

例如创建一个名为Pytorch的虚拟环境，并设定该虚拟环境中Python 3的解释器版本为3.11，可以在终端输入以下命令。

conda create -n Pytorch python=3.11

2.激活该环境

在终端输入以下命令：

conda activate Pytorch

3.安装PyTorch

在终端输入以下命令：

conda install pytorch==2.0.1 -c pytorch

4.验证安装

为了验证在虚拟环境中是否安装成功PyTorch，可以在解释器中输入import torch，然后用torch.__version__查看版本号（见图3-4）。

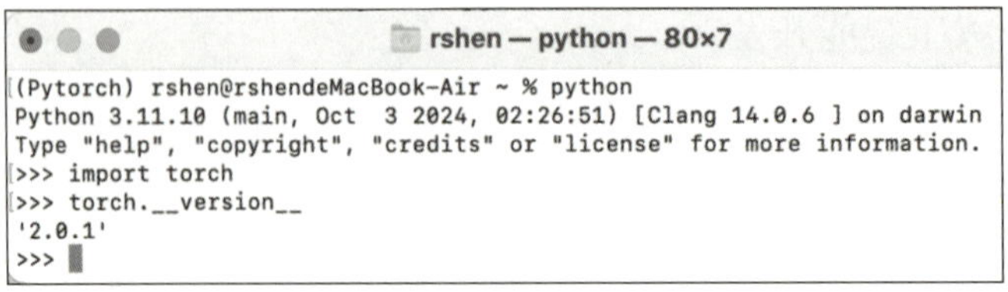

图3-4 查看PyTorch版本号

3.4.2 TensorFlow框架环境配置

TensorFlow是一个由谷歌大脑团队开发，并于2015年正式发布的开源机器学习框架。它被广泛应用于各类机器学习任务，包括深度学习、强化学习和传统的机器学习任务。TensorFlow灵活的架构可以部署在一个或多个CPU、GPU的台式及服务器中，或者使用单一的API应用在移动设备中。

TensorFlow的开源特性使其几乎可以在各个领域使用，包括但不限于图像识别、自然语言处理、医疗保健和电子商务等。这些领域都充分利用了TensorFlow强大的计算能力、丰富的深度学习库和工具，以及灵活的网络构建与调优方式。

该框架具体的配置过程如下。

1.创建虚拟环境

例如创建一个名为TensorFlow的虚拟环境，并设定该虚拟环境中Python 3的解释器版本为3.11，可以在终端输入以下命令：

```
conda create -n tensorflow python=3.11
```

2.激活该环境

在终端输入以下命令：

```
conda activate tensorflow
```

3.安装TensorFlow

在终端输入以下命令：

```
conda install tensorflow==2.12.0
```

4.验证安装

为了验证在虚拟环境中是否安装成功TensorFlow，可以在解释器中输入import tensorflow，然后用tensorflow.__version__查看版本号（见图3-5）。

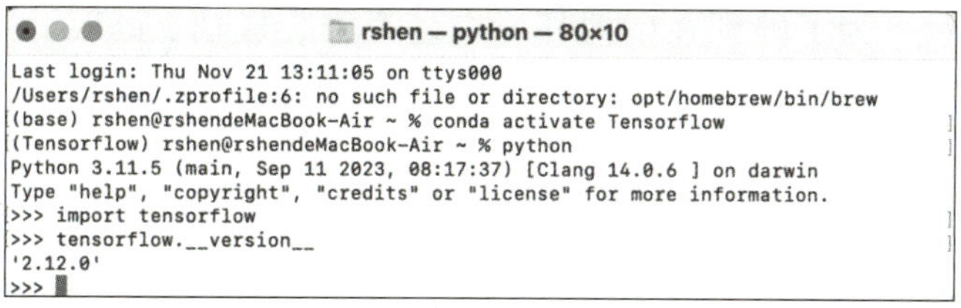
rshen — python — 80×10
Last login: Thu Nov 21 13:11:05 on ttys000
/Users/rshen/.zprofile:6: no such file or directory: opt/homebrew/bin/brew
(base) rshen@rshendeMacBook-Air ~ % conda activate Tensorflow
(Tensorflow) rshen@rshendeMacBook-Air ~ % python
Python 3.11.5 (main, Sep 11 2023, 08:17:37) [Clang 14.0.6] on darwin
Type "help", "copyright", "credits" or "license" for more information.
>>> import tensorflow
>>> tensorflow.__version__
'2.12.0'
>>>

图3-5 查看TensorFlow版本号

3.4.3 PaddlePaddle

飞桨（PaddlePaddle）是百度倾力打造的产业级深度学习平台，其以百度在深度学习领域多年的研究积累和业务实践经验为基础，不仅提供了完备的功能，还秉持开源开放的原则，极大地推动了中国深度学习技术的发展和应用。

飞桨平台集成了深度学习核心训练和推理框架，这意味着开发者可以在此平台上进行模型的训练、优化和推理，从而快速实现AI想法。同时，其丰富的基础模型库为开发者提供了多样化的预训练模型，降低了模型开发的难度和时间成本。

除了核心框架和模型库，飞桨还提供了端到端的开发套件，涵盖了从数据预处理、模型训练到部署上线的全流程，使得开发者能够更加便捷地构建和部署AI应用。此外，平台上丰富的工具组件也为开发者提供了强大的支持，帮助他们更高效地完成各种任务。飞桨不仅是一个技术平台，更是一个赋能平台。它助力开发者快速实现AI想法，将AI技术应用到实际业务中，从而推动了越来越多的行业完成AI赋能，实现了产业智能化升级。这种赋能作用不仅提升了行业的竞争力，也为社会的智能化发展做出了积极贡献。

飞桨框架具体的配置过程如下。

1.创建虚拟环境

例如创建一个名为Paddle的虚拟环境，并设定该虚拟环境中Python 3的解释器版本为3.11，可以在终端输入以下命令：

conda create -n Paddle python=3.11

2.激活该环境

在终端输入以下命令：

conda activate Paddle

3.安装PaddlePaddle

在终端输入以下命令：

conda install paddlepaddle==2.5.1 --channel https://mirrors.tuna.tsinghua.edu.cn/anaconda/cloud/Paddle

这里可以用清华的镜像网站进行下载。

4.验证安装

如图3-6所示，为了验证在虚拟环境中是否安装成功Paddle，可以在解释器中输入import paddle，然后用paddle.__version__查看版本号()。

```
rshen — python — 80×12
Last login: Thu Nov 21 14:00:59 on ttys000
/Users/rshen/.zprofile:6: no such file or directory: opt/homebrew/bin/brew
(base) rshen@rshendeMacBook-Air ~ % conda activate Paddle
(Paddle) rshen@rshendeMacBook-Air ~ % python
Python 3.11.10 (main, Oct  3 2024, 02:26:51) [Clang 14.0.6 ] on darwin
Type "help", "copyright", "credits" or "license" for more information.
>>> import paddle
>>> paddle.__version__
'2.5.1'
>>>
```

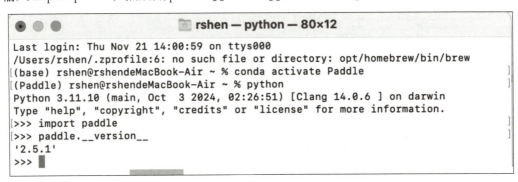

图3-6　查看Paddle版本号

3.4.4 MindSpore

MindSpore是由华为公司自主研发的全场景深度学习框架，致力于为开发者提供高效、灵活及易用的AI模型开发与部署体验。该框架支持端、边、云全场景协同，具备自动并行、动态图与静态图统一等核心技术特性，能够显著提升模型训练与推理效率，同时降低开发门槛。其设计理念强调“算法即代码”，通过Python原生语法和即时编译（JIT）技术，简化了模型开发流程，并支持跨平台部署（如Ascend、GPU、CPU等硬件环境）。

MindSpore还内置了丰富的模型库与工具链，涵盖计算机视觉、自然语言处理、科学计算等领域，助力开发者快速实现从研究到产业落地的闭环。作为开源项目，MindSpore通过社区协作不断优化生态，尤其在高性能计算、隐私保护（如联邦学习）等前沿方向表现突出，成为推动AI技术普惠的重要基础设施之一。

MindSpore 的具体配置步骤如下：

1. 创建虚拟环境

例如创建一个名为MindSpore的虚拟环境，并指定该环境中使用Python 3.11的解释器，可在终端输入以下命令：

conda create -c conda-forge -n mindspore -c conda-forge python=3.11

2. 激活该环境

在终端输入以下命令：

conda activate MindSpore

3. 安装 MindSpore 2.4.3

在终端键入以下命令：

conda install mindspore -c mindspore -c conda-forge

4. 验证安装

如图3-7所示，为确认MindSpore是否已在虚拟环境中安装成功，可在解释器中键入 import mindspore，随后通过 mindspore.__version__ 查看版本号，确保一切就绪。

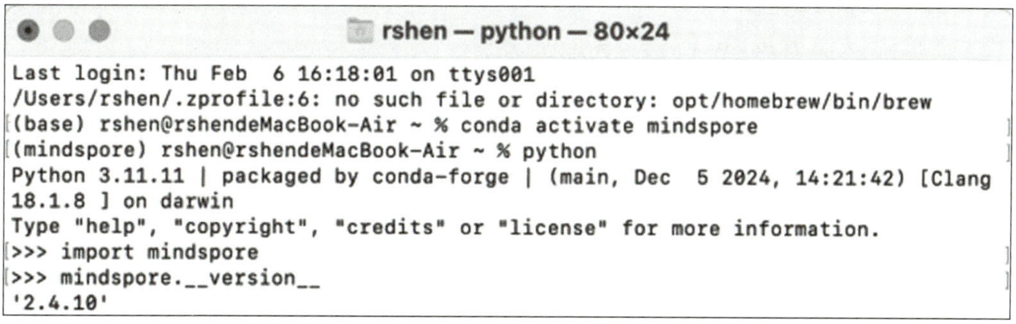

图3-7　查看MindSpore版本号

3.5 本章小结

本章系统地介绍了人工智能应用开发的基础知识和必备技能。首先，强调了环境搭建的重要性，并详细讲解了如何使用Anaconda平台来简化安装流程、管理虚拟环境，以及进行集成开发环境（如PyCharm和Jupyter Notebook）的配置与使用。通过这一部分的学习，读者应能够轻松搭建起适合人工智能开发的工作环境。

其次，介绍Python编程语言的基础知识。从代码结构特点、标识符命名规则到数据类型、流程控制、函数定义与调用，再到模块、包与库的导入和使用，全面覆盖了Python编程的核心概念。这一部分的学习为读者后续深入学习人工智能算法和框架打下了坚实的语言基础。

然后，讲解在人工智能开发中常用的算法库和开发工具包。从数据处理和分析的Pandas库，到数值计算和科学计算的NumPy和SciPy库，再到数据可视化的Matplotlib和Seaborn工具，以及自然语言处理的NLTK、spaCy和Transformers库等，重点阐述了这些工具在人工智能开发中的广泛应用和重要作用。

最后，引出关于深度学习框架的介绍与应用。通过对比PyTorch、TensorFlow和PaddlePaddle等主流框架的特点和适用场景，帮助读者理解不同框架的优势和选择依据。同时，还详细讲解了如何在虚拟环境中安装和配置这些框架，以及如何进行基本的模型训练和验证。

通过本章的学习，读者应该对人工智能应用开发有了全面的了解，并掌握了从环境搭建到编程语言学习，再到算法库和深度学习框架应用的全流程的基本技能。这为读者后续深入学习更高级的人工智能技术和解决实际问题奠定了坚实的基础。

本章习题

一、判断题

1.Python是一种静态类型语言。 （ ）

2.Jupyter Notebook是基于Web的交互式开发环境。 （ ）

3.NumPy主要用于数值计算，而Pandas主要用于数据分析。 （ ）

4.PyTorch是一个由Facebook开发的深度学习框架。 （ ）

5.TensorFlow只能运行在GPU上。 （ ）

6.Python中的列表是可修改的，而元组是不可修改的。 （ ）

7.在Python中，可以使用单下划线或双下划线来表示私有属性或方法。 （ ）

8.Scikit-learn是一个用于机器学习的Python库。 （ ）

9.PaddlePaddle是中国首个自主研发的深度学习框架。 ( )

10.在Python中，所有标识符都必须以字母开头。 ( )

二、选择题

1.以下哪个工具不是Python的集成开发环境（IDE）? ( )

A.PyCharm B.Jupyter Notebook

C.Visual Studio Code D.Anaconda

2.在Python中，哪个关键字用于定义函数? ( )

A.Def B.class C.For D.if

3.以下哪个操作不能用于Python的列表? ( )

A.Append B.pop

C.Reverse D.Tob sort （with a capital 'S'）

4.以下哪个模块不是Python标准库的一部分? ( )

A.Math B.re C.Numpy D.random

5.在Python中，哪个运算符用于求幂运算? ( )

A.** B.% C.// D.*

6.以下哪个不是Python中的基本数据类型? ( )

A.Int B.float C.str D.dict

7.以下哪个库主要用于数据可视化? ( )

A.NumPy B.Pandas C.Matplotlib D.Scikit-learn

8.以下哪个不是Pandas中的数据结构? ( )

A.DataFrame B.Series C.Array D.Index

9.以下哪个不是处理自然语言处理（NLP）的Python库? ( )

A.NLTK B.spaCy C.Scikit-learn D.Transformers

10.以下哪个深度学习框架由百度开发? ( )

A.PyTorch B.TensorFlow C.PaddlePaddle D.MXNetx

三、简答题

1.简述Python中环境管理的重要性及Anaconda平台在环境管理中的作用。

2.解释什么是面向对象编程，并列出其三大特性。

3.描述PyTorch和TensorFlow的主要区别，并给出各自适用的场景。

4.简述Pandas库的主要功能及其在数据分析中的应用。

5.解释什么是深度学习框架，并列举出3种主流的深度学习框架及其特点。

第二篇
机器学习篇

本篇导读

通过第一篇的学习，我们已经具备了学习人工智能应用的基础知识，本篇进入机器学习的学习。本篇对应本书第4～6章，重点介绍机器学习有关基础知识。首先，第4章作为过渡，通过介绍人工智能问题求解基础知识引出机器学习问题求解有关知识。其次，第5章介绍机器学习最基础的回归和分类模型，以加深读者对机器学习概念原理的理解。最后，第6章主要介绍无监督学习的数据聚类和降维技术知识。

知识图谱

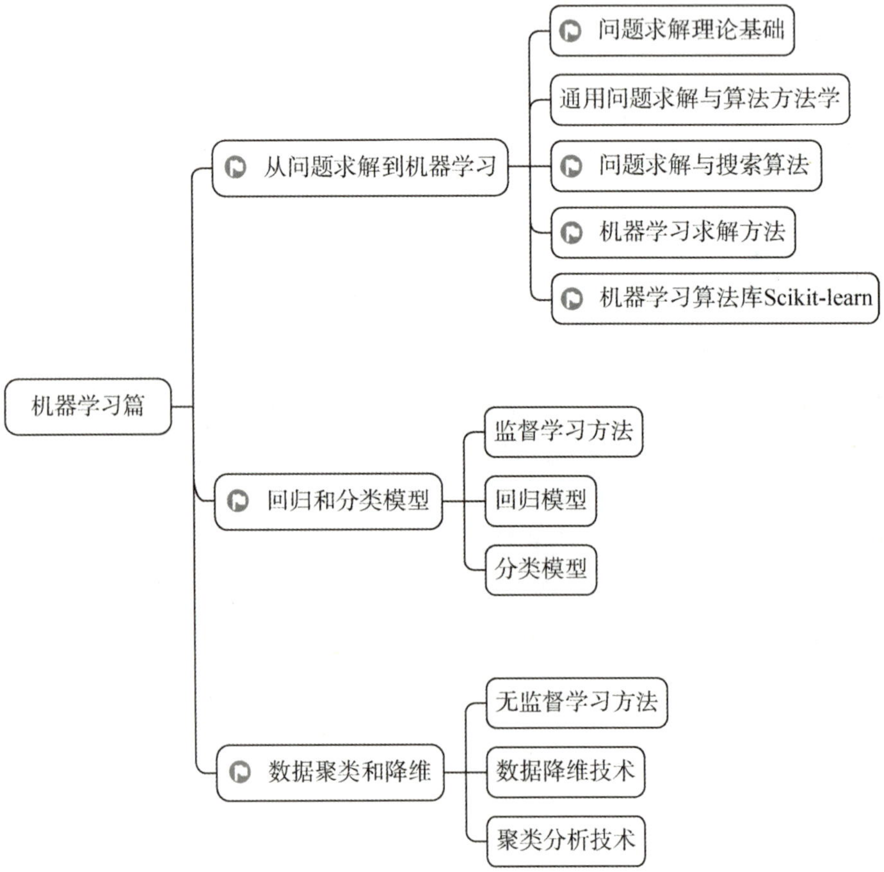
机器学习篇
从问题求解到机器学习
问题求解理论基础
通用问题求解与算法方法学
问题求解与搜索算法
机器学习求解方法
机器学习算法库Scikit-learn
回归和分类模型
监督学习方法
回归模型
分类模型
数据聚类和降维
无监督学习方法
数据降维技术
聚类分析技术

第4章 从问题求解到机器学习

本章导读

在日常生活中我们会遇到许多问题，比如让你判断一个很大很大的数是不是素数，你能否很快给出结果？轮船码头刚刚卸下一堆货物，需要用货车拉走，成本是按趟计算的，你该怎么拉才能保证拉货的趟数最少？当你关注到某个股票过去的价格和涨跌波动情况，你能否准确预测未来涨跌？让计算机用人工智能方法来解决问题，就是人工智能“问题求解”的问题。

那么，到底什么是“问题求解”？传统人工智能到底研究哪些问题的求解，又包括哪些方法？机器学习是什么，要求解哪些问题，有哪些方法和技术？本章我们将学习有关人工智能问题求解的知识，包括传统问题求解的算法方法、复杂问题的搜索求解方法，以及基于机器学习建模的求解方法。

本章要点

- 列举装箱、水壶倒水等经典问题的求解方法
- 解释人类智能和人工智能问题求解的含义
- 列举通用问题求解常用的算法
- 列举早期人工智能问题求解搜索的典型方法
- 解释机器学习的概念定义并列举机器学习的类型
- 分析机器学习求解问题的一般工作过程
- 分析机器学习的3个要素及关系
- 列举Scikit-learn提供的算法类型

4.1 问题求解概述

问题求解是人工智能的核心领域之一，在人工智能和计算机科学中占据重要位置。本节先看两个例子，再来看看什么是问题求解。

4.1.1 问题求解案例分析

1.装箱问题

【问题描述】已知有许多具有同样结构和负荷的箱子：B_1，B_2，…，B_n，其数量足够。每个箱子的负荷（可为长度、重量等）为C，今有n个负荷为w_j（$0 < w_j < C$，$j=1.2,\cdots n$）的物品$O_1, O_2, \cdots, O_n$需要装入箱子内。装箱问题找到一种方法，使得能以最小数量的箱子数将物品$O_1, O_2, \cdots, O_n$全部装入箱子内。

【例4-1】令负荷$C=10$，物品个数$n=10$，其负荷$w_j(j=1,2,\cdots,10)$，分别是2，3，5，3，6，8，9，2，1，5，要求用最小数量的箱子把物品装进。请问该怎么装箱，箱子数是多少。

这个问题该如何求解？显然，如果不考虑箱子数量，10个箱子就是一种解，即一个物品一个箱子。但箱子的数量可能就不是最小的。再看，图4-1也是一种装法，可行解是5，即用了5个箱子，对应物品分别是{2，3，5}，{3，6，1}，{8，2}，{9}，{5}。这里采用了一种基于贪心思想的首次适应（Firtst-Fit）的装箱策略。其基本过程是，输入物品负荷的列表和箱子负荷，从第1个物品开始按顺序依次拿物品装箱，每装一个新物品时，先顺序遍历开启的所有箱子，如果遇到第一个剩余负荷能容得下的箱子，就把物品放入。依此类推，直到所有物品装入完毕。

这是一种近似的求解方法，不一定是最佳（最小数量）的方案。

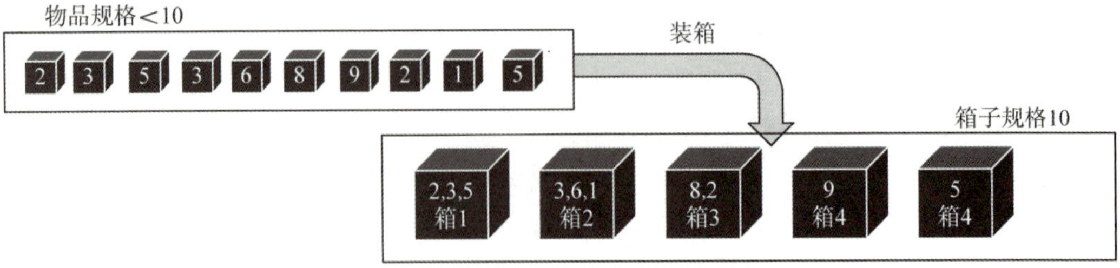

图4-1 装箱问题

2.水壶倒水问题

水壶倒水问题是一个经典的优化问题，也被称为水壶装水问题或者两个水壶问题。

【问题描述】给定两个容量分别为x升和y升的水壶，以及一个目标z升的水量，我们需要找到一系列倒水操作，使得最终其中一个水壶中的水量恰好为z升，或者两个水壶中的水量之和为z升。

【例4-2】令$x=3$，$y=5$，$z=4$，即已知A、B两个水壶，A容量3升，B容量5升，求如何倒水测量出4升的水（见图4-2）。

下面的倒水步骤可以解决这个问题。

第一步：A倒满3升水，然后倒入B水壶（容量5升占了3升，剩余2升）。

第二步：继续往A倒满水3升，然后将A中的水倒入B水壶剩余的2升，使其装满，此时，A水壶剩余1升。

第三步：将B水壶的水倒空，再将A的1升水倒入B水壶，此时B有了1升水。

第四步：将A水壶倒满3升水，然后将A水壶的3升水倒入B水壶，此时B水壶的水是第三步后已有的1升加上刚倒入的3升，刚好4升水；达到目标，结束倒水。

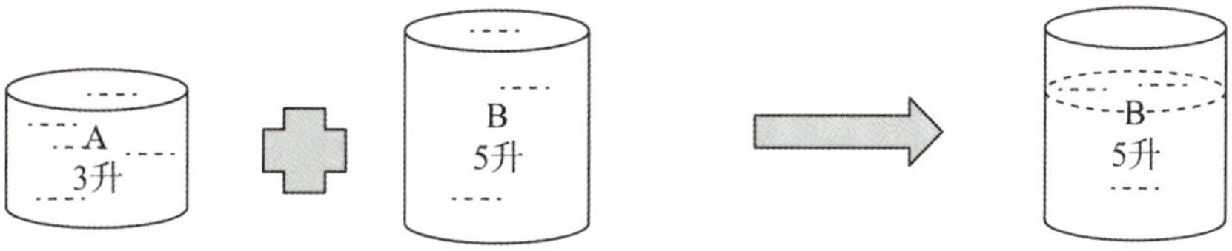

图4-2　倒水量水问题

这个问题看似简单，实际上涉及数学中的贝祖定理、数论及最大公约数等概念。我们可以从多个角度来解释这个问题的求解方法，具体如下。

（1）数论求解方法

根据贝祖定理，对于任意给定的x和y，存在整数a和b，使得$ax+by=z$成立。因此，只要z是x与y的最大公约数的倍数，就可以通过倒水操作得到目标水量z。上面的例子中，$x=3$，$y=5$，$z=4$。3与5的最大公约数是1，$z=4$是1的倍数。我们可以进一步得出，这个问题的求解方法就是，直接通过计算x和y的最大公约数gcd（x，y）来判断是否存在解。

（2）建模求解方法

我们可以将水壶问题建模为一个线性规划问题。定义变量x和y分别表示两个水壶中的水量，目标函数为z，约束条件为x和y的容量限制及倒水操作的限制。通过线性规划求解器，我们可以得到最优解或者近似最优解。

4.1.2　问题求解理论基础

正如哲学家卡尔·波普尔所说的“所有的生命活动都是在不断地解决问题”[①]。人类的一生都在不停进行着问题求解。问题求解因其所具有的普遍性和重要性而广受哲学、逻辑学、心理学、教育学和人工智能等诸多研究领域的密切关注。问题学

① Popper，K. All Life is Problem Solving［M］. New York：Routledge，1999：100.

研究专家林定夷结合人工智能的研究对“问题”做了一个较为宽泛的界定：“某个给定的智能活动过程的当前状态与智能主体所要求的目标状态之间的差距”[①]。因此，人类智能的问题求解是人类日常生活中普遍存在的智能活动，就是设法消除“某个给定智能活动的当前状态与智能主体所要达到的目标状态之间的差距”的行为。例如，我们若是饿了，就会去找点东西吃；若是渴了，就去倒杯水喝。这些活动均旨在消除当前状态与目标状态的差距。

美国哲学家杜威将问题求解的过程分为“感受到困惑和疑难”、“对问题进行定位和定义”、“猜测可能的答案或解决方案”、“对猜想进行扩展推理”，以及“通过观察和实验来检验推理”5个步骤。而哲学家卡尔·波普尔则将问题求解的过程与进化论联系在一起，认为：①所有的有机体都在进行着问题求解的活动，解决问题总是通过试错法进行的；②新的反应、新的形式、新的器官、新的行为方式和新的假设都是试探性地提出，并受排错法的控制；③当原有的问题被解决后，新的问题又将产生。根据两位哲学家的问题求解理论，我们可以提炼出问题求解的一般结构：首先，在问题的界定上，问题总是始于期待或预期落空后带来的疑惑，包括对问题初始状态和目标状态的区分；其次，在问题求解的过程中，需要提出各种试探性的求解方案和解释性假说；最后，问题求解的结果如何必须进行推理，并对假设进行实践检验，以确定假设的可行性。

人类创立了各种科学和学科，比如数学、物理学、化学、自然科学、心理学、哲学、计算机科学、智能科学等，它们都是为了不同种类的问题求解而产生的。划分不同学科的目的就是把问题分成不同类型，以寻求各种问题求解的理论和技术。人类智能会不断学习问题求解相关的理论和技术，不断提高问题求解的能力。人工智能诞生以后，人类尝试使用机器模拟人类学习，便有了机器学习一说。以人工智能为基础的智能科学的诞生，标志着人类对其自身的探索和对机器学习的研究进入了一个新的阶段。人工智能的问题求解就是用计算机或机器实现对人类问题求解方式的模拟，因此，人工智能是研究如何用机器计算去求解人类智能问题的学科。当然，人工智能作为科学或学科不仅限于问题求解。问题求解仅仅是人工智能的核心功能之一，在人工智能和计算机科学中占据重要位置。

在没有计算机或机器的时代，人类智能体凭借自身的努力求解各种问题。在学习各种科学理论知识的基础上，逐步形成了问题求解的思维方式，学会了各种问题的求解方法。我们在数学中遇到的问题往往跟数的理论有关，求解问题总是尝试从数学理论上寻找求解方法。我们对问题进行数学理论的形式化定义，并给出一系列定理、推论、公式等，根据定义、定理、推论和数学公式来推导得出问题的解，也能证明解的有效性。数学思维的求解方法训练了我们的数学理论思维能力，问题求

---

① 林定夷.问题学之探究［M］.广州：中山大学出版社，2016：70.

解是通过一定的方法和步骤，将未知转化为已知的过程。物理学是自然科学中研究物质、能量及其相互作用的基本规律的一门基础学科。在物理学中，大量的问题求解是通过找规律、找科学发现实现的。为了一种新的科学发现，我们不断去探索事物运行的规律，并做大量的实验。通过实验及对实验结果的分析，我们最终得到规律或科学发现，从而实现问题求解。这锻炼了一种“实验”思维能力。

在计算机科学中，我们学习了如何用计算机“计算”的方式去求解问题，于是有了“计算”思维。求解问题就是要先设计出计算机可以“计算”的一系列步骤，然后由计算机去执行这一系列计算步骤来解决问题。这些计算步骤的集合又被称为“算法”，它表示着计算机求解问题的方法。受计算机硬件条件的限制，问题求解成了在给定条件下，寻找一个能够解决问题且在有限步骤内完成的算法。

4.2 通用问题求解与算法方法学

在上一节中，我们看到了装箱、水壶等问题及它们求解的基本方法，学习了问题求解的基本理论。接下来我们看一下计算机通用问题求解的算法。

4.2.1 通用问题求解与算法

我们会遇到各种或简单或复杂的问题求解。简单的比如小学算术中针对除法运算的长除法，求两个数最大公约数的辗转相除法，查字典问题的二分法，排队问题的先来先处理法，以及打扑克牌抓牌、理牌排序问题的插入排序法等。复杂一点的，比如与装箱问题类似的要求邮递员送快递尽可能“不走回头路”的问题，烧菜过程中多道菜并行处理的问题，以及生产过程中的流水线处理等问题。如果我们从人的思维角度出发，求解问题往往习惯性地先把问题分解成一个个步骤，然后一步步去解决，直到问题最后真正得到解决，并形成一个完整的问题解决方案为止。

我们都知道，计算机是“计算”的机器。在计算机中，这些问题的求解是通过设计算法后编写程序解决的。因此，问题求解的核心就是寻找解决方案并实现算法设计，即设计出一系列的“计算”步骤。问题求解包含分析问题的本质、定义问题的参数和边界，以及设计算法来找到解决方案3个部分。

如图4-3所示，我们给出了计算机求解问题的一般方法。利用计算机求解问题，首先要分析问题，然后给出一系列求解问题的步骤（算法），再把这些步骤描述为计算机可以识别的代码（程序），并编译为可执行程序（软件），最后通过运行程序（软件）来实现整个问题的求解。由于人工智能本身研究的是基于“机器”模拟人类智能的智能，因此，人工智能研究的问题求解通常是针对一些复杂问题的求解，是人类不太好一下子找到解决方法的问题或是要费时费力才能解决的问题。事实上，无论这些问题简单还是复杂，这些问题的求解，其核心还在于算法。

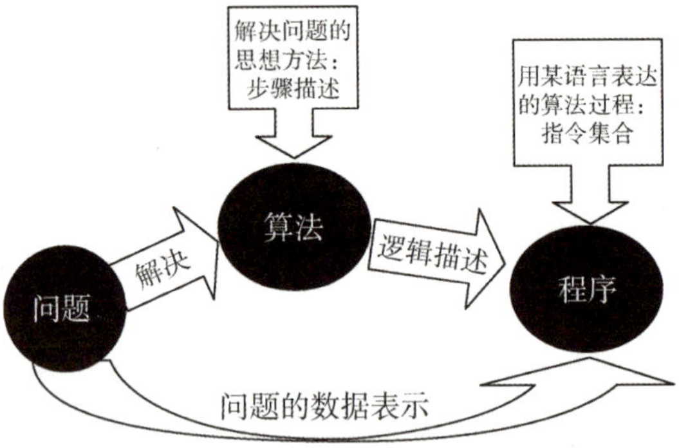

图4-3 通用问题求解与算法

4.2.2 算法方法学

如何找到一个问题的求解算法？其主要途径有贪心法、分治法、回溯法和动态规划等。

1.贪心法

对于一个给定的问题，贪心法的基本思想是先找到一个小的方案，然后尝试从这个小的方案推广到大方案，直到最终解决整个问题。贪心法分阶段工作，每一个阶段总是会“贪心”地选择最佳的方案，不考虑后面阶段的结果如何。贪心法主要用于求解最优问题，它已经发展成为一种通用的算法方法。

贪心法的核心要求是，每个阶段的每一步选择必须具有可行性，也就是要满足问题的约束。贪心法总是认为所选方案是当前可选择的方案中最优的（局部最优），而不会考虑未来选择如何。不仅如此，贪心法每一步的选择具有不可取消性，一旦做出选择，这一次选择在算法的其后步骤中就不能被取消。贪心法的缺点是不能确定得到的最后解是不是最优的，也不能用于求解最大或最小问题。贪心法的优点体现在算法效率上，它不仅速度快，而且程序实现需要的内存开销也较小。遗憾的是，它的结果往往不一定是最优的，只能得到次优解或近似解。然而贪心法一旦被证明是正确的，其执行效率和速度将占很大的优势。

【例4-3】找零钱问题。假设小店库存只有1分、2分、5分的硬币。收银员在给顾客结账时，如果需要找零钱，收银员希望将最少的硬币数找给顾客。那么，给定要找的零钱数，如何求得所需最少的硬币数呢？

显然，很容易想到的方法是，每次先用最大面值的钱币，再用次大面值的钱币，最后用最小面值的钱币找给顾客。这就是一种贪心的方法。

思考：这种方法是最优的吗？能否举个不是最优的情况。

以下给出一个Python样例代码。算法实现为一个函数coin_change，参数coins是硬币面额，amount是要找的零钱额度。

代码4-1：找零钱的Python代码实现

```
def coin_change(coins, amount):
    # 创建一个数组来存储每个金额的最小硬币数，初始化为无穷大
    dp = [float('inf')] * (amount + 1)
    # 0元所需硬币数为0
    dp[0] = 0

    # 遍历每个面额
    for coin in coins:
        # 更新每个金额
        for x in range(coin, amount + 1):
            dp[x] = min(dp[x], dp[x - coin] + 1)

    # 如果 dp[amount] 仍然是无穷大，说明无法凑成该金额
    return dp[amount] if dp[amount] != float('inf') else -1
```

进入Python环境运行代码的窗口，输入以下测试代码：

```
coins = [1, 2, 5]    # 硬币面额
amount = 11          # 目标金额
result = coin_change(coins, amount)
print(f"最少需要的硬币数量: {result}")
```

运行结果为：

```
最少需要的硬币数量：3
```

2.分治法

分治法是一种分而治之的问题求解方法。其基本思想是，首先将一个较大规模的问题分解为若干个较小规模的子问题，子问题继续分解成更小的子问题，层层向下直到不能分解为更小规模的子问题为止。接着，找出子问题的解，然后再把各个子问题的解层层向上合并成整个问题的解。顾名思义，分治法包含“分”和“治”两个阶段。分治法的分（Divide）是将较大问题划分为若干个较小问题，递归求解子问题。分治法的治（Conquer）是从小问题的解归并构建大问题的解。如图4-4所

示，分治法一般可以采用递归的形式来实现。

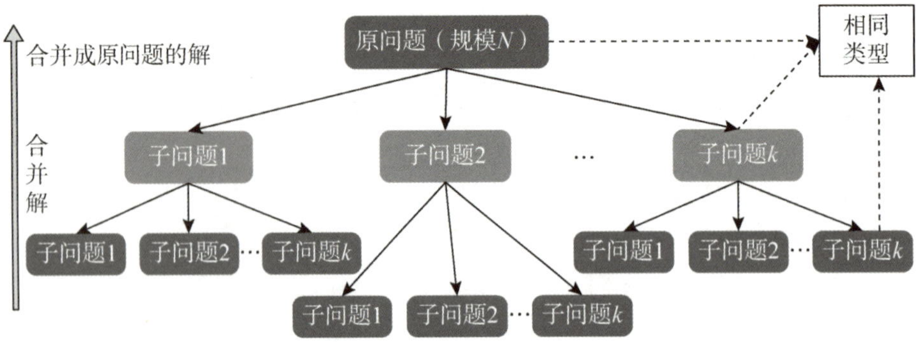

图4-4 分治法

分治法通常用于排序、搜索和某些数值计算等类型的问题。

【例4-4】快速排序（Quick Sort）。

问题描述：同样给定一组数据存在一个数组中，要求将这组数据进行排序。

分治法解法如下。

第1步：选择一个“基准”元素。

第2步：将数组分成两部分，即小于基准的元素和大于基准的元素。

第3步：对这两部分分别进行同样的快速排序操作方法。

代码4-2：快速排序的Python实现

```
def quick_sort(arr):
    if len(arr) <= 1:
        return arr
    pivot = arr[len(arr) // 2]
    left = [x for x in arr if x < pivot]
    middle = [x for x in arr if x == pivot]
    right = [x for x in arr if x > pivot]
    return quick_sort(left) + middle + quick_sort(right)

# 示例
arr = [38, 27, 43, 3, 9, 82, 10]
sorted_arr = quick_sort(arr)
print(sorted_arr)
```

运行结果：

```
[3, 9, 10, 27, 38, 43, 82]
```

3. 回溯法

回溯法也叫穷尽搜索法，它尝试分步地去解决一个问题。回溯法的基本思想是：从一条路往前走，能进则进，不能进则退回来，换一条路再试。在分步解决问题的过程中，当它通过尝试后发现现有的分步答案不能得到有效的、正确的解答的时候，将取消前一步甚至前几步的计算，再通过其他可能的分步方式再次尝试寻找问题的答案。回溯法通常用递归实现。

【例4-6】 *N*皇后问题。

问题描述：在*N*×*N*的棋盘上如何放置*N*个皇后，使得皇后彼此之间不能相互攻击，即任何两个皇后都不能同处于同一行、同一列或同一对角斜线上。

令*N*=8，就是八皇后问题。八皇后问题是一个典型的回溯法问题。在一个8×8的棋盘上寻求一种八皇后的摆法，使得任意两个皇后都不会产生攻击。两个皇后会产生攻击的充分必要条件是它们处在同一行、同一列或同一对角斜线（正或反）上。

基本求解方法是先放第1个皇后，然后寻找符合要求的位置放第2个皇后，如果没有位置符合要求，那么就要改变第1个皇后的位置，重新放第2个皇后，直到找到符合条件的位置。如图4-5所示，(a）是空白棋盘，(b）就是其中一种解。

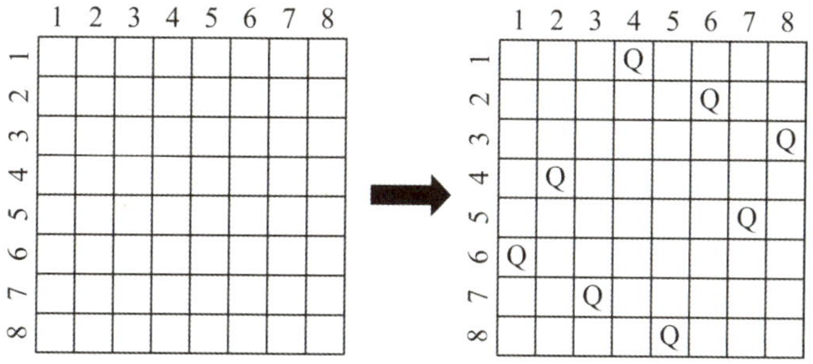

（a）8×8的棋盘　　（b）一种解

图4-5　八皇后问题

回溯法解法：我们可以通过递归尝试在每一行放置皇后，然后检查她是否安全，如果安全则继续放置下一个皇后。

代码 4-4：回溯法的 Python 代码实现

```
def solve_n_queens(n):
    def is_safe(board, row, col):
        # 检查列
        for i in range(row):
            if board[i] == col or \
               board[i] - i == col - row or \
               board[i] + i == col + row:
                return False
        return True

    def backtrack(row):
        if row == n:
            result.append(board[:])
            return
        for col in range(n):
            if is_safe(board, row, col):
                board[row] = col
                backtrack(row + 1)
                board[row] = -1

    result = []
    board = [-1] * n        # -1 表示该行没有放置皇后
    backtrack(0)
    return result

# 输出所有解
for solution in solve_n_queens(4):
    print(solution)
```

输出结果：

```
[1, 3, 0, 2]
[2, 0, 3, 1]
```

4.动态规划

动态规划也是一种经典的算法设计方法。其基本思想是：如果一个较大问题可以被分解为若干个子问题，且子问题有重叠，那么就可以将每个子问题的解存放到一个表中，然后通过查表的方式解决问题。动态规划的核心思想是以空间换时间。下面举例说明。

【例4-6】 斐波那契数列问题。

问题描述：计算第n个斐波那契数，斐波那契数列的定义为：

- $F(0)=0$
- $F(1)=1$
- $F(n)=F(n-1)+F(n-2)\ (n>=2)$

动态规划解法：我们可用动态规划来存储已经计算过的斐波那契数，避免重复计算。如代码4-5所示，列表dp具有$n+1$个元素，用来记录已经计算过的斐波那契数。初始dp[1]为1，for循环生成了从1到n所有的斐波那契数并存放到dp列表中。

代码4-5：斐波那契数列的Python代码实现

```
def fibonacci(n):
  if n <= 1:
    return n
  dp = [0] * (n + 1)
  dp[1] = 1
  for i in range(2, n + 1):
      dp[i] = dp[i - 1] + dp[i - 2]
return dp[n]
```

4.3 问题求解与搜索算法

上一节中我们学习了利用计算机算法去解决人类的问题。通常，一些人认为很简单的问题（如常规的数值运算，或者计算机能力范围内能够快速解决的问题）不需要人工智能来求解。因此，早期人工智能技术的一个主要目标是处理那些难以用常规技术直接处理的不平凡的问题。用人工智能算法求解这些问题的典型步骤是在给定具体问题后，在问题所对应的解空间中进行搜索，进而得到与问题相对应、满足一定约束条件的最佳方案，或者说是寻找一条从初始状态（问题所处的状态）到目标状态（方案所处的状态）的最佳路径。在现实场景中，基于搜索的问题求解比较常见，比如最短路径搜索、对抗博弈中的搜寻最优行动等。如果问题的状态空间是有限或可控的，我们可以采取穷尽搜索或剪枝搜索；反之，我们采取采样搜索策略。人工智能常用的搜索类问题求解方法包括状态空间搜索、启发式搜索、A*搜索等。

4.3.1 状态空间搜索类问题求解

状态空间搜索类（State Space）的问题有很多，比如八数码和华容道等问题。如果一个问题可以被定义为状态空间中的一个初始状态，通过一系列操作或动作转换直到到达目标状态，这样的问题就是状态空间搜索问题。如图4-6所示，状态空间搜索问题包含4个要素。

（1）初始状态（Initial State）：问题开始时的状态。

（2）目标状态（Goal State）：问题希望达到的状态。

（3）操作（Operators）：从一个状态转换到另一个状态的规则或操作。

（4）路径（Path）：从初始状态到目标状态的一系列操作的集合。

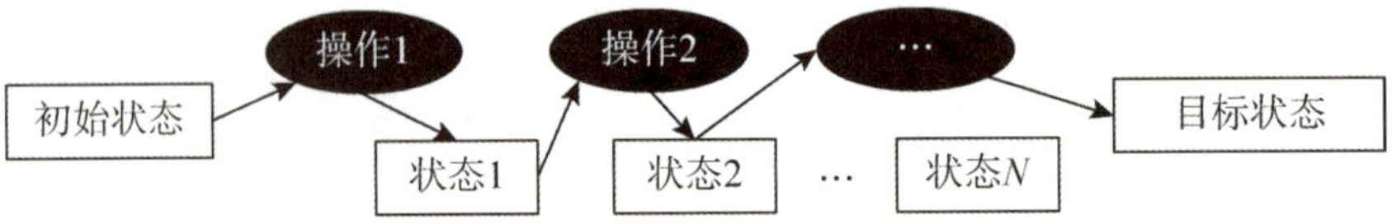

图4-6　问题状态空间

【例4-7】八数码问题。

6	2	5
	3	8
4	7	1

(a) 起始状态

6	2	5
3		8
4	7	1

(b) 子状态

1	2	3
8		4
7	6	5

(c) 终止状态

图4-7　问题状态

问题描述：如图4-7所示，在一个3×3的网格中随机放置了1~8八个数码，其中有一个网格是空着的。这个空网格可以跟上下左右四个方向的任何一个临近的数码交换，但不能跟斜方向上的数码交换。比如图4-7（a）是一个起始状态，其中的空网格可以和右边的那个数码3相互交换，得到图4-7（b）的子状态，图4-7（c）是终止状态。八数码问题就是研究如何用最少的次数移动空网格，从而使得八个数码最终呈现出如图4-7（c）所示的终止状态。求解该问题会用到状态表示、启发式函数、节点扩展等方面的内容。

4.3.2 启发式搜索问题求解

启发式搜索是经典的人工智能问题求解技术之一，是在搜索空间中查找问题解决方案的技术。启发式搜索使用一个启发式函数来评价选择哪个分支可能会导向最佳解。启发式函数可以看作是一种“直觉”或“猜想”，帮助算法决定下一条最有希望的路径。

【例4-8】走迷宫问题。走迷宫问题就是一种启发式搜索问题。给出一个迷宫，你需要从起点到达终点。启发式搜索可以用距离终点的直线距离作为启发式函数。算法采用最短路径的原则，也就是在每一步都会选择那些看起来离终点更近的路径。通过这种方式，即使不是每一步都朝着最终目标直行，搜索过程也会倾向于向终点方向前进。

求解走迷宫问题的经典方法是A*搜索算法和贪心算法。

启发式搜索的步骤如下。

（1）状态表示：定义状态，通常是当前的位置（x，y）。

（2）动作选择：定义可以从当前状态采取的动作（如上下左右移动）。

（3）状态转移：根据动作更新状态，检查新状态是否合法（是否越界或撞墙）。

（4）启发式函数：设计启发式函数h(n)，通常可以使用当前状态到目标状态的曼哈顿距离或欧几里得距离。

（5）优先队列：使用优先队列（如最小堆）来存储和管理待探索的节点，按照f(n)=g(n)+h(n)的值进行排序。

g(n)：从起点到当前节点n的实际成本。

h(n)：从当前节点n到目标节点的估算成本（启发式）。

（6）路径回溯：在找到目标节点后，通过记录的父节点回溯路径。

4.3.3 其他搜索求解算法

除了状态空间搜索、启发式搜索之外，还有暴力搜索、深度优先搜索、广度优先搜索、遗传算法、模拟退火、动态规划以及约束满足问题的求解等一系列搜索求解算法。暴力搜索又称穷尽搜索，它是通过尝试所有可能的解决方案来找到最佳解决方案。如果搜索空间可以缩小范围进行搜索，这就是剪枝搜索。在决策制定和博弈中，常用最大最小搜索算法，即通过模拟对手的最佳策略选择自己的最佳行动方式。深度优先搜索是通过不断深入每个分支直到不能再深入才回溯到上一个节点，继续探索其他分支。广度优先搜索是指从根节点开始，逐层探索所有节点，先探索完一层再探索下一层，该方法适合寻找最短路径。遗传算法是模仿自然选择的过程，通过选择、变异和遗传操作来寻找问题的近似解，适合解决复杂的优化问题。模拟退火是指模仿物理退火的过程，通过逐步降低“温度”来避免陷入局部最优，从而寻找全局最优解。约束满足问题的求解则是通过定义变量、值域和约束条件来寻找满足所有约束的解。

4.4 机器学习求解方法

进入21世纪以后，互联网得到了迅猛发展，信息在爆炸式增长，大数据技术井喷式发展。许多应用领域积累了大量数据，可发挥数据作用，指导应用业务的决策，也可利用数据统计和分析挖掘技术从数据当中寻找知识，挖掘价值。比如在天气预报应用中，我们利用已知的数月以来每天的天气数据，预测明天、后天或若干天之后的天气情况；在房价预测中，我们利用已知的若干距离市中心的地段及对应房价信息来预测某个区域房价的情况；在股价预测中，我们利用连续若干天以来的股价数据信息来预测未来若干天的股价等。

4.4.1 机器学习及定义

针对这一类数据驱动的问题求解，传统人工智能领域的状态空间搜索等方法已经无法求解了。在此背景下，一种叫机器学习的技术产生了。如图4-8（a）所示，对于如何发现大数据中蕴含的价值这一类问题，人们往往首先会对数据进行分析、总结，形成一些经验，再根据经验对问题进行进一步地分析、总结与归纳，形成规律，从而出现了一种基于规律求解问题的方法。对一个未知的问题求解，只要把新问题输入，这个规律就能预测未来结果。

人工智能为了实现对人类学习过程的问题求解的模拟，诞生了广义上的机器学习（Machine Learning，ML）问题求解。也就是说，广义上的机器学习是一种能够赋予机器学习的能力，并以此让它实现直接编程无法实现的功能的方法。从狭义上来说，机器学习是一种通过利用数据训练模型，然后使用模型对未知属性进行预测的一种方法，如图4-8(b)所示。

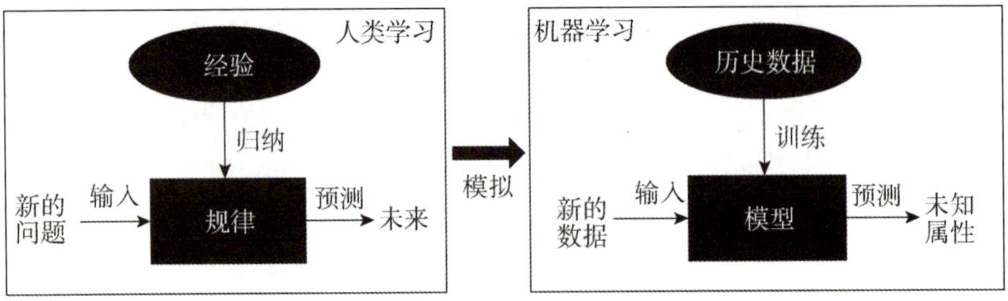

（a）人类学习求解　　（b）机器学习求解

图4-8　从人类学习求解问题到机器学习求解

机器学习是人工智能的子集。机器学习已经成为一种重要的人工智能技术，在人工智能领域具有极其重要的地位。人工智能机器学习是一种通过数据和算法使计算机系统能够自动改进和学习的技术，旨在让计算机从经验中学习并在没有明确编程指令的情况下进行预测或决策。也就是说，机器学习求解问题是利用统计学、数据分析和计算机科学的方法，从数据中发现规律，并利用这些规律进行推断和决策的方法。

1.机器学习的形式化定义

我们从技术角度给机器学习问题求解下一个形式化的定义。

【定义】已知X是输入空间，Y是输出空间，D是一个训练样本数据集，该数据集由一对输入、输出样本(x_i, y_i)组成，其中$x_i \in X$，$y_i \in Y$，y_i又称为x_i对应的标签。机器学习的目标是构建一个映射函数$f:X \to Y$，使得该函数在未知输入上能够尽可能准确地预测输出。这个学习过程通常通过优化某个目标函数f来实现。该目标函数度量了模型预测结果与真实标签之间的差异。

已知给定的输入空间X和输出空间Y是样本X实际对应的标签。通过一个“训练”的过程使机器学习后建立模型F，F对应着一个函数f。如果模型F是优秀的，那么通过一个“预测或推理”的过程计算得出的$Y'=f(X)$，即将F作用在X上进行计算得到的结果Y'能够尽可能地接近已知的Y。有了模型F后，用新的数据输入给模型F，并“预测”出新的Y'，再与给定的标签Y进行比较偏差计算，该过程被称为对模型F的“评估”。

例：已知父母亲的身高，预测子女身高。输入的样本X是一组父母亲身高的序列$X=(x_1, x_2)$，分别表示父亲身高和母亲身高，$Y=\{$子女身高,性别$\}$，学习一个函数$Y=f(X)$来预测子女身高。这就是一个机器学习问题。

2.机器学习的工作过程

机器学习的工作过程涉及数据收集及预处理、特征提取、模型训练、模型评估、推理预测、模型解释与决策等环节，如图4-9所示。

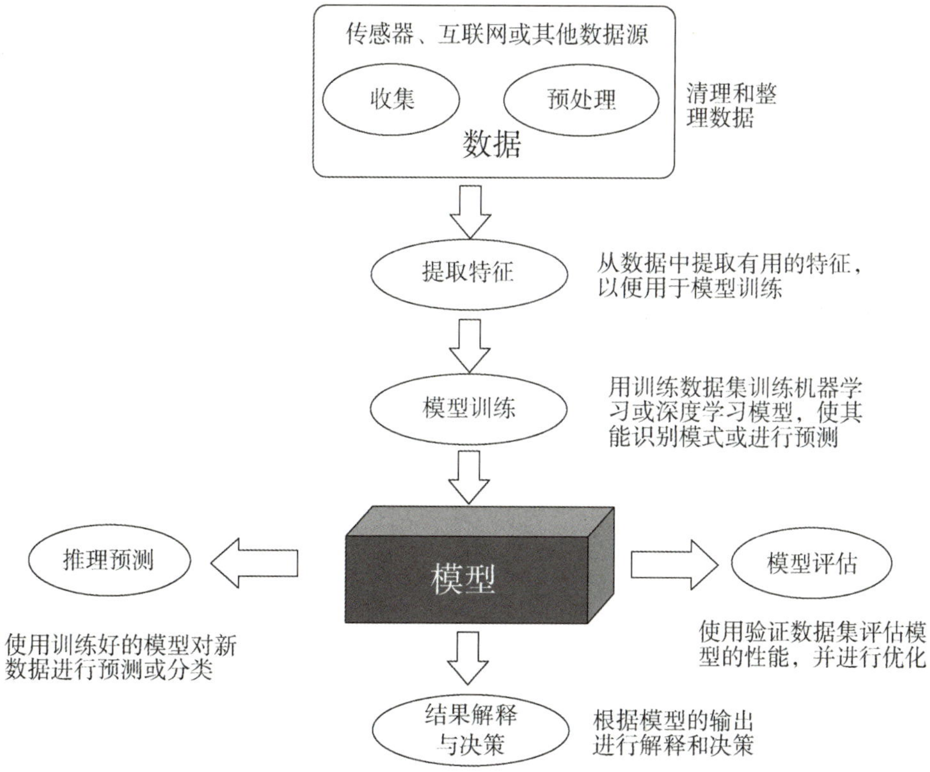

图4-9 机器学习详细工作过程

机器学习首先需要数据获取和数据预处理。通过传感器、互联网或其他数据源收集大量数据，然后进行数据预处理——整理数据使其适合于进一步的分析和处理。机器学习的第二步是特征提取。从数据中提取有用的特征以便用于模型训练。第三步是通过训练过程得到模型，其具体做法是使用训练数据集训练出机器学习或深度学习模型，使其能够识别模式或进行预测。有了模型之后，还要进行模型评估，评估过程会使用验证数据集来评估模型的性能，并进行优化。有了最终模型之后，就可以使用训练好的模型对新数据进行预测或分类了。当然，模型的结果是否合理还需要通过结果解释完成，即根据模型的输出进行解释和决策。如果得到了优秀的模型，我们就可以利用其进行实际的决策了。

3.机器学习的三要素

机器学习建模过程也可以表示为图4-10，包括数据集、模型、算法、训练、预测与评估等5个主要部分。首先，准备好一个训练数据集，把它输入到训练算法，得到一个模型。然后，我们根据模型得到一个机器学习算法。接着，把新数据作为机器学习算法的输入，便可以进行预测。最后，基于预测输出的结果进行评估，再根据评估结果反馈给训练算法，进行相关模型参数的调整，直到模型在新数据上的预测效果，达到最佳为止。

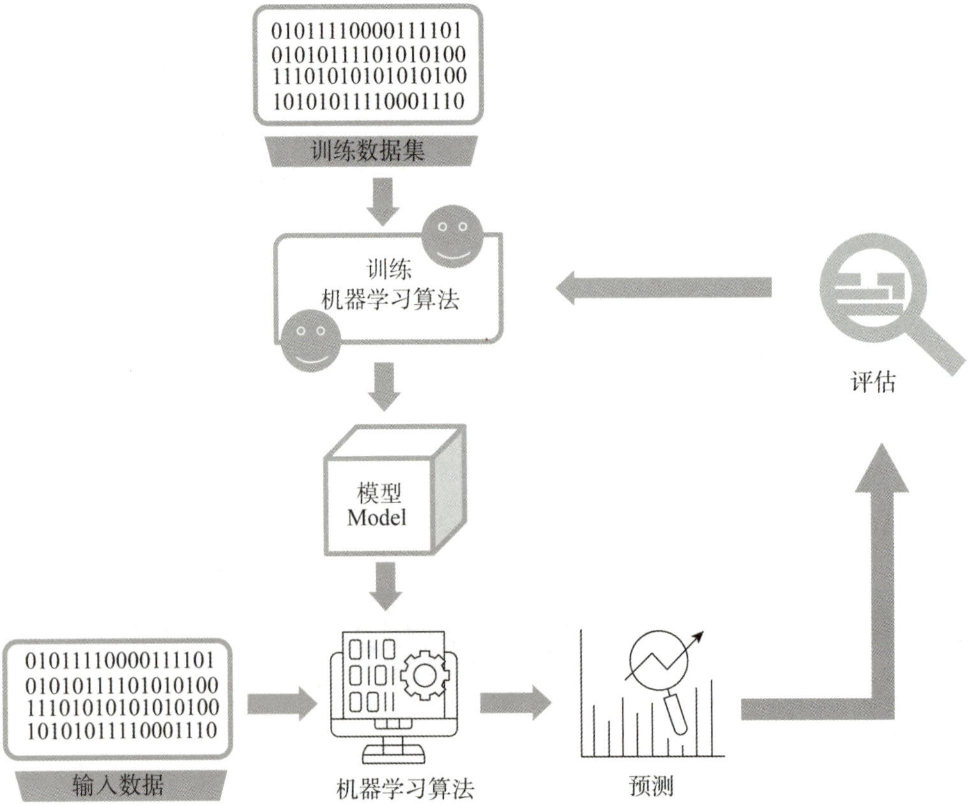

图4-10 机器学习基本过程

我们把数据、模型与算法称为机器学习的3个核心要素。机器学习建模就是一种算法，输入的是数据，输出的是模型。机器学习依赖大量的数据进行训练。数据可以是结构化的（如表格数据），也可以是非结构化的（如文本、图像、音频）。

机器学习过程包括训练、预测和评估3个重要组成部分，训练、预测和评估过程都是通过算法实现的。训练寻找模型的过程就是学习算法或者训练算法。模型实际上也是一种算法，用于预测或得到分类的数学表示，通过从数据中学习并调整其参数来提高性能。训练过程指的是模型从数据中学习的过程，通常涉及最小化某个损失函数以优化模型参数。训练好的模型可以对新数据进行预测或分类。在评估过程中，评估算法通过各种评估指标（如准确率、精确率、召回率、F1分数等）来衡量模型的性能。

4.4.2 机器学习的类型及应用

根据已知数据集样本的不同特征，机器学习分为有监督、无监督和半监督学习3种类型。具体来说，在前述定义中，如果X、Y都已知，也就是模型在有标注的数据（输入的X和对应的输出Y）上进行训练，那么目标就是学习输入到输出的映射关系。这种学习方法称为有监督学习。如果X已知，Y未知，也就是模型在没有标注的数据上进行训练，这种情况下的学习称为无监督学习。只有部分X、Y已知，即结合少量标注数据和大量未标注数据进行训练，这种情况下的学习称为半监督学习。

有监督学习一般用来求解分类和回归两种问题。如果预测连续的值，比如房价预测、股票价格预测，那么这类问题属于回归问题。如果针对离散标签进行预测，那么这类问题属于分类问题，比如垃圾检测和图像分类等问题。无监督学习的目标是发现数据的内在结构，它的两个典型场景就是聚类和降维。聚类是将相似的数据点分组，如客户细分、图像分割等。降维是减少数据的维度以便于可视化或加速计算，如主成分分析（Prircipal Component Analysis，PCA）。半监督学习的目的是降低获取标注数据的成本。

另外，机器学习还能够与环境交互学习，通过奖励和惩罚来调整其策略，以最大化累积奖励。这种方式被称为强化学习，常用于机器人控制、游戏AI等。此外，近年来神经网络兴起，产生了基于多层神经网络（深度神经网络）的机器学习方法，称为深度学习。深度学习擅长处理复杂的非线性关系，尤其在图像识别、语音识别、自然语言处理等领域表现突出。今天，深度学习已成为机器学习的重要子集，引起了广泛的关注。

4.5 机器学习算法库Scikit-learn

4.5.1 Scikit-learn概述

Scikit-learn是Python中最受欢迎的机器学习库，提供了各种API设计一致的接口风格，易于上手，特别适合初学者和专业人士。Scikit-learn还提供了完善的文档，有大量的示例代码和教程。我们可以从中文社区：https://scikit-learn.org.cn/看到大量的资料。

Scikit-learn提供了丰富多样的机器学习算法：从简单的线性回归到复杂的深度学习模型。Scikit-learn提供的算法主要有4类，回归、分类、聚类和降维等。Scikit-learn还有丰富的实用工具帮助你进行特征工程、数据预处理、模型选择等。在数据预处理方面，Scikit-learn提供了多种工具用于数据标准化、归一化、缺失值处理、特征选择和特征提取，帮助优化模型性能。在模型评估方面，Scikit-learn提供了包括交叉验证、模型选择和评估指标（如准确率、精确率、召回率、F1分数等等方法），便于用户评估模型性能。Scikit-learn不仅支持集成学习方法，如Bagging和Boosting，能够提高模型的准确性和鲁棒性，还可以与NumPy、Pandas和Matplotlib等其他科学计算和数据可视化库无缝集成。

4.5.2 Scikit-learn的使用

Scikit-learn使用之前需要安装Scikit-learn库，这个非常简单，具体安装好Python环境后，可输入

```
python-m pip install scikit-learn
```

或者输入

```
python —m pip install scikit—learn  —i https://pypi.tuna.tsinghua.edu.cn/simple
```

下面介绍使用Scikit-learn的一些常见步骤。

首先，初始化环境，引入机器学习库。加入以下代码：

```
import pandas as pd
from sklearn.model_selection import train_test_split
from sklearn.preprocessing import StandardScaler
```

1.准备、加载数据和预处理（特征工程）

机器学习建模首先需要数据集，Scikit-learn提供了几个常见的数据集供我们学习使用，如表4-1所示。这里有波士顿房价、鸢尾花、糖尿病等3个小数据集，以及还有手写数字、Olivetti脸部图像、新闻分类、带标签的人脸及路透社新闻资料等5个大规模的数据集。

表4-1 Scikit-learn数据集

	数据集名称	调用方式	适用算法	数据规模
小数据集	波士顿房价	load_boston()	回归	506×13
小数据集	鸢尾花数据集	load_iris()	分类	150×4
小数据集	糖尿病数据集	load_diabetes()	回归	442×10
大数据集	手写数字数据集	load_digits()	分类	5620×64
大数据集	Olivetti脸部图像数据集	fetch_olivetti_facecs()	降维	400×64×64
大数据集	新闻分类数据集	fetch_20newsgroups()	分类	—
大数据集	带标签的人脸数据集	fetch_lfw_people()	分类、降维	—
大数据集	路透社新闻资料数据集	fetch_rcv1()	分类	804414×47236

对于小规模数据集的获取，数据包含在datasets里，通过sklearn.datasets.load_*()方法可以加载数据。对于大规模数据集的获取，需要从网络上下载，可使用sklearn.datasets.fetch_*(data_home=None)方法。函数的第一个参数data_home表示数据集下载的目录，默认是/scikit_learn_data/。

获取鸢尾花数据集的代码如下：

```
from sklearn.datasets import load_iris
# 获取鸢尾花数据集
iris = load_iris()
print("鸢尾花数据集的返回值：\n", iris.keys())
```

```
鸢尾花数据集的返回值：
 dict_keys(['data', 'target', 'target_names', 'DESCR', 'feature_names', 'filename'])
```

加载数据的代码如下：

```
data = pd.read_csv（"data.csv"）
X = data.drop（"target", axis=1）
y = data["target"]
```

划分训练集和测试集的代码如下：

```
X_train, X_test, y_train, y_test = train_test_split（X, y, test_size=0.2,
random_state=42）
```

加载数据之后，还要进行预处理。预处理是通过一些转换函数将特征数据转换成更加适合算法模型的特征数据的过程。常见预处理方法有数据标准化、数据二值化、标签编码及独热编码等。

（1）数据标准化和归一化

数据标准化和归一化是将数据映射到一个小的浮点数范围内，以便模型能快速收敛。标准化有多种方式。

①min-max标准化（对象名为MinMaxScaler），该方法使数据落到[0,1]区间，公式为

$$x' = \frac{x - x_{\min}}{x_{\max} - x_{\min}} \tag{4.1}$$

例如：

```
# min-max标准化
from sklearn.preprocessing import MinMaxScaler

sc = MinMaxScaler()
sc.fit(X)
results = sc.transform(X)
print("放缩前: ", X[1])
print("放缩后: ", results[1])
```

```
放缩前:  [4.9 3.  1.4 0.2]
放缩后:  [0.16666667 0.41666667 0.06779661 0.04166667]
```

②Z-score标准化（对象名为StandardScaler），该方法使数据满足标准正态分布，公式为

$$x' = \frac{x - \bar{X}}{S} \tag{4.2}$$

例如：

```
# Z-score标准化
from sklearn.preprocessing import StandardScaler

#将fit和transform组合执行
results = StandardScaler().fit_transform(X)

print("放缩前: ", X[1])
print("放缩后: ", results[1])
```

```
放缩前:  [4.9 3.  1.4 0.2]
放缩后:  [-1.14301691 -0.13197948 -1.34022653 -1.3154443 ]
```

③归一化（对象名为Normalizer，默认为L2归一化），公式为

$$x' = \frac{x}{\sqrt{\sum_j^m {x_j}^2}} \tag{4.3}$$

例如：

```
# 归一化
from sklearn.preprocessing import Normalizer

results = Normalizer().fit_transform(X)

print("放缩前: ", X[1])
print("放缩后: ", results[1])
```

```
放缩前:  [4.9 3.  1.4 0.2]
放缩后:  [0.82813287 0.50702013 0.23660939 0.03380134]
```

(2) 数据二值化

使用阈值过滤器将数据转化为布尔值即为二值化，其主要方法是使用Binarizer对象实现数据的二值化。

例如：

```
# 二值化，阈值设置为3
from sklearn.preprocessing import Binarizer

results = Binarizer(threshold=3).fit_transform(X)

print("处理前: ", X[1])
print("处理后: ", results[1])
```

```
处理前:  [4.9 3.  1.4 0.2]
处理后:  [1. 0. 0. 0.]
```

(3) 标签编码及独热编码

①标签编码：使用LabelEncoder将不连续的数值或文本变量转化为有序的数值型变量。例如：

```
# 标签编码
from sklearn.preprocessing import LabelEncoder
LabelEncoder().fit_transform(['apple', 'pear', 'orange', 'banana'])
```

```
array([0, 3, 2, 1])
```

②独热编码：对于无序的离散型特征，其数值大小并没有意义，可进行one-hot编码，将其特征的m个可能值转化为m个二值化（0、1）特征。主要方法是利用OneHotEncoder对象实现。例如：

```
# 独热编码
from sklearn.preprocessing import OneHotEncoder

results = OneHotEncoder().fit_transform(y.reshape(-1,1)).toarray()

print("处理前: ", y)
print("处理后: ", results[1])
```

```
处理前:  [0 0 0 0 0 0 0 0 0 0 0 0 0 0 0 0 0 0 0 0 0 0 0 0 0 0 0 0 0 0 0 0 0 0 0 0 0
 0 0 0 0 0 0 0 0 0 0 0 0 0 1 1 1 1 1 1 1 1 1 1 1 1 1 1 1 1 1 1 1 1 1 1 1
 1 1 1 1 1 1 1 1 1 1 1 1 1 1 1 1 1 1 1 1 1 1 1 1 1 1 1 2 2 2 2 2 2 2 2 2 2 2
 2 2 2 2 2 2 2 2 2 2 2 2 2 2 2 2 2 2 2 2 2 2 2 2 2 2 2 2 2 2 2 2 2 2 2 2 2
 2 2]
处理后:  [1. 0. 0.]
```

数据标准化的代码如下：

```
scaler = StandardScaler（）
X_train = scaler.fit_transform（X_train）
X_test = scaler.transform（X_test）
```

2.选择模型

模型的选择主要根据机器学习类型和目标来确定。一些常见的有监督学习算法包括线性回归、逻辑回归、决策树、随机森林、支持向量机、K近邻算法、神经网络等；常见的无监督学习算法包括K均值聚类、层次聚类、主成分分析、异常检测等。图4-11中列出了回归、分类、聚类和降维等监督学习算法。

3.训练和评估模型

（1）训练模型：需要先划分数据集为训练数据集和测试数据集，主要方法是调用train_test_split方法来实现。用法如下：

```
X_train, X_test, y_train, y_test = train_test_split(X, y, test_size=0.2, ran-
dom_state=42)
```

（2）模型训练：先选择一个模型，然后调用fit方法进行训练。以下是利用随机森林模型的训练代码：

```
from sklearn.ensemble import RandomForestClassifier
# 创建模型
model = RandomForestClassifier(random_state=42)
# 训练模型
model.fit(X_train, y_train)
```

（3）模型预测和评估：预测采用的是predict方法，评估采用的是accuracy_score方法。样例代码如下：

```
from sklearn.metrics import accuracy_score, classification_report
# 进行预测
y_pred = model.predict(X_test)
# 评估模型
print("Accuracy:", accuracy_score(y_test, y_pred))
print(classification_report(y_test, y_pred))
```

4.6 本章小结

本章介绍了问题求解理论基础、基本思想方法，以及基于机器学习的问题求解方法。首先我们介绍了计算机通用问题求解与算法方法学的知识。其次，我们介绍了人工智能问题求解的经典方法，包括状态空间问题求解方法和启发式搜索的方法。然后，我们介绍了机器学习的定义、类型及应用，以及机器学习问题求解方法。最后，我们介绍了机器学习经典的算法库Scikit-learn及其使用方法。

本章习题

一、判断题

1. 如果两个水壶的容量互质，那么水壶问题一定可以通过一系列倒水操作来解决。 （ ）
2. 问题求解是人类智能普遍存在的活动，旨在消除当前状态和目标状态的差距。 （ ）
3. 机器学习是人工智能的一个分支，主要目的是让计算机系统能够通过经验或数据进行学习，而不需要显示编程。 （ ）
4. 在监督学习中，模型通过使用未标记的数据进行训练，从中寻找规律。 （ ）
5. 启发式搜索是一种求解优化问题的贪心算法。 （ ）

二、选择题

1. 下列关于水壶问题的说法正确的是________。 （ ）

A. 水壶问题属于约束满足问题的范畴

B. 水壶问题无法使用启发式搜索算法进行求解

C. 水壶问题必须使用动态规划方法来求解

D. 只要有足够多的水壶，总能得到任意水量

2. 下列哪一种学习方法属于无监督学习？ （ ）

A. 线性回归　　B. 决策树

C. 支持向量机　　D. K均值聚类

3. 以下哪个说法是正确的？ （ ）

A. 暴力搜索是通过尝试所有可能的解决方案来找到最佳解决方案的搜索方法

B. 穷尽搜索是通过模拟对手的最佳策略选择自己的最佳行动的方法

C. 深度优先搜索的思路是从根节点开始，逐层探索所有节点，先探索完一层再探索下一层

D. 广度优先搜索的思路是通过深入每个分支直到不能再深入为止，然后回溯到上一个节点，继续探索其他分支

4. 以下哪个方法是模型训练________。 （ ）

A. predict　　B. fit

C. accuracy_score　　D. train_test_split

5. 以下有关机器学习的说法不正确的是________。 （ ）

A. 机器学习就是训练寻找模型的过程

B. 评估算法通过各种评估指标来衡量模型的性能

C. 机器学习模型就是机器算法

D. 预测是通过模型对新数据进行的，旨在获得预测和分类的结果

三、简答题

1. 假设你有一个8升的水壶和一个5升的水壶，且没有任何刻度线。你如何使用这两个水壶准确地量出6升的水？请详细描述每一步操作。
2. 什么是人类智能的问题求解，请列举典型的算法方法。为应对这种情况，常用的技术有哪些？
3. 什么是机器学习？它包括哪几种类型？
4. 什么是机器学习的3个要素？简述它们之间的关系。
5. 简述机器学习求解的基本过程。

第5章 回归与分类模型

本章导读

当你收到一封邮件，系统自动将其归类为重要或垃圾信息；当你在社交媒体上看到的人像照片被自动标注了用户ID；当你使用手机银行，系统能准确识别你的签名。这些生活中不那么起眼的瞬间，都是机器学习模型的应用。

然而，在这些便捷体验的背后，隐藏着怎样的科学奥秘？计算机究竟是如何“学习”的？它能够解决哪些问题？模型的搭建和应用又面临哪些挑战？本章将为读者揭开机器学习的神秘面纱，深入探索这一引人入胜的人工智能领域。

本章要点

- ◉ 识别身边的回归与分类模型应用案例
- ◉ 理解回归和分类这两大核心任务的本质
- ◉ 掌握监督学习的基本原理和关键技术

5.1 监督学习方法概述

监督学习是一种让计算机从带标签的数据中学习的方法。想象一下，你正在教一个孩子识别不同的水果。你会给孩子看各种水果的图片，并告诉他："这是苹果，这是香蕉，这是橙子。"经过反复练习，孩子最终认识了这些水果的图样。监督学习的原理与此类似，只是"学生"从孩子变成了计算机，"老师"则是我们提供的大量带标签的数据和监督学习方法，建立的从图片到水果名称映射的学习原理、输入和输出设计、映射数学形式、计算方法、学习结果统称为"模型"。

在监督学习中，我们为计算机提供了带标签的数据集，其数据包含输入特征（如水果的图片）和对应的正确输出标签（如水果的名称）。计算机的任务是通过监督学习方法和数据学习一个函数（模型的主要部分，即输入输出与它们的数学关系），并期望此函数能够将新的（见过或未见过的）输入映射为正确的输出。学习过程通常涉及模型参数的调整和优化，使模型的输出标签与真实标签间的差异最小。

监督学习主要解决两类问题：回归和分类。

回归问题旨在预测连续的数值，即输出标签是连续变量。例如，根据化石燃料消耗量、森林覆盖率、工业活动水平等因素来预测大气中的二氧化碳浓度。这就像是在教计算机学会"环境科学家"的知识和技能。计算机需从大量历史数据中学习，这些数据包含了过去若干年的各种地质、环境、人类活动因素（输入特征）和对应的二氧化碳浓度（输出标签）。通过这些数据和选定的监督学习方法，计算机学习出一个能够准确预测未来二氧化碳浓度的模型（包含具体输入输出之间的函数关系、函数参数设计和调参结果）。一个优秀模型产生的预测不仅对理解气候变化至关重要，还能为制定环境政策和评估减排措施的效果提供科学依据。

分类问题则是要将输入数据划分到预定义的类别中，即标签是离散类别。比如，判断一封邮件是否为垃圾邮件，或识别一张图片中动物的种类。这类似于教授计算机"分类"的能力。通过学习大量已标记的数据，模型能够对新的、未见过的数据进行分类。

无论是回归还是分类，监督学习的核心都在于从数据中发现规律，并将这些规律应用于新的、未知的数据。监督学习赋予计算机处理各种复杂现实问题的能力，从图像识别到自然语言处理，从医疗诊断到金融预测，监督学习的应用几乎无处不在。

在接下来的章节中，我们将深入探讨回归和分类这两大机器学习的核心方法，揭示它们背后的原理和技术。我们将看到监督学习如何像一个勤奋的学生，从海量的"已知答案"中建立模型，训练出解决新问题的能力。

5.2 回归模型

回归模型是一种统计学模型，用于研究变量之间的定量关系，特别是一个或多个输入自变量（也称为特征或预测变量）对输出因变量（也称为目标变量或响应变量）的影响。在机器学习中，回归分析指的是预测连续数值（因变量）的任务，并需要在任务中找出自变量和因变量之间的数学函数关系。回归模型一旦建立，我们就可以用它预测新的或假定的自变量下对应的因变量的值，并评估自变量对因变量的影响程度。在本节中，我们将以预测大气中二氧化碳浓度为例，展示回归模型的应用及其在科学研究中的重要性。

5.2.1 回归模型简介：以大气中的二氧化碳浓度预测为例

让我们通过一个与环境科学密切相关的例子来理解回归模型的基本概念。假如你是一名气候科学家，你的工作是预测未来大气中的二氧化碳浓度。你知道多种因素（如化石燃料消耗量、森林覆盖率、工业活动水平等），都会影响大气中的二氧化碳浓度。回归学习能帮助你找出这些因素与二氧化碳浓度之间的定量关系，从而在已知未来多种因素的条件下对二氧化碳浓度水平做出准确的预测。

回归学习的整体工作流程如下。

步骤1：收集数据。收集过去50年的相关数据。每年的信息包括：全球化石燃料消耗量（百万吨油当量）、全球森林覆盖率（百分比）、全球工业生产指数，以及实际测量的平均大气二氧化碳浓度（ppm）。

步骤2：分析数据。对收集到的数据进行初步分析，可以发现一些潜在的模式。①化石燃料消耗量与二氧化碳浓度呈正相关。②森林覆盖率与二氧化碳浓度呈负相关，但关系不如化石燃料消耗那么明显。③工业生产指数与二氧化碳浓度也呈正相关。

步骤3：选择回归模型种类。根据数据分析结果，使用线性回归模型。这种模型假设二氧化碳浓度是各个特征的线性组合，即因变量与自变量呈线性函数关系。

步骤4：训练模型。使用收集的50年的数据来“训练”模型。模型会自动调整每个特征在线性函数中的权重，以最小化预测浓度和实际浓度之间的差异。

步骤5：评估模型。训练完成后，使用最近5年的数据来测试模型的性能（即预测准确性）。

步骤6：使用模型进行预测。现在，可以使用这个训练好的模型来预测未来的二氧化碳浓度了。例如，给定下一年预计的化石燃料消耗量、森林覆盖率和工业生产指数，模型可以预测出下一年的二氧化碳浓度。

步骤7：持续改进。随着时间推移，根据不断收集到的新数据更新模型，使预测更加准确。也可以尝试其他类型的回归模型，如多项式回归或机器学习中的随机森林回归，看看是否能得到更好的预测精度。

回归模型能够从复杂的数据中提取有用信息，并做出实用的预测。在二氧化碳浓度预测这个例子中，它帮助我们理解了影响大气二氧化碳水平的各种因素，并能够为未来的浓度水平给出合理的估计。这种方法不仅适用于气候科学，还可以应用到许多需要数值预测的领域，如能源需求预测、经济指标预测等。

在我们深入探讨回归模型的具体方法之前，让我们先来了解回归模型的不同类型。

5.2.2 回归模型的类型

回归模型可以从多个维度进行分类。按自变量数量可分为简单回归（如仅用全球化石燃料消耗量预测二氧化碳浓度）、多元回归（如同时考虑化石燃料消耗量、森林覆盖率、工业生产指数等因素）。按因变量数量可分为单输出回归（如只预测二氧化碳浓度）、多输出回归（如同时预测二氧化碳浓度和全球平均气温）。按关系性质可分为线性回归（假设变量间存在线性关系，最为常用）和非线性回归（用以处理非线性关系，如多项式回归等）。

这些分类方法可以帮助我们更好地理解和选择适合特定问题的回归模型。每种类型的回归都有其特定的应用场景和优缺点。选择哪种回归方法取决于数据的特性、问题的性质及预测的要求。

5.2.3 线性回归模型

线性回归是统计学和机器学习中最基础且应用广泛的方法之一。它不仅简单易懂，还为更复杂的回归奠定了基础。接下来让我们深入了解线性回归的各个方面。

线性回归的核心思想是假设输入变量（自变量）和输出变量（因变量）之间存在线性关系。数学上，这种关系可以表示为：

$$Y=\beta_0+\beta_1X_1+\beta_2X_2+\cdots+\beta X+\varepsilon \tag{5.1}$$

其中，Y是因变量（我们想要预测的值，如二氧化碳浓度Y）；X_1，X_2，…，X是自变量（已知的特征，如化石燃料消耗量X_1、森林覆盖率X_2、工业生产指数X_3等）；β_0是截距，β_1，β_2，…，β是各个自变量的系数；ε是误差项，代表模型无法解释的随机变动。

简单线性回归是指只有一个自变量的情况。例如，预测二氧化碳浓度仅基于化石燃料消耗量，计算公式为

$$Y=\beta_0+\beta_1X_1+\varepsilon \tag{5.2}$$

多元线性回归是指有多个自变量的情况。例如，预测二氧化碳浓度基于多个因素，计算公式为

$$Y = \beta_0 + \beta_1 X_1 + \beta_2 X_2 + \beta_3 X_3 + \varepsilon \tag{5.3}$$

线性回归建模的目标是找到最佳的β值，使预测值与实际值之间的差异最小。首先，它从大量相关数据的收集开始，假设变量间存在线性关系，然后通过最小二乘法（Ordinary Least Squares，OLS）等技术估计模型参数（即训练模型），其目标是最小化残差平方和；接着，使用多种统计指标［如均方误差（Mean Squared Error，MSE）］全面评估模型性能，包括其解释能力、预测准确性及整体和个别变量的显著性；最后，将训练好的模型应用于新的数据进行预测，从而实现模型的实际应用。这个过程不仅确保了模型的科学性和可靠性，也为模型的实际应用打下了坚实的基础。

接下来我们简单介绍一下最小二乘法。最小二乘法是线性回归中最常用的参数估计方法，其核心思想是找到一组参数，使得预测值与实际值之间的误差平方之和最小。具体来说，对于简单线性回归$Y = \beta_0 + \beta_1 X + \varepsilon$，我们需要找到$\beta_0$和$\beta_0$的值，使得$\Sigma(Y_{real} - Y)^2$最小，其中$Y$为预测结果，$Y_{real}$表示实际结果。这个最小化问题可通过求导解决。将误差平方和对β_0和β_1分别求偏导，并令其等于零，我们可以得到两个方程。解这个方程组，就可以得到β_0和β_1的最优估计值。对于β_1，其估计值为$\Sigma((X_i - X_{average})(Y_i - Y_{average}))/\Sigma(X_i - X_{average})^2$，而$\beta_0$的估计值为$Y_{average} - \beta_1 X_{average}$，这里的$X_{average}$和$Y_{average}$分别表示数据中全部$X$和$Y$的平均值。这种方法不仅可以得到参数的点估计，还可以进行区间估计和假设检验，为模型的统计推断提供基础。在实际应用中，当特征数量增多时，我们通常使用矩阵运算来简化计算过程，但基本原理保持不变。

图5-1展示了全球大气中二氧化碳浓度（ppm）与化石燃料消耗量（百万吨油

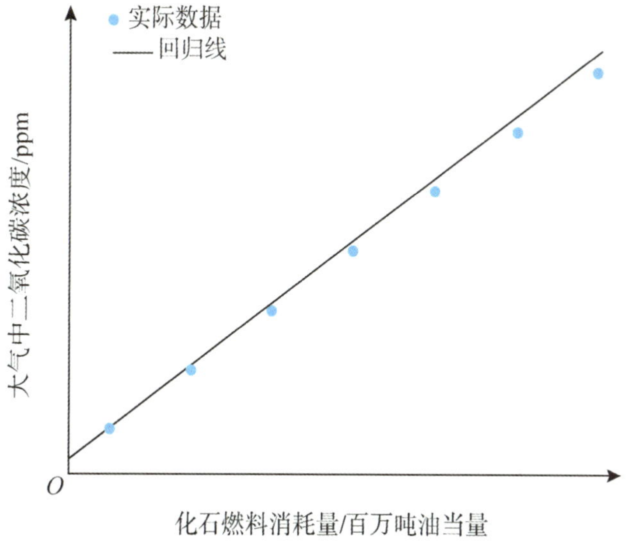

图5-1 二氧化碳浓度与化石燃料消耗量的线性回归关系

当量）之间的线性关系。蓝色点代表实际观测数据，实线表示通过最小二乘法得到的线性回归拟合。图中清晰可见的正相关趋势说明随着化石燃料消耗量的增加，大气中的二氧化碳浓度也相应上升，这为研究人为活动对全球气候变化的影响提供了直观依据。

我们仍以5.2.1中的二氧化碳浓度预测的例子来理解线性回归，在过去50年相关数据的基础上，我们可以建立以下多元线性回归模型

$$Y = 280 + 0.02X_1 - 0.5X_2 + 0.1X_3 \tag{5.4}$$

其中，截距280表示在没有人为因素影响时的基础二氧化碳浓度（ppm）。我们可以看出，每增加一百万吨油当量的化石燃料消耗，二氧化碳浓度增加0.02ppm；森林覆盖率每增加1%，二氧化碳浓度减少0.5ppm；工业生产指数每增加1个单位，二氧化碳浓度增加0.1ppm。

使用这个模型，我们可以预测特定条件下的二氧化碳浓度。例如，某年全球化石燃料消耗量为35000百万吨油当量，森林覆盖率为30%，工业生产指数为120，则预测的二氧化碳浓度约为

$$280 + 0.02 \times 35000 - 0.5 \times 30 + 0.1 \times 120 = 977(\text{ppm}) \tag{5.5}$$

线性回归作为一种基础但强大的统计方法，具有多项显著优势：它简单直观、易于理解和解释，计算效率高，能够同时考虑并处理多个影响因素（如化石燃料消耗、森林覆盖率等），准确量化每个因素对结果的影响程度，有能力高效处理大量复杂的数据，并且可以利用新的数据持续学习和改进，使预测结果越来越精确。线性回归在许多实际问题中展现出良好的预测能力，并为理解更复杂的模型奠定了基础。这些特性使线性回归模型成为科学研究和工程应用中的强大工具。

然而，我们也要认识到它的局限性，比如变量之间线性关系的假设可能与实际情况不符、模型对异常值敏感等。为了克服这些局限，统计学家们发展了一系列高级技术和扩展，包括正则化方法、多项式回归以捕捉非线性关系，以及交叉验证技术来更准确地评估模型性能并防止过拟合等问题。

虽然线性回归很简单，但它是一个功能强大的统计工具。它不仅能帮助我们理解变量之间的关系，还能用于预测和支持决策。当然，在应用时仍需要注意其假设和局限性。

5.2.4 实验案例

在本节中，我们将详细介绍一个完整的线性回归建模实验的流程，包括数据生成、数据分割、模型训练和预测4个部分。该过程将帮助你理解如何在实际应用中使用线性回归方法。

1. 生成模拟数据

首先，我们定义了一个generate_house_data函数来创建模拟的房价数据：

```
def generate_house_data(n_samples=1000):
    area = np.random.uniform(50, 300, n_samples)
    bedrooms = np.random.randint(1, 6, n_samples)

    # 添加一些随机噪声
    noise = np.random.normal(0, 20, n_samples)

    # 生成价格（单位：万元）
    price = -50 + 0.5 * area + 20 * bedrooms + noise

    return pd.DataFrame({
        '面积': area,
        '卧室数': bedrooms,
        '价格': price
    })
```

这个函数模拟了一个真实世界的场景，变量如下。

- area：使用均匀分布生成房屋面积，范围为50～300平方米。
- bedrooms：使用随机整数生成卧室数量，范围为1～5。
- noise：添加正态分布的随机噪声，均值为0，标准差为20，模拟现实世界中的随机变动。
- price：根据一个预设的线性关系生成房价。

这里我们假设：

- 基础价格为－50万元（这个负值可以理解为最小的房屋也有一定成本）。
- 每平方米增加0.5万元。
- 每个卧室增加20万元。
- 加上随机噪声。

2.数据分割

接下来，我们将数据集分割为训练集和测试集：

```
X = df[['面积', '卧室数']]
y = df['价格']
X_train, X_test, y_train, y_test = train_test_split(X, y, test_size=0.2,
random_state=42)
```

- X包含输入特征（面积和卧室数），y是输出标签（价格）。
- 使用train_test_split函数将数据分为80%的训练集和20%的测试集。
- random_state=42确保结果可重复。

3.训练模型

我们训练了两个模型：一个简单线性回归模型和一个多元线性回归模型。

简单线性回归：

```
simple_model = LinearRegression()
simple_model.fit(X_train[['面积']], y_train)
```

这个模型只使用“面积”作为特征来预测房价。

多元线性回归：

```
multi_model = LinearRegression()
multi_model.fit(X_train, y_train)
```

这个模型同时使用“面积”和“卧室数”作为特征来预测房价。

4.模型预测

最后，我们使用训练好的模型在测试集上进行预测：

```
y_pred_simple = simple_model.predict(X_test[['面积']])
y_pred_multi = multi_model.predict(X_test)
```

这些预测结果可以用于后续的模型评估和比较。

5.3 分类模型

分类是机器学习中的一个核心任务，它的目标是将输入数据划分到预定义的类别中。简单来说，分类就是教会计算机如何“给事物贴类别标签”。从数学的角度来看，我们可以将分类问题描述为：给定一个输入变量X（通常是一个特征向量，即多个输入特征的组合）和一组离散的输出类别Y，计算机的任务是学会一个函数f，使得$f(X)=y$，其中$y\in Y$。在探讨分类模型及其应用前，我们有必要全面理解什么是分类模型。本章将详细介绍分类的定义和主要类型，为我们后续的学习奠定坚实的理论基础。

5.3.1 分类模型简介：以垃圾邮件识别为例

为了更好地理解分类，让我们看个日常生活中的例子。想象一下，你刚刚起床，准备开始新的一天。你打开电脑，登录你的电子邮箱，希望能看到朋友的问候、重要的工作邮件或者是你期待已久的网购通知。但是，当你的邮箱加载完毕时，你不禁皱起了眉头——几十封甚至上百封未读邮件映入眼帘，其中大部分都是你根本不感兴趣的内容：

声称你中了大奖的可疑邮件；

推销各种产品的广告邮件；

声称来自银行但实际上是诈骗的钓鱼邮件；

各种你从未订阅过的电子报。

这种情况不仅让你感到烦恼和沮丧，更重要的是，它可能会导致你错过真正重要的邮件。你可能需要花费大量时间来筛选这些邮件。这不仅耗时耗力，还可能因为一些误操作而造成严重后果。

试想，如果有一种方法可以自动识别这些垃圾邮件，并将它们归类到一个单独的文件夹中，或直接删除它们，那该多好啊！这就是我们今天要讨论的主题：分类模型，以及它在垃圾邮件过滤中的应用。

图5-2展示了邮件从服务器到用户收件箱的整个过程，突出了分类模型的关键作用。左侧代表邮件服务器，中间是基于机器学习的分类系统，右侧是最终的收件箱和垃圾邮件文件夹。分类系统通过识别特定特征（如前述关键词“免费”“中奖”及其他特征）来区分正常邮件和垃圾邮件。这个自动化过程不仅提高了效率，还减少了用户处理大量无用邮件的负担，展示了分类学习在解决实际问题中的应用。

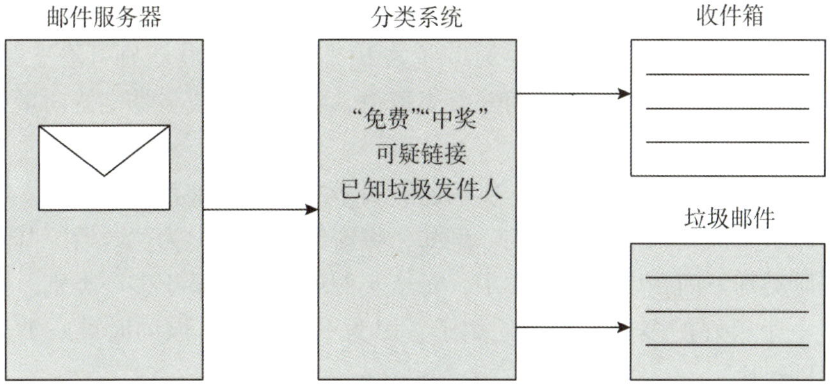

图5-2 邮件分类系统工作流程

分类模型是机器学习的一个重要分支，它赋予计算机自动将不同事物归类的能力。在垃圾邮件过滤的例子中，分类学习可以教会计算机如何区分正常邮件和垃圾邮件，它就像一个经验丰富的助理帮你筛选和整理收件箱。

通过分类模型方法学习大量的邮件样本，计算机能够识别出垃圾邮件的特征。比如，它可能会发现，包含“免费”“中奖”等词语的邮件更可能是垃圾邮件；或者，来自某些特定发件人或者包含可疑链接的邮件也更可能是垃圾邮件。用这些“知识”建立分类模型，计算机就能够对新收到的邮件进行判断，决定是将其放入收件箱还是垃圾邮件文件夹。

这种技术不仅可以为我们节省大量时间，还能提高工作效率，减少因错过重要邮件而可能造成的损失。更重要的是，它向我们展示了人工智能和机器学习如何改变我们的日常生活，解决实际问题。邮件分类是一个典型的例子——需要将邮件分为“垃圾邮件”或“非垃圾邮件”。在图像识别领域，我们要识别图片中的物体，如“猫”、“狗”或“汽车”。医疗诊断也是一个重要的分类应用，医生需要根据患者的症状将其分类为“健康”或“患病”。在社交媒体和电子商务领域，情感分析是一个常见的任务，我们需要判断一条评论的情感倾向是“正面”“负面”还是“中性”。

在接下来的内容中，我们将探讨分类模型的原理，以及它如何应用于垃圾邮件过滤中。

5.3.2 分类模型的类型

分类模型可以根据不同标准进行分类。理解这些不同类型的分类模型对选择合适的学习算法和评估模型性能至关重要。在实际应用中，我们常常需要根据问题的具体特点来选择最合适的分类模型。

首先，我们可以按照类别的数量分类。二分类问题只有两个可能的类别，如垃圾邮件检测（垃圾/非垃圾）或医疗诊断（患病/健康）。这类问题通常可以用逻辑回归或支持向量机等模型解决。相比之下，多分类问题有两个以上可能类别。例如，手写数字识别需要将输入分类为0～9共10个类别，动物识别可能需要区分猫、狗、兔子等多种动物。对于这类问题，决策树、随机森林或多类支持向量机等模型更为合适。

其次，我们可以根据每个数据实例能够属于的类别标签数量来分类。在单标签分类中，每个实例只属于一个类别。例如，将新闻文章分类为“政治”“体育”“科技”等互斥类别。而在多标签分类中，每个实例可以同时属于多个类别。给电影贴标签就是一个很好的多标签分类的例子，因为一部电影可以同时被归类为“动作片”和“科幻片”。

最后，我们可以根据类别之间的关系来进行分类。在平坦分类中，所有类别处于同一层级，没有层次关系。例如，将水果简单地分类为苹果、香蕉、橙子等。而在层次分类中，类别之间存在层次关系。动物分类就是一个典型的例子，我们可能有这样的层次结构：哺乳动物＞猫科动物＞猫。

理解这些不同类型的分类问题不仅有助于我们选择合适的算法，还能帮助我们更好地评估模型的性能。

5.3.3 线性分类器

在上一节中，我们了解了分类模型的基本概念和类型。现在，让我们探讨一种特别重要且常用的分类方法——线性分类。我们将以垃圾邮件分类这个实际问题为例，详细介绍线性分类器的概念及其工作原理。

线性分类是机器学习中最基础且应用广泛的分类方法之一。线性分类的核心思想是在输入特征向量的特征空间中找到一个线性决策边界，将不同类别的数据点分开。尽管其概念简单，但在许多实际问题中表现出色，特别是在处理高维（即多个输入特征）数据时。这种方法之所以受欢迎，很大程度上是因为其简单性、可解释性和高计算效率。

在数学上，线性分类器试图学习一个线性函数，将输入特征向量的空间划分为不同区域，每个区域对应一个类别。对于二分类问题，这个函数通常表示为

$$f(x)=w^T x+b \tag{5.6}$$

其中，w是权重向量，x是输入特征向量，b是偏置项。

决策规则通常是：如果$f(x)>0$，则将样本分类为正类；否则分类为负类。从几何角度看，这个函数在二维空间中定义了一条直线，在高维空间中则定义了一个超平面，作为决策边界将空间分割成两部分。

让我们以垃圾邮件分类为例来具体说明线性分类器的应用。在这个问题中，正类是“垃圾邮件”，负类是“非垃圾邮件”，我们可以考虑多个特征，如“免费”一词的出现次数、邮件长度、发件人是否在可信列表中、包含的URL数量，以及是否包含特定关键词（如“中奖”“优惠”等）。线性分类器会为每个特征分配一个权重，综合考虑这些因素来做出分类决策。例如，如果发件人在可信列表中的特征具有较大的负权重，这意味着来自可信发件人的邮件更容易被分类为非垃圾邮件。相反，“免费”一词的出现次数和特定关键词的存在如果具有较大的正权重，则会增加邮件被归类为垃圾邮件的可能性。

假设我们只考虑两个特征：邮件中“免费”这个词的出现次数（X_1）和邮件的长度（X_2）。那么，每封邮件就可以在二维平面上表示为一个点，其坐标为（X_1, X_2）。我们的任务就是找到一条直线，能够尽可能好地将垃圾邮件和非垃圾邮件分开。这条分隔线可以用一个简单的线性方程表示

$$w_1 X_1+w_2 X_2+b=0 \tag{5.7}$$

其中，w_1和w_2是权重，表示各个特征的重要性，b是偏置项。对于任何一封邮件，如果$w_1 X_1+w_2 X_2+b>0$，我们就将其分类为垃圾邮件；否则，我们将其分类为非垃圾邮件。

线性分类器的核心任务是找到一组最优的参数，这些参数能够最好地将不同类别的数据点分开。在我们的垃圾邮件分类例子中，这意味着要找到最优的权重w_1、w_2和偏置项b。我们称此过程为模型的学习或训练过程，它通过最小化一个损失函数来实现。

在二分类问题中，逻辑回归是一个常用且有效的选择。尽管名字中包含“回归”，但它实际上是一种强大的分类算法。逻辑回归模型使用sigmoid函数（也称为逻辑函数）将线性函数的输出转换为0到1之间的概率值，使其能够解释为属于某一类别的概率。sigmoid函数定义为

$$\sigma(z)=1/(1+e-z) \tag{5.8}$$

其中$z=w^{\mathrm{T}}x+b$。这种概率化的输出不仅提供了分类结果，还给出了模型对这一决策的确信程度，这在许多应用场景中非常有价值。

sigmoid函数有几个重要特性：它的输出总是在0到1之间，这使得它非常适合表示概率；它在中间部分（靠近0.5）变化较快，而在两端（接近0或1）变化较慢，这符合我们对概率的直觉。在我们的垃圾邮件分类问题中，sigmoid函数的输出可以被解释为邮件是垃圾邮件的概率。

训练逻辑回归模型的目标是找到最优的参数w和b，使得模型在训练数据上的预测概率与实际标签尽可能接近。这通常通过最小化交叉熵损失函数来实现，优化过程中常用梯度下降等算法。交叉熵损失函数不仅数学性质良好，便于优化，还与统计学中的最大似然估计有着密切联系，为模型提供了坚实的理论基础。

5.3.4 决策树分类模型

决策树是机器学习中一种常用且直观的算法，在分类问题中具有广泛应用。顾名思义，决策树的结构类似于一棵倒置的树，从根节点开始，通过一系列的判断，最终到达叶节点得出结论。在本章中，我们将探讨决策树的原理、构建过程及在垃圾邮件识别中的应用。

图5-3展示了一个简单但有效的决策树，用于区分垃圾邮件和正常邮件。

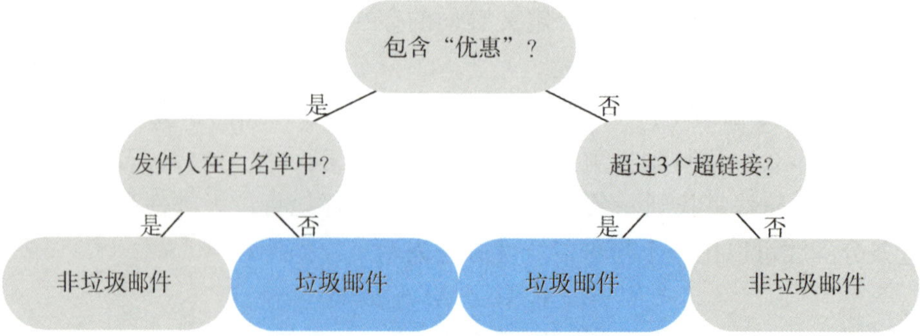

图5-3 简化的邮件分类决策树

决策过程从根节点开始，首先检查邮件中是否包含“优惠”一词，然后根据结

果进行进一步判断。左侧分支检查发件人是否在白名单中，右侧分支则检查超链接数量。每个叶节点（灰色表示正常邮件，蓝色表示垃圾邮件）代表最终的分类结果。这个树状结构直观地展示了决策树模型如何通过一系列简单的规则来处理复杂的分类问题，尽管这是一个简化的例子，它仍然有效地说明了决策树在实际应用中的工作原理和潜力。决策树的优势在于其可解释性强，预测过程直观明了。即使是非技术背景的人也能轻松理解决策树的分类过程。此外，决策树能够自然地处理多类别问题，不需要假设数据的分布，也不需要进行特征缩放。然而，决策树也有其局限性，如容易过拟合、对数据中的小变化敏感，这些局限可能导致完全不同的树结构。

决策树模型通过学习一系列规则来进行预测。这些规则被整合成一种树状结构，每个内部节点代表一个特征测试，每个分支代表测试的一个可能结果，每个叶节点代表一个类别或预测值。对于垃圾邮件识别问题，一个简单的决策树可能首先检查邮件是否包含“优惠”这个词，然后检查发件人是否在白名单中，最后根据这些特征的组合来判断邮件是否为垃圾邮件。

构建一个决策树主要包含3个步骤：特征选择、决策树生成和决策树剪枝。

特征选择决定在当前节点上使用哪个输入特征来进行节点分割数据（即将数据集中的实例依照节点切分成两个子集，便于进一步分类）。常用的选择标准包括信息增益、信息增益比和基尼指数。以信息增益为例，它衡量的是使用某个特征分割节点后，系统不确定性的减少程度。在垃圾邮件识别中，我们可能会发现“优惠”这个词的出现与邮件是否为垃圾邮件高度相关，因此它可能会被选为顶层节点特征。

决策树生成是一个递归过程。从根节点开始，我们选择最佳的特征来分割数据，然后对每个子节点重复这个过程，直到满足停止条件（如达到最大深度，或节点中的样本数少于某个阈值）。例如，在第一层分割后，我们可能会发现对于不含“优惠”的邮件，发件人是否在白名单中是一个好的分割特征。

决策树剪枝是为了解决过拟合问题。未剪枝的决策树可能会对训练数据拟合得过于完美，导致泛化能力差。剪枝的方法有预剪枝和后剪枝。预剪枝是在生成过程中就设置一些限制条件，如最大深度（即最大分支层数）；后剪枝是先生成完整的树，然后删除一些贡献不大的子树。在垃圾邮件识别中，我们可能会发现某些非常具体的规则（如邮件正文第三段是否包含某个特定词组）可能是过拟合的结果，应该被剪掉。

在垃圾邮件识别任务中，决策树可以学习一系列规则来区分垃圾邮件和正常邮件。例如，一个简单的决策树可能如下。

邮件是否包含“优惠”一词?

是：转到2

否：转到3

发件人是否在白名单中?

是：非垃圾邮件

否：垃圾邮件

邮件正文是否包含超过3个超链接?

是：垃圾邮件

否：非垃圾邮件

这个决策树首先检查邮件是否包含“优惠”一词。如果包含，它会进一步检查发件人是否在白名单中。如果邮件不包含“优惠”一词，它会检查邮件中超链接的数量。这种方法的优点是直观且可解释性强，我们可以清楚地看到模型是如何做出决策的。

在垃圾邮件过滤的实际应用中，决策树可能会更加复杂，包含更多的特征和更深的层次。例如，它可能会考虑邮件的发送时间、邮件大小、特定词语的出现频率等因素。决策树还可以处理数值型特征，如将邮件大小分为几个区间。

决策树是一种强大而直观的机器学习算法，在垃圾邮件识别等分类问题中表现出色。它的优势在于可解释性强，能处理各种类型的特征，不需要对数据做特殊处理等。然而，它也面临过拟合和不稳定性的挑战。通过合理地剪枝、调整参数和使用集成方法，我们可以构建出既准确又稳定的决策树模型。

在实际应用中，决策树常常是构建更复杂模型的基础。例如，随机森林和梯度提升树等先进的集成方法都是基于决策树的。因此，深入理解决策树不仅能帮助我们解决诸如垃圾邮件识别这样的具体问题，还能为学习更高级的机器学习算法奠定基础。

5.3.5 实验案例

以下代码使用决策树算法实现了一个简单的垃圾邮件分类系统。让我们逐步分析代码的每个部分。

1.生成模拟数据

```
emails = [
    {"content": "优惠大促销，限时抢购！", "is_spam": 1},
    {"content": "您的账单已到期，请及时支付", "is_spam": 1},
    # ... 其他邮件数据 ...
]
df = pd.DataFrame(emails)
```

这部分代码创建了一个模拟的邮件数据集。每个邮件都有两个属性：内容（content）和是否为垃圾邮件的标签（is_spam）。使用pandas库将这些数据转换为DataFrame，便于后续处理。

2. 特征提取

```
vectorizer = CountVectorizer()
X = vectorizer.fit_transform(df['content'])
y = df['is_spam']
```

这一步使用了CountVectorizer来将文本内容转换为数值特征。它的工作原理如下。

（1）创建一个词汇表，包含所有邮件中出现的唯一词语。

（2）对每封邮件，计算词汇表中每个词的出现次数，形成一个向量。

（3）每封邮件被转换成了一个数值向量后，可以被机器学习算法处理。

3. 划分训练集和测试集

```
X_train, X_test, y_train, y_test = train_test_split(X, y, test_size=0.2,
random_state=42)
```

使用train_test_split 函数将数据集分为训练集（80%）和测试集（20%）。这样做的目的是评估模型在后续未见过的数据上的表现。

4. 训练决策树模型

```
clf = DecisionTreeClassifier(random_state=42)
clf.fit(X_train, y_train)
```

这里使用了决策树分类模型。如前文所述，决策树的工作原理是从根节点开始，根据特征值进行分枝。在每个分支点，选择最能区分不同类别的特征。重复这个过程，直到到达叶节点，叶节点代表最终的分类结果。

5. 预测和评估

```
y_pred = clf.predict(X_test)
accuracy = accuracy_score(y_test, y_pred)
print(f"准确率: {accuracy:.2f}")
```

```
print("\n分类报告:")
print(classification_report(y_test, y_pred))
```

最后，使用训练好的模型对测试集进行预测，并计算准确率。classification_report 函数提供了更详细的评估指标，包括精确率、召回率和 F1 分数。

5.4 本章小结

本章深入探讨了监督学习的核心概念和方法，涵盖了回归和分类这两大主要任务。以房价预测为例，详细介绍了回归模型的工作流程，包括数据收集、分析、模型选择、训练、评估和应用，重点讨论了线性回归的数学原理和实际应用。在分类学习部分，以垃圾邮件识别为案例，讲解了分类模型的类型、线性分类器（如逻辑回归）的原理，以及决策树等非线性分类器的工作机制。

本章习题

一、判断题

1.监督学习是机器学习的一个重要分支，主要解决回归和分类问题。（　　）

2.在线性回归中，模型参数的估计通常采用最大似然法。（　　）

3.决策树算法不需要对数据进行标准化处理。（　　）

4.交叉熵损失函数只适用于二分类问题，不能用于多分类问题。（　　）

二、选择题

1.以下哪种方法不属于监督学习？（　　）

A.线性回归　　B.逻辑回归

C.K-means 聚类　　D.决策树

2.在线性回归中，最小二乘法的目标是最小化________。（　　）

A.预测值与真实值的差　　B.预测值与真实值差的绝对值

C.预测值与真实值差的平方和　　D.预测值与真实值的对数差

3.决策树算法中用于选择最佳分割特征的指标不包括________。（　　）

A.信息增益　　B.基尼指数　　C.均方误差　　D.信息增益比

三、简答题

1.简述监督学习中回归和分类问题的区别，并各举一个实际应用的例子。

2.描述决策树的基本原理，以及它在垃圾邮件分类中的应用。

第6章 数据的聚类和降维技术

本章导读

在机器学习的世界里，我们常常会遇到这样的场景：面对一堆数据，却没有明确的标签或目标指向。比如，一位植物学家站在花园里，想要将形态各异的花朵分类，但并不知道它们的具体品种；又或者一位数据分析师手握海量的用户行为数据，希望找出用户的消费模式，但没有预设的分类标准。这就是无监督学习要解决的问题。

本章通过理论讲解和实践案例的结合，帮助读者建立对无监督学习的直观认识。通过本章的学习，读者将理解和运用无监督学习的基本工具，为后续深入学习打下坚实基础。

本章要点

◉ 掌握聚类分析的核心思想和方法

◉ 理解降维技术的重要性及其应用

◉ 实践案例操作

6.1 无监督学习方法概述

在我们之前学习的分类和回归方法中，我们总是有一个明确的目标：预测一个已知的结果。比如，我们可能想要预测一栋房子的价格，或者判断一封邮件是不是垃圾邮件。这些方法被称为“有监督学习”，因为我们有正确答案来“监督”学习过程。但是，生活中还有很多情况，我们并不知道正确的答案是什么。我们只有一堆数据，想要从中发现一些有趣的模式或结构。这就是“无监督学习”要解决的问题。

无监督学习就像是在没有老师指导的情况下学习。想象一下，你被给予了一大堆不同颜色、形状和大小的积木，但没有人告诉你该如何分类。你可能会自然而然地开始将相似的积木放在一起：红色的一堆，蓝色的一堆；或者圆的一堆，方的一堆。这就是无监督学习的基本思想——在没有明确指导的情况下，从数据中发现结构和模式。

在实际应用中，无监督学习有着广泛的用途。在商业领域，它可以帮助企业发现客户的消费模式，将客户分成不同的群体，从而制定更有针对性的营销策略。在医疗领域，它可以帮助医生发现疾病的不同亚型，为个性化治疗提供依据。在计算机视觉领域，它可以帮助我们压缩图像，提取重要特征。在安全领域，它可以帮助我们发现异常行为，预防欺诈和入侵。

无监督学习主要包括两大类方法：聚类和降维。聚类的目标是将相似的数据点组织在一起，形成多个群组或“簇”。这就像是将相似的物品放在同一个抽屉里，尽量准确地分类，便于后续查找。降维则是另一种重要的技术，它的目标是在保留数据主要信息的同时，减少数据的复杂度。这就像是国画工笔细描和写意山水的区别一样，后者虽然去掉了一些细节，但保留了最重要的特征。

然而，无监督学习也面临着一些独特的挑战。最大的挑战之一是如何评估结果的好坏。在有监督学习中，我们可以通过比较预测结果和真实结果的差距来评估模型的性能。但在无监督学习中，我们没有这样的“标准答案”。我们需要依靠其他的指标，比如数据点在簇内的紧密程度，或者降维后保留的信息量，来评估结果的质量。此外，如何选择合适的模型参数（比如聚类的簇数），如何解释发现的模式，这些都是需要仔细考虑的问题。

尽管存在这些挑战，但随着数据量的持续增长和算法的不断进步，无监督学习的重要性正在日益增加。它不仅能够直接从数据中发现有价值的知识，还能为其他机器学习任务提供支持。例如，通过无监督学习预训练的模型，可以显著减少有监督学习所需的标注数据量。在人工智能向着更高水平发展的过程中，无监督学习必将发挥越来越重要的作用。

6.1.1　鸢尾花分析

想象一下，你是一位植物学家，站在一片繁花似锦的鸢尾花田里。眼前的景象令人赞叹：紫色、蓝色、粉色的花朵在阳光下摇曳生姿。你的任务是将这些花朵分类，但有一个小问题：你不知道它们的具体品种名称。这就是我们在无监督学习中面临的典型场景。我们有大量的数据（在这个例子中是鸢尾花），但没有预先的标签或分类。我们的目标是从这些未标记的数据中发现隐藏的模式和结构。

1936年，著名的统计学家和生物学家罗纳德·费希尔（R.A. Fisher，以下简称费希尔）收集了一个现在被称为“鸢尾花数据集”的样本。这个数据集包含了3种不同类型的鸢尾花：山鸢尾（Setosa）、变色鸢尾（Versicolor）和维吉尼亚鸢尾（Virginica）。每种类型有50个样本，每个样本都测量了4个特征：花萼长度（Sepal Length）、花萼宽度（Sepal Width）、花瓣长度（Petal Length）和花瓣宽度（Petal Width）。费希尔当时并不知道，他的这个简单数据集将在近一个世纪后成为机器学习领域最著名的例子之一。

鸢尾花数据集之所以成为机器学习教学和研究中的“明星数据集”，有几个重要原因。首先，它的规模适中——150个样本既足够展示模式，又不会让分析变得过于复杂。其次，它包含了多个特征，使我们能够探索特征之间的关系。第三，这3种鸢尾花的分布展现了有趣的模式——一种类型完全可分，而另外两种则部分重叠，这为我们测试不同算法提供了理想的场景。

从植物学的角度来看，这4个特征的选择也非常巧妙。花萼是花朵最外层的绿色部分，通常起保护作用；花瓣则是花朵最显眼的部分，通常用于吸引授粉昆虫。这些测量值共同描绘了花朵的整体形态特征。通过这4个简单的测量值，我们能相当准确地区分不同的鸢尾花品种。

在实际的数据分析中，我们会发现一些有趣的模式。例如，山鸢尾（Setosa）的花瓣明显比其他两种小，这使得它很容易与其他两种区分开。而变色鸢尾（Versicolor）和维吉尼亚鸢尾（Virginica）在某些特征上有重叠，这使得它们的区分变得更具挑战性。这种特征分布的模式为我们测试无监督学习算法提供了理想的实验场景。

无监督学习就像是我们的数字植物学家。它不需要预先知道花的种类，而是通过观察和分析数据的特征，自动发现数据中的模式。例如，它可能会注意到有一组花的花瓣特别小，另一组花的花萼特别长。通过这种方式，算法可以将花朵分成不同的组（我们称之为“聚类”），或者找出最能区分不同花朵的特征（我们称之为“降维”）。

鸢尾花数据集的应用远不止于基础教学。它帮助我们理解了如何将复杂的生物学特征转化为可以被计算机处理的数据，这种思维方式启发了许多现代生物信息学的研究。从基因表达数据的分析到蛋白质结构的预测，从物种分类到生态系统建模，我们都能看到类似的数据处理方法。

但无监督学习的应用远不止于生物学领域。想象一下，如果我们把客户的购物行为看作“花朵特征”，我们就可以用类似的方法来细分客户群体。或者，如果我们把基因表达水平看作“花朵特征”，我们就可以发现潜在的疾病亚型。从个人消费推荐到企业风控预警，从单一场景识别到全域数据监测，无监督学习的思想和方法无处不在。

在接下来的章节中，我们将深入探讨无监督学习的各种技术及其应用。我们将学习如何让计算机像植物学家一样，在没有预先标签的情况下理解和组织数据，发现数据中隐藏的规律和模式。

6.1.2 数据相似度与距离度量

在深入学习聚类等无监督学习方法之前，我们需要解决一个基础性的问题：如何衡量数据之间的相似程度？这个问题看似简单，实际上却是无监督学习的核心基础之一。在鸢尾花的例子中，我们通过测量花瓣和花萼的长度与宽度获得了数据，但如何判断两朵花的相似程度呢？这就需要引入数据相似度的概念和相应的度量方法。

在日常生活中，我们经常需要比较不同物体的相似程度。比如，我们可能会说两个物体的形状很像，或者颜色很接近。但在机器学习中，我们需要一种更加精确和系统化的标准来描述这种相似性。这就需要我们将直观的相似性概念转化为可以量化计算的数学指标。这种转化不仅要保持原有的相似性概念，还要满足数学上的一些基本要求，比如对称性（A到B的距离等于B到A的距离）和三角不等式等性质。

最基本且最常用的距离度量方法是欧氏距离（Eculidean Distance）。对于两个数据点，欧氏距离就是它们在多维空间中的直线距离。这种方法直观且易于理解，在大多数情况下都能给出合理的结果。例如，如果我们要比较两朵鸢尾花的相似度，可以计算它们在花瓣长度、花瓣宽度、花萼长度和花萼宽度这4个维度上的欧氏距离。距离越小，说明这两朵花越相似。

然而，欧氏距离并不是唯一的选择，在某些情况下甚至不是最佳选择。例如，当不同维度的数据尺度差异很大时，欧氏距离可能会产生偏差。想象一下，如果我们在描述一个人时同时使用了年龄（0~100岁）和年收入（可能是数万到数百万）这两个特征，直接计算欧氏距离显然会让收入特征主导距离的计算结果。这时，我们需要在计算距离之前先对数据进行标准化处理，或者使用其他更适合的距离度量方法。

另一个常用的距离度量方法是曼哈顿距离，也称为城市街区距离。它计算的是在每个维度上差异的绝对值之和。这种方法在某些特定场景下可能比欧氏距离更有意义。例如，在城市规划中，两点之间的实际距离往往不是直线距离，而是需要沿着街区走的距离。此外，曼哈顿距离对异常值不如欧氏距离敏感，在某些应用中可能会得到更稳健的结果。

在处理高维数据时，传统的距离度量方法可能会遇到"维度灾难"的问题。随着维度的增加，数据点之间的距离差异会变得越来越小，距离的区分能力会显著下降。这时我们可能需要考虑使用专门设计的度量方法，如余弦相似度等。余弦相似度通过计算向量之间的夹角来度量相似性，这种方法在文本分析等高维数据处理中特别有用。

在选择距离度量方法时，我们需要综合考虑多个因素：数据的特征（是连续值还是离散值）、数据的分布特性（是否存在异常值）、特征之间的关系（是否存在相关性），以及具体的应用需求（计算效率、可解释性等）。选择合适的距离度量方法不仅能提高后续分析的准确性，还能帮助我们更好地理解数据的内在结构。这些技术细节的选择直接影响着聚类的效果。例如，在处理高维稀疏的文本数据时，使用余弦相似度往往能获得更好的结果，因为它能更好地捕捉文档的主题相似性。而在处理像图像分割这样的问题时，欧氏距离可能是更好的选择，因为物理空间中的距离直接关系到图像区域的相似性。因此，选择合适的技术参数需要结合具体问题的特点和需求，往往需要经过反复试验和优化才能获得满意的结果。

通过深入理解数据相似度和距离度量的概念，我们为后续的聚类分析奠定了重要基础。这些基础知识将帮助我们更好地理解和应用各种聚类算法，从而更有效地发现数据中的模式和结构。在下一节中，我们将详细介绍如何利用这些度量方法进行聚类分析，将相似的数据点组织在一起，形成有意义的数据簇。

6.2 聚类分析技术

聚类是无监督学习的核心任务之一。它的目标是将相似的数据点分组在一起，形成"簇"（cluster）。在鸢尾花例子中，聚类就像是在没有任何先验知识的情况下，仅仅根据花的特征（花萼和花瓣的长度和宽度）将它们分类。

在无监督学习的领域中，聚类分析扮演着极其重要的角色。它就像是一位细心的图书管理员，能够将杂乱无章的书籍按照某种内在的联系整理归类，使得相似的书籍被放在同一个书架上。在数据分析中，聚类就是这样一种将相似的数据点自动分组的技术，帮助我们发现数据中潜在的结构和模式。

聚类分析的核心思想是将数据集中的样本划分成若干个群组或"簇"，使得同一簇内的样本具有较高的相似度，而不同簇之间的样本具有较高的差异度。这种相似度通常通过样本间的距离度量来计算。最常用的是欧氏距离即两点在多维空间中的直线距离。其可以通过计算每个维度差值的平方和再开根号得到，此方法直观且易于理解，在大多数聚类问题中都表现良好。

聚类质量的评估是另一个重要的技术问题。由于聚类属于无监督学习，我们没有真实的标签来评估结果的好坏，因此需要一些内部评估指标。轮廓系数是一个常用的评估指标，它综合考虑了样本与自己所在簇的相似度（凝聚度）及与其他簇的差异度（分离度）。

6.2.1 聚类分析的用途

聚类分析在现实世界中有着广泛的应用。在市场营销中，电商平台可以通过分析用户的浏览记录、购买频率、客单价等数据，将用户划分为“价格敏感型”“品牌忠诚型”“时尚追求型”等不同群体，从而为不同群体推送个性化的优惠券和商品。例如，对“价格敏感型”客户推送折扣商品，对“品牌忠诚型”客户推送新品预告，对“时尚追求型”客户推送流行单品。

在医疗领域，研究人员通过对癌症患者的基因表达数据进行聚类分析，发现了乳腺癌的多个亚型。这种分类帮助医生理解了为什么相同的治疗方案对不同患者的效果差异很大，从而开发出更有针对性的治疗方案。例如，针对HER2阳性的乳腺癌患者，可以使用赫赛汀这样的靶向药物，而对于三阴性乳腺癌患者，则需要采用其他的治疗策略。

在新闻领域，聚类算法可以自动对海量新闻进行分类。通过分析新闻文本中的关键词、主题词、发布时间等特征，将新闻聚类为“科技”“体育”“财经”“娱乐”等不同版块。更进一步，在体育板块中，又可以将新闻细分为足球、篮球、网球等子类别，方便用户快速找到感兴趣的内容。例如，当网站收到一篇关于FIFA世界杯的新文章时，聚类算法会自动将其归类到“体育—足球”版块。

这些具体的应用场景展示了聚类分析强大的数据组织能力，它能够自动发现数据中的内在联系，帮助我们更好地理解和利用数据中蕴含的价值。无论是帮助企业制定精准的营销策略，还是协助医生开展个性化治疗，聚类分析都发挥着越来越重要的作用。

然而，聚类分析也面临着一些独特的挑战。首先是如何选择合适的簇的数量——太少可能会忽略重要的数据模式，太多则可能导致过度拟合。其次是如何定义和度量样本之间的相似性，不同的距离度量方式可能会导致不同的聚类结果。此外，数据的噪声、异常值及特征的选择都会影响聚类的效果。

6.2.2 K-means算法

在聚类分析的众多方法中，K-means算法以概念简单、实现容易且运行效率高的特点，成为最受欢迎的聚类算法之一。这个算法的核心思想是通过迭代优化的方式，将数据集划分为预先指定数量（K个）的簇，每个簇由其中心点（质心）来表示。通过不断调整簇的中心点位置和成员关系，最终达到一个局部最优的划分结果。

让我们通过鸢尾花数据集深入理解它的工作原理。在这个经典数据集中，每朵鸢尾花都有4个特征：花萼长度、花萼宽度、花瓣长度和花瓣宽度。我们的目标是将这些花按照特征的相似性分成若干组，而不使用已知的品种标签。

在深入理解K-means算法之前，我们需要先建立起严格的数学表示。在鸢尾花数据集的背景下，每一朵花都可以被表示为一个四维空间中的一个点，即一个四维向量$x_i=(x_{i,1}, x_{i,2}, x_{i,3}, x_{i,4})$，其中$x_{i,1}$表示花萼长度，$x_{i,2}$表示花萼宽度，$x_{i,3}$表示花瓣长度，$x_{i,4}$表示花瓣宽度。整个数据集则可以表示为一个点集$X=\{x_1, x_2, \ldots, x_{150}\}$，其中每个$x_i$都是一个四维向量。

K-means算法的核心目标是将这150朵花分成K个组（在这个例子中$K=3$），使得每个组内的花朵之间的相似度最高，而组间的差异度最大。从数学角度来看，这等价于最小化一个目标函数：所有点到其所属簇中心的平方距离之和。这个目标函数可以被形式化地写为

$$J=\sum_{i=1}^{150}\sum_{k=1}^{3} w_{i,k}\|x_i-\mu_k\|^2 \tag{6.1}$$

其中，$w_{i,k}$是一个二值指示变量，当第i朵花被分配到第k个簇时值为1，否则为0；μ_k是第k个簇的中心点；$\|x_i-\mu_k\|$表示欧几里得距离。

K-means算法的工作流程可以被分解为以下几个主要步骤：

第一步是初始化，我们需要随机选择K个初始簇中心μ_1，μ_2，μ_3。在鸢尾花的例子中，这相当于在四维空间中随机选择三个点。这些点的坐标可以完全随机生成，也可以从现有的数据点中随机选择。初始点的选择对算法的最终结果有重要影响，因为K-means可能会收敛到局部最优解。

第二步是分配过程。对于每一朵花（即每个数据点x_i），我们需要计算它到每个簇中心的距离。在四维空间中，两点之间的欧几里得距离计算公式为

$$d(x_i,\mu_k)=\sqrt{[(x_{i,1}-\mu_{k,1})^2+(x_{i,2}-\mu_{k,2})^2+(x_{i,3}-\mu_{k,3})^2+(x_{i,4}-\mu_{k,4})^2]} \tag{6.2}$$

每朵花都被分配到距离它最近的簇中心所对应的簇。用数学语言表达，就是：

$$w_{i,k}=\begin{cases}1, \text{当} k=\underset{j}{\operatorname{argmin}}\, d(x_i,\mu_j)\\ 0, \text{其他情况}\end{cases} \tag{6.3}$$

第三步是更新过程。在完成分配之后，我们需要重新计算每个簇的中心。新的簇中心是该簇中所有点的算术平均值，公式为

$$\mu_k=\left(\sum_{i=1}^{150} w_{i,k}\,x_i\right)/\left(\sum_{i=1}^{150} w_{i,k}\right) \tag{6.4}$$

这个公式实际上非常直观：我们只是把属于该簇的所有点的坐标加起来，然后除以点的数量。

收敛性分析。K-means算法的收敛性是通过目标函数J的单调递减性来保证的。每一次迭代都包含两个步骤：分配步骤和更新步骤。在分配步骤中，由于每个点都被分配到距离最近的簇中心，因此对于固定的簇中心，目标函数J达到了条件最小值。在更新步骤中，通过将簇中心移动到簇内所有点的平均位置，进一步减小了目标函数的值。可以证明，在每次迭代中，目标函数J的值都会严格递减（除非算法已经收敛）。由于数据集是有限的，目标函数的可能取值也是有限的，因此算法必然会在有限步内收敛。然而，需要注意的是，K-means只能保证收敛到局部最优解，而不一定是全局最优解。

算法的局限性。尽管K-means算法在实践中非常有效，但它也存在一些固有的局限性。首先，算法对初始簇中心的选择比较敏感。不同的初始值可能导致算法收敛到不同的局部最优解。为了缓解这个问题，一种常用的策略是多次运行算法，每次使用不同的随机初始值，然后选择目标函数值最小的那次结果。

其次，K-means假设数据簇具有类球形（在高维空间中是超球形）的形状，并且各个簇的大小大致相当。当实际数据不满足这些假设时，算法的效果可能不够理想。例如，如果数据簇的形状是椭圆形或者不规则形状，或者不同簇的大小差异很大，K-means可能无法正确地识别出这些簇。

最后，K-means需要预先指定簇的数量K。在实际应用中，我们往往并不知道数据中真实的簇的数量。虽然有一些方法可以帮助选择合适的K值，但这仍然是一个需要仔细考虑的问题。

K-means聚类算法的3个主要步骤，如图6-1所示。在初始化阶段（步骤1），算法随机选择初始中心点；在分配阶段（步骤2），将每个数据点分配给最近的中心点；在更新阶段（步骤3），重新计算每个类的中心点位置。算法重复执行步骤2和步骤3，直到中心点的位置基本稳定。小圆点表示数据点，大圆点表示类中心，虚线表示中心点的移动轨迹。

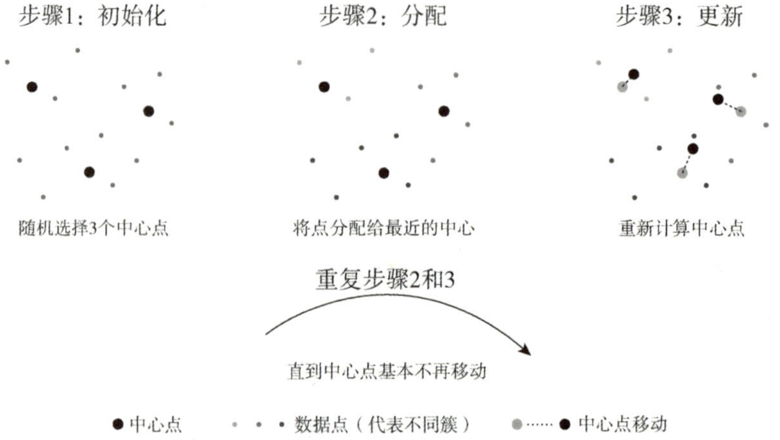

图6-1 K-means聚类算法的3个主要步骤

通过鸢尾花的例子，我们看到了K-means算法如何帮助我们从看似杂乱的数据中发现结构。尽管它有一些局限性，但K-means仍然是一个强大而有用的工具，能够帮助我们理解和组织复杂的数据集。

6.2.3 实验案例

首先加载鸢尾花数据集。

X包含特征数据（萼片和花瓣的长度和宽度），y包含真实的类别标签。然后，我们使用StandardScaler对数据进行标准化。标准化的目的是将所有特征调整到相同的尺度，这对K-means算法很重要，因为它基于距离计算。

```
iris = datasets.load_iris()
X = iris.data
y = iris.target

scaler = StandardScaler()
X_scaled = scaler.fit_transform(X)
```

接下来创建和训练K-means模型。

```
kmeans = KMeans(n_clusters=3, random_state=42)
kmeans.fit(X_scaled)
```

这里我们创建一个K-means模型，指定簇的数量为3（因为鸢尾花有3个品种）。random_state=42确保结果可重复。fit方法执行聚类过程，包括初始化中心点、分配数据点到最近的簇、更新簇中心等步骤，直到收敛。

其次获取聚类结果。

```
y_kmeans = kmeans.predict(X_scaled)
```

predict方法将每个数据点分配到最近的簇。y_kmeans包含每个数据点的簇标签。

随后得到可视化结果。

```
plt.figure(figsize=(12, 5))
plt.subplot(121)
```

```
plt.scatter(X[:, 0], X[:, 1], c=y, cmap='viridis')
# ... (省略部分代码)
plt.subplot(122)
plt.scatter(X[:, 0], X[:, 1], c=y_kmeans, cmap='viridis')
plt.scatter(kmeans.cluster_centers_[:, 0], kmeans.cluster_centers_[:, 1],
            s=300, c='red', marker='*', label='聚类中心')
# ... (省略部分代码)
```

这部分代码创建两个子图：左图显示原始数据的真实类别，右图显示K-means聚类的结果。我们只使用前两个特征（萼片长度和宽度）来创建2D散点图。在右图中，我们还标出了每个簇的中心点。

然后得到评估聚类结果。

```
accuracy = accuracy_score(y，y_kmeans)
print(f"聚类准确率：{accuracy：.2f}")
```

这里我们计算聚类的准确率。需要注意的是，K-means是一种无监督学习算法，通常不会用准确率来评估。但在这个例子中，由于我们知道真实的类别标签，所以可以用它来了解聚类效果。

最后分析簇的组成。

```
for i in range(3):
    cluster = np.where(y_kmeans == i)[0]
    print(f"\n簇 {i} 的组成:")
    for iris_type in range(3):
        count = np.sum(y[cluster] == iris_type)
        print(f"  {iris.target_names[iris_type]}: {count}")
```

这段代码分析每个簇的组成。它计算每个簇中不同鸢尾花品种的数量，帮助我们了解聚类的效果和每个簇的特点。

6.3 数据降维技术

降维技术是一种强大的数据处理方法，它致力于解决现代数据分析中的一个关键挑战：如何在保留数据本质的同时简化其表示。这种技术旨在将高维数据转换为低维表示，同时巧妙地保留原始数据中最重要的信息。我们可以将降维形象地比喻为数据的“瘦身”过程，就像一位经验丰富的雕刻家，通过去除数据中多余的“脂肪”，只保留最有“营养”的“精华”部分，最终呈现出数据的真实面貌。这种技术不仅能帮助我们更好地理解和可视化复杂的数据集，还能带来诸多其他好处，为数据分析和机器学习任务开辟新的可能性。

降维技术的重要性体现在多个关键方面。首先，它使得数据可视化成为可能。人类的大脑难以直观理解超过三维的数据，就像我们难以想象一个四维立方体的样子。而降维技术恰好可以巧妙地将高维数据压缩到二维或三维空间，让我们能够“看见”数据中隐藏的模式和结构。这就像是将一个复杂的立体拼图投影到平面上，虽然失去了一些细节，但保留了最关键的特征，使我们能够更容易理解和分析数据。

其次，降维可以有效地去除数据中的冗余信息。在现实世界的数据集中，不同的特征之间往往存在着密切的关联。例如，在气象数据中，温度和湿度可能高度相关；在图像数据中，相邻像素往往呈现相似的颜色值。降维技术能够敏锐地识别这些相关性，并巧妙地合并这些相关的特征，提炼出最本质的信息。这个过程就像是将一篇冗长的文章提炼成简洁的摘要，虽然文字变少了，但核心意思得到了保留。

6.3.1 数据降维技术的用途

降维可以显著降低计算复杂度，这一特点使其在机器学习的实际应用中价值尤为突出。通过减少特征的数量，我们可以大大提高算法的运行效率。想象一下，如果我们需要分析一个包含数千个特征的数据集，即使是现代计算机也可能需要耗费大量的时间和资源。但通过降维，我们可以将特征数量减少到一个更加合理的范围，在保持模型性能的同时，显著提升计算速度。这在处理大规模数据时尤为重要，可能会将训练时间从几天缩短到几小时，大大提高了模型开发和迭代的效率。

同时，降维还具有一个重要但常常被忽视的功能：降噪。现实世界的数据往往包含各种形式的噪声，这些噪声可能来自测量误差、环境干扰或者随机波动。降维技术能够巧妙地利用数据的主要变化方向，过滤掉这些干扰信号，只保留最重要的信号成分。这就像是一个精密的滤波器，能够从嘈杂的背景中提取出清晰的信号，从而提高数据的质量和可用性。

这种多方面的优势使得降维技术在现代数据科学中扮演着越来越重要的角色。从科学研究到工业应用，从医疗诊断到金融分析，降维技术都展现出了其独特的价值和广阔的应用前景。它不仅是一个数学工具，更是连接复杂数据和人类理解之间的重要桥梁，帮助我们在信息爆炸的时代更好地掌握和运用数据中的知识。

6.3.2 主成分分析算法

主成分分析（Principal Component Analysis，PCA）算法是一种强大而优雅的线性降维方法，它在数据科学和机器学习领域有着广泛的应用。要理解PCA的工作原理，我们可以从一个比喻开始：想象你是一位摄影师，正在为一群形态各异的鸢尾花拍摄。你的任务是找到最佳的拍摄角度，使得在照片中每朵花都能尽可能地展现自己的特点，互不遮挡。这就是PCA要做的事情——它试图找到数据变化最大的方向（我们称之为主成分），然后用这些方向来表示数据。从数学角度来看，PCA寻找的是数据方差最大的正交方向，这些方向构成了一个新的坐标系统。

主成分分析（PCA）算法是一种经典的线性降维方法，它通过寻找数据中的主要变化方向来实现降维。PCA的核心思想是将原始的高维数据线性变换到一个新的坐标系统中，使得数据在新坐标系下的方差最大化，同时保持不同维度之间的正交性。从数学角度看，PCA寻找的是数据方差最大的正交方向序列。如果我们有一个数据矩阵$\boldsymbol{X}$，PCA的目标是找到一个单位向量$\boldsymbol{w}$，使得投影后的方差最大化，即求解优化问题

$$\max \operatorname{var}(\boldsymbol{Xw}) = \max \boldsymbol{w}^{\mathrm{T}} \boldsymbol{X}^{\mathrm{T}} \boldsymbol{X}\boldsymbol{w} \tag{6.5}$$

其中，需要满足约束条件$\boldsymbol{w}^{\mathrm{T}}\boldsymbol{w} = 1$。

主成分的提取过程是一个迭代的优化过程。第一主成分是数据方差最大的方向，数学上表现为协方差矩阵最大特征值对应的特征向量。如果将数据矩阵$\boldsymbol{X}$的协方差矩阵记为$\Sigma = \boldsymbol{X}^{\mathrm{T}}\boldsymbol{X}$，那么第一主成分就是满足特征方程$\Sigma\boldsymbol{w} = \boldsymbol{\lambda w}$的特征向量，其中$\boldsymbol{\lambda}$是最大特征值。第二主成分则需要在与第一主成分正交的约束下，寻找方差最大的方向。这可以表示为优化问题：$\max \boldsymbol{w}^{\mathrm{T}}\Sigma\boldsymbol{w}$，同时满足约束条件$\boldsymbol{w}^{\mathrm{T}}\boldsymbol{w} = 1$和$\boldsymbol{w}^{\mathrm{T}}\boldsymbol{w}_1 = 0$，其中$\boldsymbol{w}_1$是第一主成分。继续这个过程，可以寻找第三、第四等主成分，每个新的方向都必须与之前所有方向正交。在n维空间中，最多可以找到n个主成分，它们构成一个完整的正交基。

PCA算法的实现涉及几个关键步骤。首先是数据中心化，需要对原始数据进行中心化处理，将每个特征的均值调整为0，即$\boldsymbol{X}_{\text{centered}} = \boldsymbol{X} - \boldsymbol{\mu}$，其中$\boldsymbol{\mu}$是每个特征的均值向量。这个步骤确保了我们分析的是数据的变化模式，而不受到数据位置的影响。接着是计算协方差矩阵，对中心化后的数据计算$\Sigma = (1/n)\boldsymbol{X}_{\text{centered}}^{\mathrm{T}}\boldsymbol{X}_{\text{centered}}$，其中协方差矩阵的对角元素是各个特征的方差，非对角元素则反映了特征之间的相关性。然后进行特征值分解，将协方差矩阵分解为$\Sigma = \boldsymbol{W\Lambda W}^{\mathrm{T}}$，其中$\boldsymbol{\Lambda}$是特征值构成的对角矩阵，$\boldsymbol{W}$是对应的特征向量矩阵。特征值表示了主成分方向上的方差大小，特征向量则定义了主成分的具体方向。

主成分的选择是PCA中的关键步骤。通常根据特征值的大小，选择最重要的k个主成分。选择标准往往基于累积方差贡献率，即$\text{ratio} = (\lambda_1 + \lambda_2 + \dots + \lambda)/(\lambda_1 +$

$\lambda_2 + \ldots + \lambda$)，选择$k$使得比例达到预定阈值，如95%。以鸢尾花数据集为例，原始数据包含4个特征维度，通过PCA分析通常发现第一主成分能解释60%～70%的总方差，体现了数据的主要变化趋势；第二主成分解释20%～30%的方差，捕捉了次要的变化模式。这样，仅用两个主成分就能保留原始数据80%～90%的信息，有效实现了降维的目标。

PCA的数学基础是线性代数中的特征值分解，它假设数据的主要特征可以通过线性变换来捕捉。每个主成分都代表了数据的一个重要变化方向，对应的特征值量化了该方向的重要性。这种基于方差最大化的降维方法，在保持数据主要信息的同时，显著降低了数据的维度。在实际应用中，PCA展现出多方面的价值：它可以用于数据压缩，通过保留主要主成分实现高效的数据存储；可以进行特征提取，识别数据中最具代表性的方向；能够实现噪声去除，通过舍弃小方差方向过滤掉数据中的噪声；还可以用于数据可视化，将高维数据投影到二维或三维空间进行展示。

以鸢尾花数据集为例，原始数据包含4个特征：花萼长度、花萼宽度、花瓣长度和花瓣宽度。通过PCA分析，我们往往能发现：第一主成分可能代表了“花的整体大小”，它通常能解释60%～70%的总方差；第二主成分可能代表了“花瓣与花萼的比例”，可能解释20%～30%的方差。这样，仅用两个主成分就可以保留原始数据80%～90%的信息，实现了有效的降维。

通过这种方式，PCA不仅实现了数据的降维，还揭示了数据内在的结构。每个主成分都代表了数据的一个重要变化方向，而对应的特征值则量化了这个方向的重要性。这使得PCA成为理解复杂数据结构的强大工具，在数据压缩、特征提取、噪声去除等多个领域发挥着重要作用。

然而，我们也需要认识到PCA的局限性。首先，它只能捕捉数据中的线性关系，对于具有复杂非线性结构的数据，降维效果可能不够理想。其次，PCA对异常值比较敏感，极端值可能会显著影响主成分的方向。此外，主成分的物理含义往往难以直观解释，这在某些应用场景下可能会造成困扰。最后，在特征尺度差异较大时，需要先进行标准化处理，否则可能会得到偏差较大的结果。尽管如此，PCA作为一种基础的降维方法，仍然在数据分析和机器学习领域发挥着重要作用。

6.3.3 实验案例

本节展示了如何使用主成分分析算法（PCA）对鸢尾花数据集进行降维和可视化。让我们逐步解析代码的每个部分。

1.准备数据

```
iris = datasets.load_iris()
X = iris.data
```

```
y = iris.target
```

这部分代码加载了sklearn自带的鸢尾花数据集。X包含了4个特征（花萼长度、花萼宽度、花瓣长度、花瓣宽度），y是对应的标签（鸢尾花的种类）。

2. 标准化数据

```
scaler = StandardScaler()
X_scaled = scaler.fit_transform(X)
```

在应用PCA之前，我们首先要对数据进行标准化。这一步很重要，因为PCA对数据的尺度很敏感。标准化确保了所有特征都在相同的尺度上，防止某些特征由于其数值范围较大而主导PCA的结果。

标准化后，每个特征的平均值为0，标准差为1。这相当于将所有的数据点移动到坐标系的原点周围，并调整它们的尺度使得它们在各个方向上的分布大致相同。

3. 应用PCA

```
pca = PCA()
X_pca = pca.fit_transform(X_scaled)
```

这里我们创建了一个PCA对象，并使用fit_transform方法对标准化后的数据进行转换。X_pca就是转换后的数据，其中每一列对应一个主成分。

4. 分析主成分

```
explained_variance_ratio = pca.explained_variance_ratio_
```

explained_variance_ratio_告诉我们每个主成分解释了多少比例的方差。这个比例反映了每个主成分的重要性。

5. 分析主成分的组成

```
print("主成分的特征向量:")
for i, component in enumerate(pca.components_):
    print(f"PC{i+1}: {component}")

print("\n原始特征与主成分的相关性:")
```

```
for i, component in enumerate(pca.components_):
    correlations = component * np.sqrt(pca.explained_variance_[i])
    print(f"PC{i+1}:")
    for j, corr in enumerate(correlations):
        print(f"  {iris.feature_names[j]}: {corr:.3f}")
```

这最后一部分代码帮助我们理解每个主成分的具体含义。

首先，我们打印出每个主成分的特征向量。这些向量告诉我们每个原始特征对主成分的贡献。

然后，我们计算并打印原始特征与主成分的相关性。这给出了一个更直观的解释，告诉我们每个主成分与原始特征的关系强度和方向。

最后，通过分析这些信息，我们可以给每个主成分一个有意义的解释，例如“第一主成分可能代表花的整体大小”“第二主成分可能代表花瓣与花萼的比例”。

6.4 本章小结

本章深入探讨了无监督学习，这是机器学习中一种在没有明确标签或目标的情况下从数据中发现模式和结构的方法。以著名的鸢尾花数据集为例，本章介绍了两种主要的无监督学习技术：聚类和降维。聚类技术，特别是K-means算法，被解释为一种将相似数据点分组的方法，通过迭代过程找到最佳的簇中心。降维技术，尤其是主成分分析算法（PCA），被描述为一种将高维数据转换为低维表示的方法，在保留关键信息的同时简化数据结构。本章通过一些具体的步骤说明，使读者能够理解这些复杂概念，并认识到无监督学习在各种领域的广泛应用。

本章习题

一、判断题

1. 无监督学习不需要带有标签的训练数据即可进行学习。（ ）
2. K-means算法的聚类结果与初始中心点的选择无关。（ ）
3. 在使用K-means算法时，必须事先指定簇的数量K。（ ）
4. 主成分分析算法（PCA）只能用于二维数据的降维。（ ）
5. 无监督学习的评估通常比监督学习更容易。（ ）
6. K-means算法只能处理数值型特征。（ ）

7.PCA降维后的主成分之间是正交的。 ( )
8.聚类分析的目标是使簇内相似度最大，簇间相似度最小。 ( )
9.降维技术一定会导致数据信息的损失。 ( )
10.K-means算法一定能找到全局最优解。 ( )

二、选择题

1.K-means算法中的K值代表________。 ( )
A.迭代次数　B.特征数量　C.簇的数量　D.样本数量

2.以下哪种距离度量方法最常用于K-means算法? ( )
A.曼哈顿距离　B.欧氏距离
C.切比雪夫距离　D.马氏距离

3.PCA降维的核心思想是________。 ( )
A.随机投影　B.寻找数据方差最大的方向
C.最小化重构误差　D.最大化类间距离

4.下列哪项不是降维的主要目的 ( )
A.数据可视化　B.去除冗余
C.增加特征数量　D.降低计算复杂度

5.在鸢尾花数据集中，以下哪个不是原始特征? ( )
A.花萼长度　B.花瓣宽度　C.花朵重量　D.花萼宽度

三、简答题

1.请解释无监督学习与监督学习的主要区别。
2.K-means算法的基本步骤是什么?它可能存在哪些局限性?
3.为什么需要降维?PCA算法的基本原理是什么?
4.在实际应用中，如何选择合适的聚类数量K?
5.请举例说明无监督学习在实际中的应用场景。

第三篇

深度学习篇

本篇导读

通过前面的学习，我们已经了解通过计算机算法可以解决人类难以完成的复杂计算，快速高效的解决复杂的问题。从本篇开始，我们继续深入学习机器学习中更为复杂的深度模型，对应本书第7～10章。第7章介绍组成深度学习网络的基本构件即感知机、BP算法、激活函数、优化器及浅层神经网络。第8章介绍图像分类识别的利器——卷积神经网络。第9章介绍专门用于股票预测、自然语言处理等序列问题中应用最广泛的循环神经网络。第10章通过一个完整的人工智能应用开发介绍实现人工智能系统的开发范式，让学习从总体上掌握人工智能的核心概念。

知识图谱

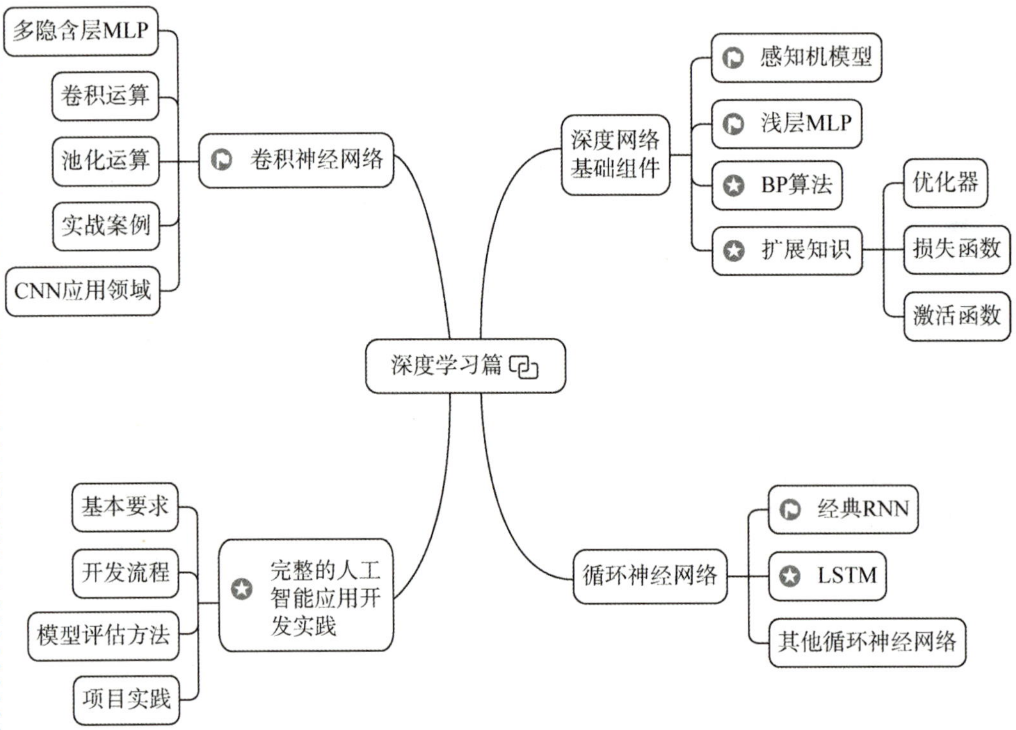
深度学习篇
卷积神经网络
多隐含层MLP
卷积运算
池化运算
实战案例
CNN应用领域
深度网络基础组件
感知机模型
浅层MLP
BP算法
扩展知识
优化器
损失函数
激活函数
完整的人工智能应用开发实践
基本要求
开发流程
模型评估方法
项目实践
循环神经网络
经典RNN
LSTM
其他循环神经网络

第7章 深度网络基础组件

本章导读

20世纪90年代，专家系统面临诸多困境，一个耗时10多年才完成的专家系统虽然在已知领域里表现优越，但在需要预测的领域却表现得非常糟糕，如图像识别和预测。本想在专家系统里大赚一把的投资人纷纷撤离，宣告了符号主义学派的溃败，人工智能的研究再次陷入低谷。

正当基于符号主义的专家系统陷入困境时，从仿生学的角度进行人工智能的探索出现了新的希望。受到生物体识别图像的生理学机制的启发，科学家开始尝试建立人工神经网络来实现人工智能。从最基础的感知机模型到单隐含层的MLP，再到复杂的多隐含层深度学习网络，人工智能逐渐展现出惊人的能力，在诸多应用领域获得成功。

从本章开始，我们将围绕深度学习技术的底层逻辑，由浅入深地探索深度学习的奥妙。

本章要点

- 列举人眼识别物体的关键部位
- 详细阐述深度学习三要素
- 解释神经元的“全或无”特性
- 列举不同的损失函数使用条件
- 比较不同优化器的优缺点
- 比较不同激活函数的优缺点
- 对一元二次方程进行梯度下降法计算
- 详细阐述BP算法的基本过程、特点和局限性
- 阅读并理解Scikit-learn编写的感知机模型代码并给出注释

7.1 深度学习三要素概述

具有智能的生物体大脑是由大量的神经元及神经元之间的连接构成的非常复杂的网络结构，这种网络结构是层叠式的，深度学习模型就是模拟这样的一种网络结构。要想实现从海量的数据中自动寻找特征的构想，需要3个最基本的条件：①自主学习，②足够强大的计算能力，③足够多的数据。这3个条件相互依存，组成深度学习的三要素：算法、算力和数据。

7.1.1 算法

误差反向传播算法（Error Back Propagation，BP算法）让神经网络的自主学习成为可能。BP算法由前向的计算过程和反向的误差传播两个过程组成。前向过程完成了两件事：①对输入数据的解读和特征提取，并产生预测结果（即模型的输出）；②计算预测结果和实际值的偏差（即误差）。反向过程就是对这个误差进行反向传播。在反向传播的过程中以误差为依据调整网络的权重值，其目标是使得经过调整后的权重在下一次的预测时误差减小，最终无限趋向于0，让网络能收敛，这个过程就是神经网络的训练。

拓扑结构是指带计算的网络，激活函数和优化器是深度学习最基本、最关键的算法，预训练—微调则是现代深度学习和大模型的通用训练方式，深度学习的算法体系就是由以上这些基础算法构成的。

1.深度学习的拓扑结构

将多个并行的感知机组成一个网络层，再将多个网络层串接起来组成前馈神经网络，这是非常朴素的拓扑结构思想，如图7-1所示是一个标准的深度神经网络，由输入层X、隐含层H和输出层Y构成，X和Y都只包含1层，H可包含多层。X由i个神经元构成，Y由j个神经元构成。H有K层，每层的神经元个数均可不同。理论上网络的层数及每一层的感知机个数都是可以无限扩展的，但网络并非越复杂越好。根据“没有免费的午餐”定律，在实际应用过程中，应按照任务的目标设计网络的大小。

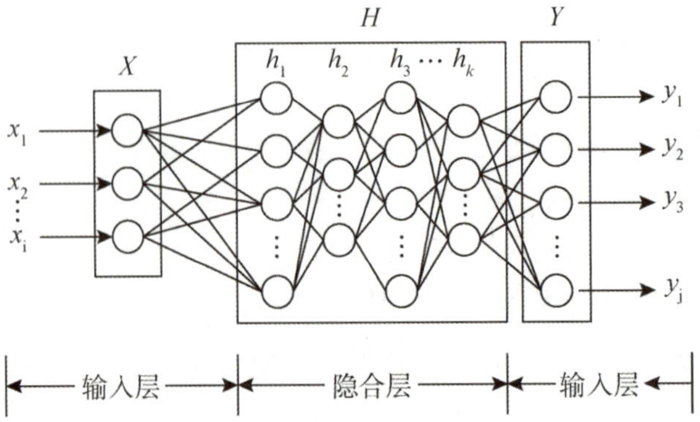

图7-1 深度学习网络拓扑结构

激活函数的引入完成了神经网络从线性映射到非线性映射的华丽变身。当然，如果是一个非常明确的线性问题，神经网络是可以不需要激活函数的（现实世界这样的系统很少），即激活函数$f(x)=x$。有了非线性映射，AI科学家们对构建完美的智能体便充满了信心。激活函数的演变和优化在普通人眼里非常高大上，但是在这些天才科学家眼里方法总比问题多，对他们来说寻求问题的解决方法既是挑战也是乐趣。

2.优化器

梯度下降法是误差反向传播时最重要的算法。牛顿和莱布尼茨一定不会想到，他们发明的微积分会在几百年后成为人工智能里最核心的算法。梯度下降法的发明使通过自动计算来实现网络的收敛成为可能，它通过前馈网络的误差在反向传播时计算出梯度并调整网络权重来实现。最初提出的梯度下降法存在许多缺陷：①固定的学习率：过小的学习率使网络收敛很慢甚至遥遥无期，而过大的学习率会在局部低点来回震荡甚至发散。②梯度消失：误差在反向传播的过程中逐层衰减（呈指数衰减），如果网络层数太多，最前面层获得的误差反馈会趋近0，根本无法获得学习。③梯度爆炸：如果学习率过大，或者初始权重太大，梯度就有可能逐层放大（呈指数扩大），网络无法收敛。④局部最优：梯度下降法只能获得局部最优，这跟计算起点有关，能否达到全局最优完全靠运气。同样的，在一般人眼里非常困难的问题，在AI科学家眼里只要方向无误，解决它们只需要靠一些技术手段而已。数十种优化器被先后提出来用来解决上述问题，而且收效良好。

3.预训练—微调

2006年多伦多大学的杰弗里·辛顿在《科学》等期刊上发表论文，首次提出“深度信念网络”模型。该模型提供了一种全新的网络训练方法，即先训练浅层网络，完成预训练，然后在此基础上再一层层叠加起来进行微调训练，最终得到深层网络。辛顿发现，通过这种预训练得到的深层网络具有比浅层网络（如支持向量机）更好的性能。虽然目前GPT、BERT等大语言模型采用的预训练—微调模式略有不同，但也继承了这个思想。可以说，辛顿在深度学习方面是位里程碑式的科学家，被誉为“深度学习之父”。2024年10月，辛顿获得诺贝尔物理学奖。同年，诺贝尔化学奖也颁给了人工智能专家，获得此项殊荣的人工智能科学家就是鼎鼎大名的DeepMind创始人、AlphaGO的开发者戴密斯·哈萨比斯和他的同事约翰·江珀，以奖励他们在利用深度学习预测蛋白质结构方面的贡献。

图7-2为预训练—微调的两种模式。其中，模式一展示了如何训练10层的深度学习网络：①训练靠前的3层网络权重参数；②冻结这3层的网络权重，训练紧接其后的2层网络权重参数，即微调；③微调完成后冻结前面的5层网络权重，继续微调后面几层的网络权重。这种微调方式每次训练层数很少（不超过3层），一直到全部的10层网络参数调整完毕。

模式二是当前比较通用的大语言模型的微调方式。该方式先通过海量的数据训练出一个通用的语言模型（无监督或自监督方式），然后再通过专业的小数据进行网络权重的微调（一般采用监督学习）以适应垂直领域里的应用。

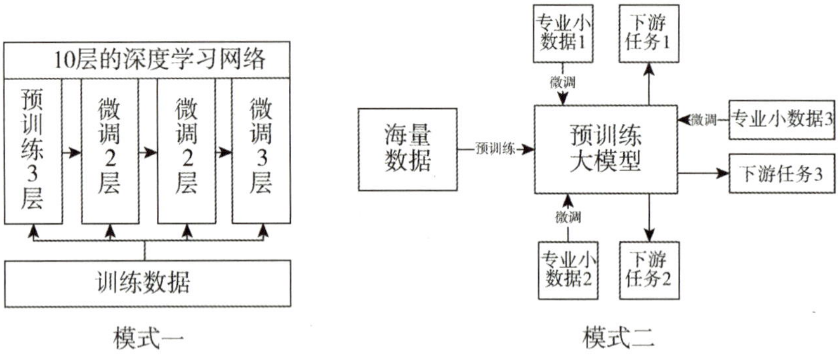

图 7-2　预训练—微调的两种模式

7.1.2　数据

人的大脑有约 10^{11} 个神经元，组成了一个庞大的神经网络系统。如果让AI模型也具备这种规模的神经元感知机，是否就可以产生人类的智能了?这种设想很有诱惑力，而且也在付诸实施。如目前轰动全球的ChatGPT就拥有了大规模的参数，虽然它与人的大脑相差甚远，但也确实表现不凡。

我们非常容易证明大规模神经网络极易在训练过程中过拟合。如图7-3所示：如果一条直线可以将平面上的2个点进行分类，那么这条直线就是一元一次方程（1个权重）；同样，两条直线可以将平面上的3个点进行分类，那么这两条直线就是二个一元一次方程（2个权重）；依次类推，N个一元一次方程（N个权重）就可以将平面上$N+1$个点进行分类。也就是说在网络的学习过程中，只要权重数量大于样本数量，就一定可以训练出一组具有百分百准确率的权重参数。但是这个结果很显然是过拟合的。这种证明也同样适用于非线性神经网络。

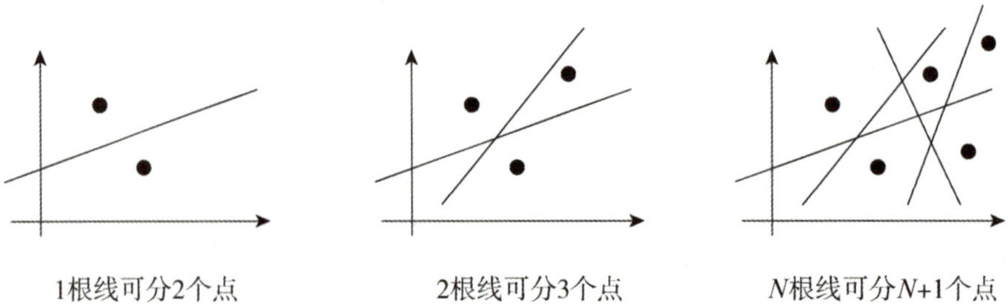

图 7-3　线性可分系统的过拟合原理

根据泰勒公式，任何一个非线性连续函数都可以展开为如下的形式（证明略）

$$f(x)=a_0+a_1x+a_2x^2+a_3x^3+\cdots+a_nx^n \tag{7.1}$$

所以只要参数足够多，就一定可以找到一个函数拟合所有的点，即训练准确率为100%，但是这种拟合事实上也将噪声进行了拟合，对于新的未训练数据往往预测效果很差。对同一批数据，可以有无数种拟合结果，图7-4是对同一个数据的3种不同的拟合结果，A是一种过拟合，C是一种欠拟合，B是一种比较正确的拟合。截至目前，学术界还没有一种绝对的方法可以完全避免过拟合，但很多方法都能有效改善过拟合现象，如正则化、海量高质量数据、交叉验证、人工监控、dropout、数据增强等。下面我们重点介绍高质量数据的作用。

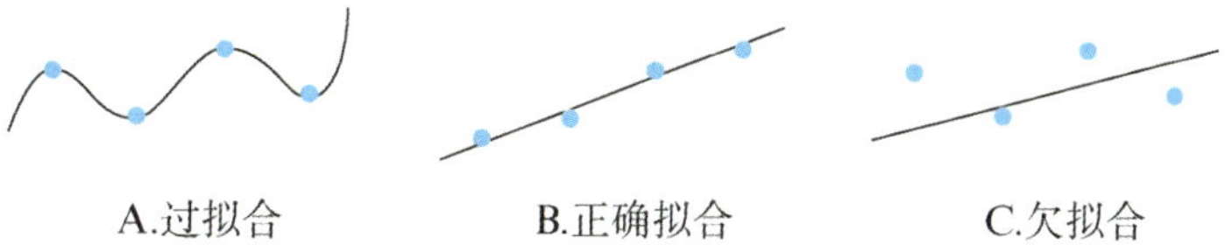

图7-4 过拟合、正确拟合和欠拟合的比较

想要增加网络的复杂度又要防止过拟合，增加样本数据量是一种重要的解决方案。自从计算机诞生以来，数据的数字化存储就开始了。随着互联网的快速发展，这种数字化的数据生产在有意无意之中竟变成了全民参与，剩下的任务就是如何提高提供给模型训练的数据质量，比如著名的ImageNet数据集。

1.ImageNet与AlexNet

说到图像识别，那就不得不提到李飞飞发起的ImageNet项目。2006年，刚刚攻读完博士的李飞飞意识到，如果投喂给神经网络的训练数据不能很好地反映现实世界，那么再好的算法也不可能训练出有价值的模型。这就好比我们的教育，如果一直给予带有偏见或者错误的知识，久而久之，被教育者也会带有偏见和错误认知。在意识到这一点后，李飞飞开始构建一个能够完全反映真实世界的图像数据集。在接下来的3年内，李飞飞团队利用亚马逊土耳其机器人平台，发动全球167个国家的近5万名网民，收录了1500万张图片。覆盖了22000个不同类别，使该数据集在2009年6月推出时成了人工智能史上最大的数据集。从此以后，李飞飞每年举办一次基于ImageNet的大规模视觉识别挑战赛（ILSVRC）。

2012年9月，由辛顿和他的学生亚历克斯·克里泽夫斯基共同设计的AlexNet深度学习模型以85%的识别准确率一举夺得冠军，比上一届冠军高出10个百分点，创造了计算机视觉识别领域的世界纪录。AlexNet是一种卷积神经网络（Convolutional Neural Network，CNN），它的成功验证了李飞飞当初的设想——好算法需要好数据。值得一提的是，AlexNet采用的是那时已经被视为老古董的神经网络算法。ImageNet与AlexNet的成功，是算法和数据完美结合的经典案例。

在人工智能领域就是这么神奇，基于BP算法的人工神经网络让沉寂20年的感知机获得新生，但是因其泛化能力和梯度消失问题又使其陷入冰点，让位于支持向量机算法（SVM）。又是20年，在ImageNet与AlexNet的共同努力下，人工神经网络再次崛起，SVM退出了历史舞台。但是我们不能认为古老的技术就是没用的技术，它可能只是蛰伏在那里，等待下一次涅槃重生的时间。

AlexNet的结构如图7-5所示。许多参考资料上还有一种用双通道表示的AlexNet结构图，这是为了在双GPU并行处理时用的结构图，我们在阅读的时候要注意区别，改变图7-5中的层数和参数可以用来设计自己需要的图像识别模型。

在图像领域除了ImageNet数据集外，还有CIFAR-10、Labelme、Youtube-8M、CelebFaces等。其他领域的数据集我们将在相应的章节进行讲述。

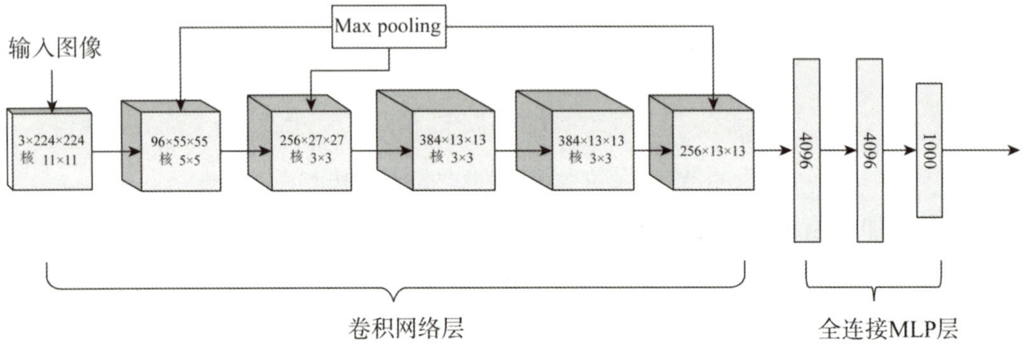

图7-5 AlexNet结构

7.1.3 算力

在广义上，算力是计算机设备或计算/数据中心处理信息的能力。狭义上，算力是指一台计算设备理论上最大的每秒浮点运算次数。算力的衡量单位如表7-1所示。

表7-1 算力单位对照表

衡量单位	英文全称	中文全称
FLOPS	Floating-point Operations PerSecond	每秒浮点运算次数
MFLOPS	Mega FLOPS	每秒一百万（10^6）次的浮点运算
GFLOPS	Giga FLOPS	每秒十亿（10^9）次的浮点运算
TFLOPS	Tera FLOPS	每秒一万亿（10^{12}）次的浮点运算
PFLOPS	Peta FLOPS	每秒一千万亿（10^{15}）次的浮点运算
EFLOPS	Exa FLOPS	每秒一百亿亿（10^{18}）次的浮点运算
ZFLOPS	Zetta FLOPS	每秒十万亿亿（10^{21}）次的浮点运算

在神话小说里，经常可以看到对炼丹师炼制丹药的精彩描述。如果我们把模型训练比作丹药的炼制，那么丹药的配方及炼制方法就是算法，药材就是数据，还需要一个好的丹炉及火力，这就是算力。

英伟达的创始人黄仁勋万万没有想到，当初只是为了提升电脑的游戏体验而开发的独立显卡中的GPU（Graphics Processing Unit，图形处理单元）会成为人工智能产业里的核心组件。

GPU在设计之初是为了解决像素点在显示屏上的并行显示的问题，因此与传统的CPU相比，它加强了并行处理能力。在此之前，显示器采用的是CRT技术，用电子枪逐行发射电子光束，从上到下显示图像。由于人眼的视觉暂留效应，只要扫描速度够快，就不会影响人眼对图像的观察。这在分辨率比较低的早期显示器里没有问题，但是随着显示器分辨率的提高及对视频质量的要求越来越高后，这种技术就被逐渐淘汰了。

GPU最初被设计用来加速计算机上的图形渲染任务，用以在屏幕上生成高质量的图像和视频。其核心技术在于能够同时处理成百上千个线程，这些线程在多个CUDA（Computed Unified Device Architecture，统一计算设备架构）核心上并行执行。这种并行处理能力能加速深度学习网络的训练和推理。与没有安装GPU的计算机相比，一个安装有GPU加速器的计算机模型训练速度可以提升100倍以上，其中GPU显存越大，速度越快。试想一下，本来需要3个月才能完成训练的模型，现在只需要不到一天甚至几分钟即可完成。现在有些开发框架和模型的训练模块，没有GPU根本无法运行。

自从GPU被应用到机器学习后，现代GPU的技术迭代路径开始朝着人工智能的方向发展了。比如现代GPU为机器学习配备了专门的硬件加速单元，如张量核心（Tensor Cores），而不再局限于图像加速。

专用算力设备除了CPU、GPU外，还有APU（Accelerated Processing Unit，加速处理器）、DPU（Data Processing Unit，数据处理器）、NPU（Neural Network Processing Unit，神经网络处理器）、TPU（Tensor Processing Unit，张量处理器）等。图7-6是一些专用算力产品的比较图，算力单位为Log（算力）。其中算力的单位是FLOPS。

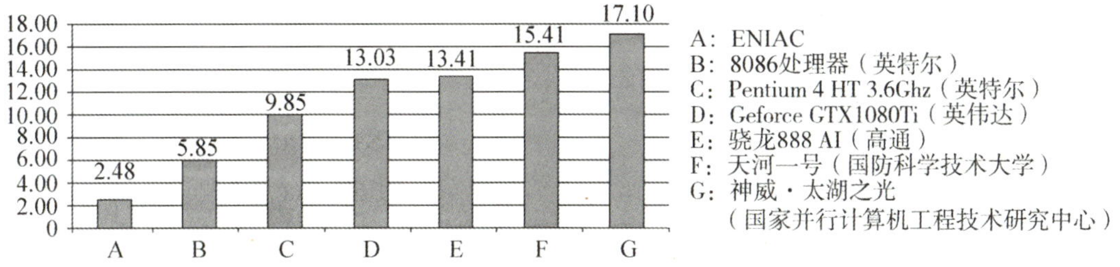

图7-6 算力设备性能比较

7.2 机器图像识别破冰

“轻轻敲醒沉睡的心灵，慢慢张开你的眼睛，看看忙碌的世界，是否依然孤独地转个不停……”，这是罗大佑的经典老歌《明天会更好》。的确，如果人类没有眼睛，世界将是一片黑暗，我们的认知更将无从谈起。让我们展开天马行空的想象，或许，从生物体的视觉理解机制中寻找人工智能的模型会有新的突破。

20世纪90年代，专家系统面临诸多困境，一个耗时10多年才完成的专家系统虽然在已知领域里表现优越，但是其对需要预测的领域表现得非常糟糕（如图像识别和预测）。

图像识别是人类最基础的智能，如果人工智能模型连这个最基本的能力都无法实现，那么就不能称之为智能。当一大群人工智能研究者在为专家系统的“无能”伤透脑筋时，人类的灵感又发挥了作用。如果计算机能模拟人眼的图像识别方法，是否就可以解决机器对物体的识别和预测呢？在人眼识别图像的过程中，经过了多层神经网络的信号处理和传导。因此，计算机要模仿这个过程，也必须有解决多层神经网络权重的学习算法。

这一次，苹果砸到了戴维·鲁姆哈特头上，其提出的BP算法终于解决了多层神经网络的自动训练问题。基于BP算法的神经网络具备了强大的自动学习能力和预测能力，更为神奇的是，BP算法的核心算法居然是牛顿和莱布尼茨发明的微积分。

7.2.1 人眼识别物体的基本过程

外界物体经过左右眼睛的视网膜处理，产生生物电，脉冲形式的生物电信号经过视神经纤维、丘脑、视觉皮层投射到大脑皮层，形成物体的镜像，被大脑处理和记忆，形成视觉的过程如图7-7所示。

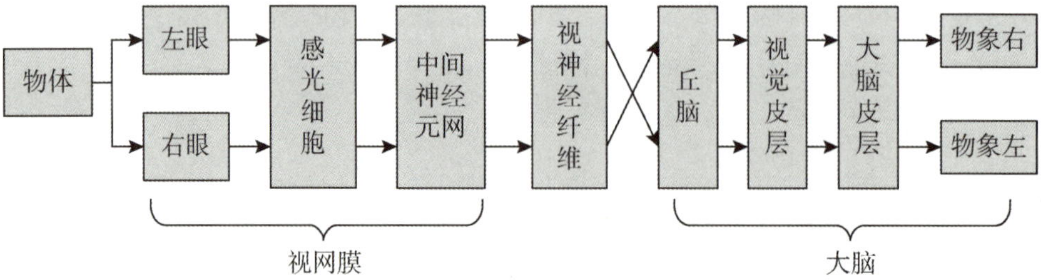

图7-7 人眼识别物体过程

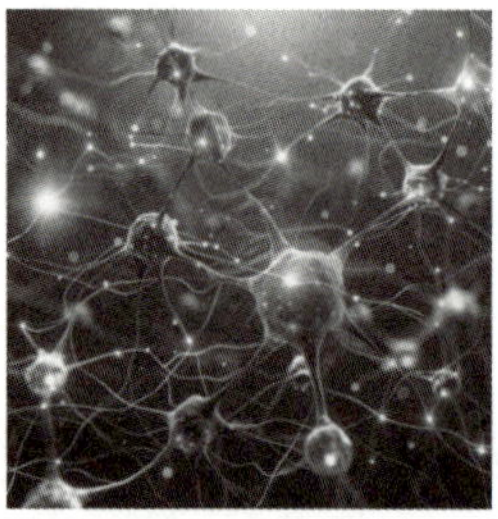

图7-8 多个神经元组成的神经网络示意

在这个过程中，神经元（neuron）起着非常关键的作用。因此了解神经元处理信息的过程，是理解人工神经网络工作原理的关键。

1.神经元

神经元是构成神经系统结构和功能的基本单位，也是神经网络中处理信息的基本单位，如图7-8所示。人类中枢神经系统中有约10^{11}个神经元，其形状和大小不一，直径为

4～150 μm。大多数神经元由突起和胞体两部分组成，突起分轴突和树突，树突可以有多个，用于接收信号；轴突只有一个，用于传递信号；胞体处理信号。

2.神经元的“全或无”现象

神经元有一个重要特性，即只有当外来刺激有足够大的强度，才能引起神经元细胞的兴奋并产生动作电位，但再增加刺激强度并不会导致动作电位的幅度发生变化。神经元细胞产生的动作电位沿着细胞膜向周围传播，传播的范围和距离也不会随刺激强度的不同而变化，这种现象在生理学上称为“全或无”现象。

3.视网膜

人的视网膜是眼睛的内层，是接收外界的光信号并进行初步信息处理的主要部位。视网膜由感光细胞和中间神经元组成。

感光细胞好比一个光电传感器。当外界的光线穿过眼睛的屈光系统后，聚焦在视网膜上，触发感光细胞内的光化学反应，这些光化学反应导致细胞膜的通透性发生变化，进而产生电信号（神经冲动），这些电信号是视网膜对光信号进行初步处理的结果。

视网膜中存在大量的中间神经元如双极细胞、水平细胞等。中间神经元接收来自感光细胞的电信号，并进行进一步的整合和调制。这些中间神经元通过突触连接形成复杂的神经网络，对视觉信息进行精细地处理和编码。

4.信号的传递

处理后的视觉信息通过视网膜神经节细胞转化为动作电位，并沿着视神经纤维向大脑传递。视神经是视网膜与大脑之间的主要神经通路，它负责将视觉信息从眼睛传输到大脑。

来自双眼的视神经纤维在进入大脑后的视交叉区域发生部分交叉，使得每只眼睛的视觉信息都能投射到对侧的大脑半球上。这种交叉投射有助于大脑对双眼视觉信息进行整合和比较，从而产生立体视觉和深度感知。

5.大脑中的处理

丘脑、视觉皮层和大脑皮层是大脑处理视觉信息的主要部位。

视觉信息首先到达丘脑的外侧膝状体，这里是视觉信号进入大脑皮层之前的一个重要中继站。外侧膝状体对视觉信号进行初步的整合和调制后，将其传递到视觉皮层。

视觉皮层是大脑中负责处理视觉信息的主要区域，它位于大脑的后部（枕叶）。视觉皮层分为多个子区域，每个子区域都负责处理不同类型的视觉信息（如颜色、形状、运动等）。然后，这些子区域通过神经元之间的广泛连接形成复杂的神经网络，对视觉信息进行深入的分析和解读。

最终，经过大脑皮层的处理，视觉信息被整合为具有意义的视觉感知。这些感知与大脑中的其他认知过程（如记忆、情感、注意力等）相互作用，共同构成我们对周围世界的认知和理解。

7.2.2　感知机模型

天才的科学家们一直试图通过仿生的方法寻找机器识别物体的解决方法。既然试图通过模仿生物识别图像的原理进行人工智能建模，那么首先要解决的就是对神经元建立数学模型，然后再由多个神经元模型组成人工神经网络结构。最早对神经元建立数学模型的是沃伦·麦卡洛克和沃尔特·皮茨提出的简易数学模型（M-P模型），如图7-9所示。

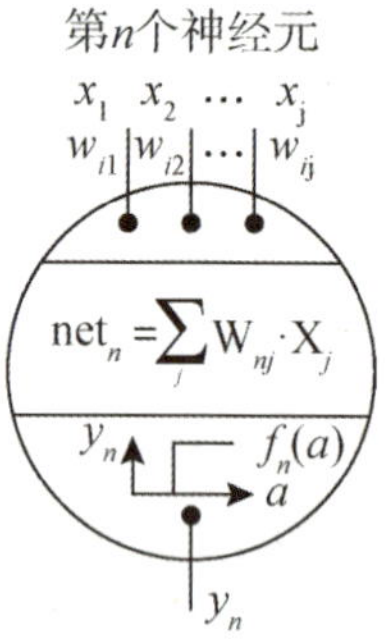

图7-9　M-P模型

从图7-9中我们可以看到，M-P模型主要由3部分组成。

1.输入与连接强度

x_1、x_2、x_j：第n个神经元接受的来自其他神经元的输出信息作为该神经元的输入信息。

net_n：第n个神经元的内部状态，根据与其他神经元的联结强度的权重w_{ij}，将其他神经元的输出信息求加权和

$$net_n = \sum w_{nj} x_j \tag{7.2}$$

2.传递函数T_n（Transfer function）

传递函数模拟了神经元的“全或无”现象，数学表达式如下

$$T_n(a) = \begin{cases} 0, a < \theta \\ Y, a \geqslant \theta \end{cases} \tag{7.3}$$

3.输出

$$y_n = T_n\left(net_n, \theta_n\right) \tag{7.4}$$

其中，θ_n为阈值，又称偏置值。

M-P模型中，w_{nj}和θ_n是可变参数，可以通过经验或者学习获得。该模型的信息处理包括以下3个部分。

（1）完成信息输入并与连接系数做内积运算net_n。

（2）将内积运算结果通过传递函数T。

（3）由阈值函数判决，若输出值大于阈值门限，则该神经元被激活；否则处于抑制状态。

M-P模型虽然直接模仿了神经元的工作原理，但是在实际的工程应用中，由于计算过于复杂，难以实现（那时候高性能的计算机还没有出现）。1957年，就职于康奈尔航空实验室的弗兰克·罗森布拉特在M-P模型的基础上进行简化，提出了感知机（或称感知器，Perceptron）模型。

感知机模型用激活函数代替了最初的传递函数功能（激活函数跟阈值函数进行合并）。感知机模型可抽象简化成如图7-10所示的结构。

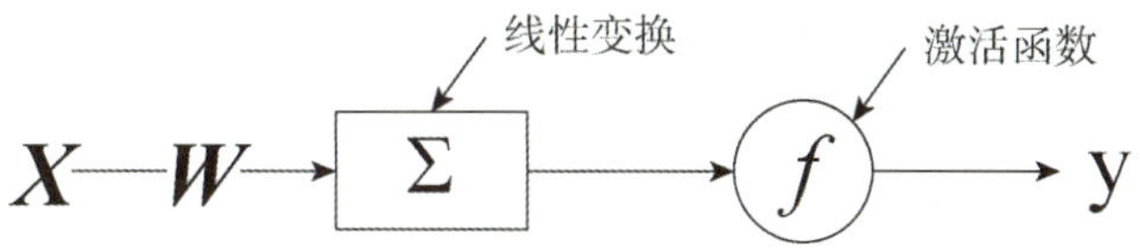

图7-10 感知机模型

输入$X=[x_1, x_2, ..., x_n]$可以是任意维度为n的向量，$W=[w_1, w_2, ..., w_n]$是X的权重向量，网络$\sum = WX^{\mathrm{T}} + b$是$X$的加权和，用于完成线性变换，其中$b$是偏置量。$f$是激活函数，用于完成非线性变换。

虽然感知机模型不是对生物神经元的直接模拟，但它在数学表达上更加简洁和利于实现，因此现代的神经网络算法（包括后来出现的深度学习算法等），都是在感知机模型的基础上一步步改进发展而来。

感知机模型可以实现所有的线性分类和线性回归问题。下面用2个例题来说明如何用感知机模型求解线性分类和线性回归问题。

【例7-1】 用感知机模型设计二分类问题（线性分类）

假设银行需要根据顾客的年龄、薪资、当前债务来决定是否给予信用卡，已知5个人获得信用卡时的相关信息如表7-2所示。

表7-2 例7-1中不同客户获得信用卡的相关信息

	客户1	客户2	客户3	客户4	客户5	自己
年龄/岁	16	24	23	28	40	50
薪资/月	0	5000	6000	5000	15000	12000
债务/万	0	0	10	50	200	30
是否获批	否	是	是	否	是	?

请判断你去该银行申请信用卡时能否获得贷款?

解：这是一个二分类的问题。根据输入的3个特征值——年龄、薪资、债务信息，做出是否获得贷款的预测。感知机模型的建模过程如下。

（1）输入变量$X=[x_1, x_2, x_3]=[年龄, 薪资, 债务]$。

（2）权重$W=[w_1, w_2, w_3]$，偏置值为b。

（3）激活函数选$\mathrm{Sigmoid}=\dfrac{1}{1+\mathrm{e}^{-x}}$。

（4）获批结果否为0，是为1。

（5）根据上述设计，输出$y=\mathrm{Sigmoid}(w_1x_1+w_2x_2+w_3x_3+b)$。

sigmoid的输出范围是0~1，在感知机模型里，我们认为这个输出是能否获得贷款的一个概率分布函数，我们可以设定一个阈值=0.5，当输出$y<0.5$时贷款未获批，当$y\geqslant 0.5$时贷款获批。当然阈值也可以设置为其他数值，比如0.6。

在该题的感知机模型中，需要确定的就是w_1, w_2, w_3, b这4个参数，只要求得合适的参数，即建立了该感知机模型。

那么如何求解这4个参数呢？这里需要设定一个目标函数，也叫误差函数，它让实际输出T与经过感知机模型的输出y有一个差值，用公式表示是$Loss=|T-y|$。理想情况下，对于所有的已知样本，$Loss=0$；实践中，$Loss$只要无限趋向0即可。

我们后文会讲到一种机器学习算法可以自动获取这组参数，但是在没有机器学习算法之前，也有其他算法来求得这组参数——比如手工尝试不同的值，选择$Loss$最小的那组；或者借助计算机进行暴力穷举，寻找使$Loss$最小的参数组合。在参数量较少的情况下，这些方法是可行的，但是在参数量很大的情况下，比如后面由于经常变动的个人所得税计算方式及公司对销售额的分段提成激励方式都会对实际到手的薪水产生影响，我们不知道薪水的具体计算方式讲到的深度学习网络，这种方法就不可行了。

通过上述的解法，我们可以知道，w_1, w_2, w_3, b可存在多个解，不是唯一的。

【例7-2】用感知机模型实现预测问题（线性回归）

假设一个公司的销售人员每个月的薪水由底薪+销售提成组成，现在已知该销售人员前6个月的销售额与薪水数据如表7-3所示。

表7-3　例7-2中销售人员前6个月的销售额与薪水数据

	1月	2月	3月	4月	5月	6月	7月
销售额/万元	1.2	1.5	3.2	2.7	5.3	3.3	4.1
薪水/万元	0.36	0.375	0.48	0.435	0.724	0.465	?

第7个月的销售额为4.1万元，请预测该销售员当月能拿到多少薪水？

解：这个案例看似简单，实际比较复杂，我们不知道会有多少个参数，比如底薪、销售提成比例、个税起征点、个税的分档征收档数及相应比例、销售提成的分档数量及相应比例等。我们先从最简单的模型开始建模。

（1）假设薪水仅由底薪+销售额提成组成，即

$$y=wx+b$$

其中x为销售额，b为底薪，w为提成比例。

这是一个最简单的感知机模型，只有两个参数，w和b，因为求解的是线性回归问题，所以激活函数$f(x)=x$。

（2）求解参数的方法跟例7-1一样，即存在一组参数使得误差函数$Loss$最小。本例中，通过最小二乘法，可以求得的其中一个最优解为$y=0.086x+0.226$，回归线如图7-11所示，即底薪为0.226，提成比例为0.086。

（3）根据该模型，当$x=4.1$时，$y=0.5786$。从图7-11的回归线中，我们可以

发现，所有的点虽然都很靠近该直线，但都没有落在该直线上，表明该销售人员的薪水并不是简单的底薪+销售提成的数学模型，实际上可能存在个税、分段提成（公司为激励销售人员的积极性，会对超额销售部分计提更高的销售奖励）等方式，这就需要更为复杂的模型，比如我们后面会讲到的MLP模型。

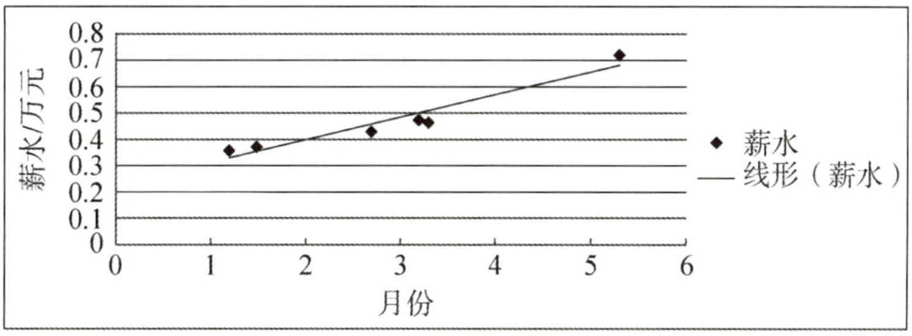

图7-11 例7-2的回归线

> 思考：上述解法是税前的模型，如何预测税后的薪水？如果提成比例是分段提成的，又该如何预测？

7.3 浅层人工神经网络模型

发现问题是技术发明的动力，上一节的感知机模型在解决分类和回归问题的过程中，需要通过不断尝试参数的数量和取值（权重值和偏置量）来求解，虽然该模型理论可行，但实际上能否正确求解非常依赖运气和经验。用数学公式虽然能求解已知特征值数量的线性函数，但在现实世界中，大量特征值变量是隐藏的，新的特征值的影响在引起人们足够重视之前是不会被设计到系统里去的，这种无知和忽视往往会对智能系统造成致命一击。比如2007年的次贷危机，只有当灾难来临，人们才会注意到金融衍生品的风控系统缺少许多因子，而这些因子原本恰恰被认为是无足轻重或者不会发生。这就好比一个人站在火药桶上，一个微小的扰动都有可能引发爆炸，但我们不知道这个扰动究竟是哈欠还是喷嚏或是其他。

1969年，马文·明斯基出版了《感知机》一书，证明了感知机无法解决“异或问题”（见表7-4），给感知机模型直接宣判了“死刑”。

表7-4 异或算法表

A	B	异或
0	0	0
0	1	1
1	0	1
1	1	0

在感知机模型沉寂了20年后，上文提到的戴维·鲁姆哈特提出的BP算法登场

了。BP算法解决了多层复杂神经网络的自动训练问题后，以感知机模型为基本计算单元组成的人工神经网络算法开始登上历史舞台，感知机模型犹如凤凰涅槃，重获新生。

7.3.1 单隐含层MLP

多层感知机（Multi-Layer Perceptron，MLP）：顾名思义，就是由多个感知机模型相互连接组成的网络结构，用于完成更为复杂的计算，解决更为复杂的实际问题。

最简单的全连接MLP模型如图7-12所示，它由一个输入层、一个隐含层和一个输出层组成。除了输入层外，网络中每一层感知机的输入都是前一层感知机输出的加权和。每个感知机的输入信号、激活函数和节点偏置确定了该感知机的激励程度。

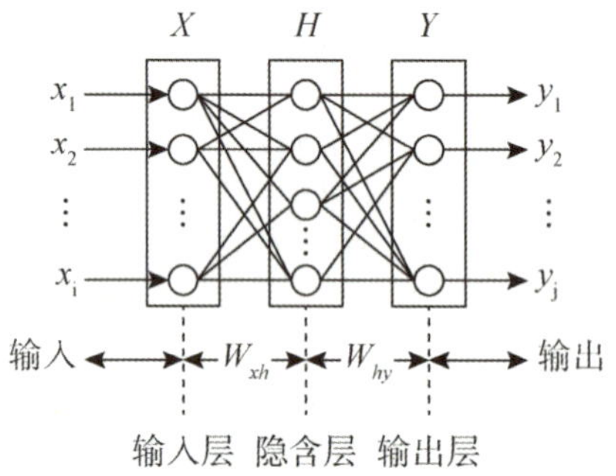

图7-12 单隐含层MLP拓扑结构

许多教材都会称这些感知机为“神经元”，这是一种约定俗成的叫法，虽然感知机不是大脑的神经元，也不是对这些神经元的直接模拟，但是其灵感起源于大脑的神经元，因此历史上一直沿用这种叫法，读者要注意区分。

通常，我们将隐含层大于或等于2个的神经网络称为深层神经网络，隐含层小于2的神经网络称为浅层神经网络。

【例7-3】对例7-2的问题，我们设计一个更为复杂的数学模型，来求解一个销售人员的税后收入预测（不考虑销售额的分段提成情况，个税起征只有一档）。

从例7-2中，我们知道该销售人员的税前工资为$Y_1 = w_1 x + b_1$，假设个税起征点为z,个税比例为k，那么该销售员的税后收入应为

$$Y_2 = Y_1 - k(Y_1 - z) = (1-k)Y_1 + kz \tag{7.5}$$

近似地，我们可以将税后收入表示为$Y_2 = w_2 Y_1 + b_2$的数学形式，显然，这也是一个线性的感知机模型。由此可见，我们通过2层的感知机模型建立了销售员税后的预测模型，如图7-13所示。

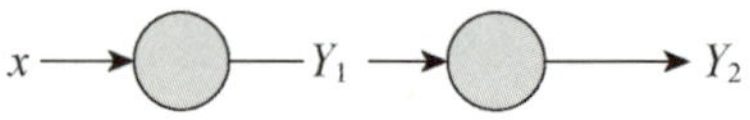

图7-13 例7-3的数学模型

根据这个例子的思路，读者可以自己思考如何建立更为复杂的MLP模型（比如增加层数、增加每层的神经元个数）来求解多档个税征收和多档销售提成的模型。

7.3.2　损失函数

前面提到，要求解网络的权重和偏置等参数，我们首先得建立一个损失函数以判断数学模型的输出值与实际值的差异，这跟我们人类的学习过程是相似的。我们从生下来后就从来没有停止过学习，当我们的父母教我们看图识字（比如苹果）时，我们在大脑的神经网络里首先建立了苹果图像的记忆，然后再建立“苹果”这两个文字的记忆，这两个文字的记忆存放在不同的神经元中。通过不断学习，我们逐渐加强了这两个神经元的连接强度，直到建立起连接，如图7-14所示。这种连接强度就是权重值，权重=0，则表示两个神经元之间没有连接；权重越大，连接强度越强，从前面的神经元向后面的神经元传递的信息就越多。

图7-14　试图建立起连接关系的两个神经元

损失函数又叫目标函数，用于衡量我们学习的好坏。比如我们在学习的过程中并非一帆风顺，可能一开始在看到“苹果”（输入）后会认为是“番茄”（输出）。这种通过神经网络获得的输出（番茄）与实际的结果（苹果）存在着差异，这种计算实际结果和输出结果差异程度的函数就叫损失函数。在前面我们也说过，计算机在处理文字、图像等信息时都会进行数字化编码，苹果的数字编码和番茄的数字编码不一样，这样我们就可以用数学公式来描述这种损失。

这种损失的表示方法有多种，如用方差表示输出y_{pk}与目标输出t_{pk}的差异的数学公式有

$$E=\frac{1}{2}\sum_{p}\sum_{k}\left(t_{pk}-y_{pk}\right)^{2} \tag{7.6}$$

或

$$E_{p}=\frac{1}{2}\sum_{k}\left(t_{pk}-y_{pk}\right)^{2} \tag{7.7}$$

这里的系数$\frac{1}{2}$是为了我们在以后讨论中数学处理的方便，没有实际的数学意义。

E和E_p的区别是前者对所有的样本进行误差求和，后者是对单个样本的误差进行求和。一般来说，我们是基于E_p还是基于E来完成权系数空间的梯度搜索，会获得不同的结果。对于E_p，权值的修正是顺序操作的，网络对训练样本一个一个地按顺序输入而不断地学习，而系统最小误差的真实梯度搜索方法应是基于E的最小化。E对自适应模式识别是可行的，但它没有模仿生物神经网络的处理过程。

7.3.3 BP算法

有了损失函数，我们可以评价模型的输出与实际值的差异，但是只有寻找到了合适的参数，这个数学模型才是有效的。前面提到过试错法、暴力举法还有数学公式（比如最小二乘法）等可以求解参数，但是对复杂的网络，这些方法就不可行了。这一节我们介绍一种目前人工神经网络中最有代表性的学习算法——BP算法。

BP算法，是一种常见的人工神经网络学习算法，特别适用于多层前馈神经网络的训练。该算法由学习过程中的信号正向传播与误差反向传播两个过程组成。BP算法流程如图7-15所示。

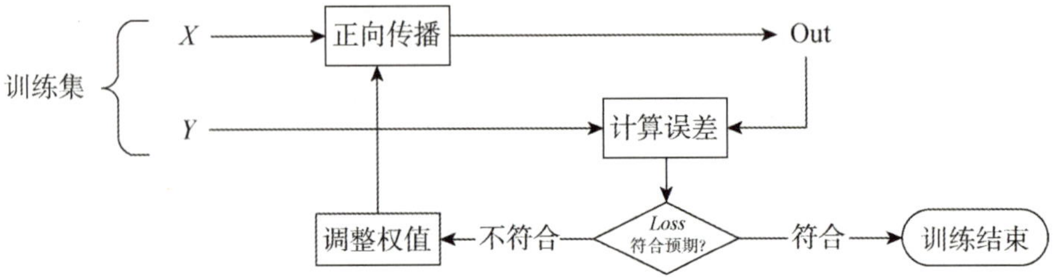

图7-15 BP算法流程

1.正向传播

输入样本从输入层进入网络，经过各隐含层逐层传递至输出层。在这一过程中，每一层的计算单元接收前一层计算单元的输出作为输入，通过激活函数处理后，产生本层的输出，并作为下一层的输入继续传递。

针对图7-12的单隐含层MLP，正向传播算法计算过程如下。

(1) 对于隐含层

第h个神经元的输入为：$net_h = \sum_i w_{hi} x_i$

输出为：$a_h = f(net_h)$。

在最早的MLP模型中，激活函数f为Sigmoid函数

$$a_h = \frac{1}{1 + e^{-(net_j + \theta_j)/\theta_0}} \tag{7.8}$$

其中，θ_h表示阈值（threshold）或偏置（bias）；正θ_h的作用是将激活函数沿水平轴向左移动。θ_0的作用是调节Sigmoid函数的形状：较小的θ_0取值将使Sigmoid函数曲线更加陡峭，较大的θ_0取值将使Sigmoid函数曲线更为平坦，如图7-16所示。

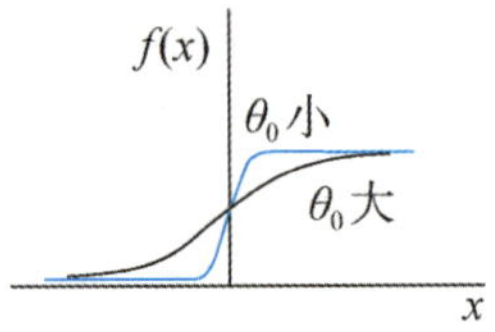

图7-16 θ_0对Sigmoid函数曲线的作用

经过多年演变和优化，目前采用的实际算法是

$$net_h = \sum_i w_{hi} x_i + b \text{（}b\text{为偏置）}$$

$$\text{Sigmoid} = \frac{1}{1 + e^{-net_h}} \tag{7.9}$$

（2）对于输出层

第j个神经元的输入为：$net_j = \sum_h w_{jh} x_h + b$

输出为：$y_j = f(net_j)$。

如果目标函数（输出层结果与实际结果差值）与期望相符，则学习过程结束；否则，进入误差反向传播阶段。

2.误差反向传播

当目标函数的输出值与期望输出值不相符时，将输出误差以某种形式通过隐含层向输入层逐层反传。在反过程中，将误差分摊给各层的所有单元，获得各层单元的误差信号算法，根据这些误差值来调整连接权值，这种调整的目标是使得目标函数的输出值不断减小，直到达到设计预期，比如$Loss < 10^{-5}$或者前后两次的损失变化值$\triangle Loss < 10^{-5}$，也可以是次数超过1000次等。

有多种算法可以实现权重的调整，其中最常用的就是梯度下降法。

3.BP算法的特点

（1）自适应、自主学习：BP算法能够根据预设的参数更新规则，不断地调整神经网络中的参数，以达到最符合期望的输出。

（2）较强的非线性映射能力：由于神经网络中的激活函数可以是非线性的，因此BP算法能够处理复杂的非线性问题。

（3）严谨的推导过程：误差的反向传播过程采用非常成熟的链式法则，其数学推导过程严谨且科学。

（4）较强的泛化能力：经过BP算法训练后得到的数学模型，可视为从数据中学到了知识，可用于解决新的问题。

4.BP算法的局限性

（1）易陷入局部最小值：由于BP算法采用的是梯度下降法，容易陷入局部极小值而得不到全局最优解。

（2）收敛速度慢：由于神经网络中的参数众多，每次迭代都需要更新大量的权值和阈值，导致收敛速度较慢。

（3）隐节点选取缺乏理论指导：传统方法需要不断地设置隐含层节点数进行试凑，以确定最优的隐含层结构。

（4）学习新样本时可能遗忘旧样本：在训练过程中，学习新样本时可能会遗忘之前已经学习过的旧样本。

7.3.4 梯度下降法

梯度下降法（Gradient Descent）是一种优化算法，用于最快地找到函数局部最小值。在机器学习和深度学习中，梯度下降法被广泛应用于模型的参数优化过程中，比如线性回归、逻辑回归、神经网络等。其基本原理是沿着函数梯度的反方向更新参数，以达到减小损失的目的。

什么是梯度？梯度就是函数在某点变化最快的方向，在一元方程中，梯度就是该函数在某点的斜率（导数）；在多元方程中，梯度就是该函数所有变量在某处偏导数的向量。梯度用∇表示。梯度下降法的基本原理可以用下山来类比。如图7-17所示，在山顶的P点，需要到达山脚的P_1点（最低点），但是下山的路径有很多条，理性中沿着最陡的方向下山即可最快到达P_1，这个最陡的方向就是梯度。如果方向选择错误，就有可能只到达山腰中的低点（局部最优点），如P_2、P_3、P_4。

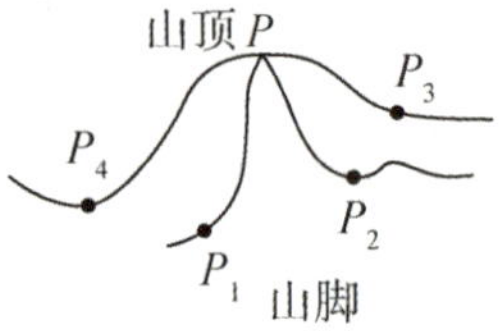

图7-17　梯度下降法

比如，对于三元函数$f(x,y,z)$,在点$P(x,y,z)$的梯度

$$\text{grad}f(x,y,z)=\nabla f(x,y,z)=\left[\frac{\partial f}{\partial x},\frac{\partial f}{\partial y},\frac{\partial f}{\partial z}\right] \tag{7.10}$$

那么如何通过梯度下降法寻找局部最优点呢？这需要解决3个问题：①方向的选择；②前进的步长；③何时终止。

以$f(x)=x^2$为例，其梯度下降法如下所述。

（1）方向：即梯度的反方向，$-\nabla f=-2x$。

（2）步长：假设学习率$\eta=0.5$，则一次前进的步长为$-0.5\nabla f=-x$。

（3）终止条件：理想情况是梯度$\nabla=0$，实际上一般做不到，可设置一个较小的值如10^{-2}作为代替。

以点P（8，64）为起点，$\eta=0.1$，梯度下降法的过程如图7-18所示。

x_i	8	6.4	5.12	4.096	3.277	2.622	2.098	1.679	1.343
∇f	16	12.8	10.24	8.192	6.554	5.244	4.196	3.358	……
$x_i-\eta\nabla f$	6.4	5.12	4.096	3.277	2.622	2.098	1.679	1.343	……

练一练

学习率η=0.2时，梯度下降法的过程如何并画图说明。

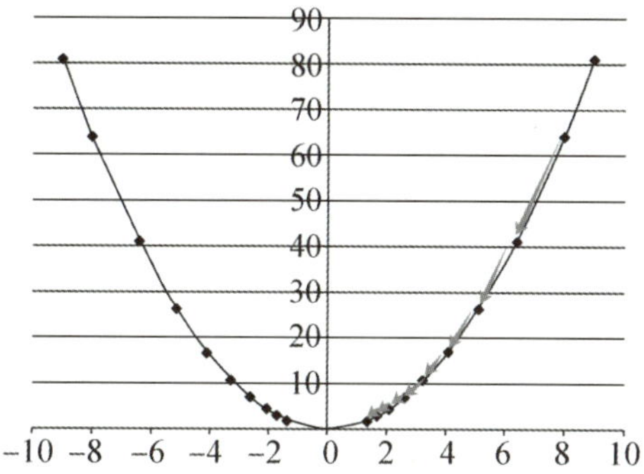

图7-18 梯度下降算法过程示意

【例7-4】 对曲面$f(x,y)=3x^2+2y^2$进行梯度下降法求局部低点，起点P（3，5），学习率$\eta=0.3$，终止条件$\|\nabla\|<0.002$。

解：$\frac{\partial f}{\partial x}=6x,\frac{\partial f}{\partial y}=4y$。

依次计算，直到符合条件，如表7-5所示。

表7-5 例7-4中的计算过程

轮次	x	y	$\frac{\partial f}{\partial x}$	$\frac{\partial f}{\partial y}$	$x-\eta\frac{\partial f}{\partial x}$	$y-\eta\frac{\partial f}{\partial y}$	$\|\nabla\|$
1	3	5	18	20	−2.4	−1	724
2	−2.4	−1	−14.4	−4	1.92	0.2	223.4
3	1.92	0.2	11.52	0.8	−1.54	−0.04	133.4
4	−1.54	−0.04	−9.22	−0.16	1.23	8×10^{-3}	85.0
5	1.23	8×10^{-3}	7.37	0.03	−0.98	-1.6×10^{-3}	54.4
6	−0.98	-1.6×10^{-3}	−5.91	-6.4×10^{-3}	0.79	3.2×10^{-4}	34.8
7	0.79	3.2×10^{-4}	4.72	-1.28×10^{-3}	−0.63	-6.4×10^{-5}	22.3

除了上述的标准梯度下降法，还有一些变体梯度下降法，如批量梯度下降（Batch Gradient Descent）、随机梯度下降（Stochastic Gradient Descent，SGD）、小批量梯度下降（Mini-batch Gradient Descent）。

思考：为什么损失函数、激活函数必须是连续可导的？

【例7-5】 用Scikit-learn机器学习算法库，解答例7-1。

解：根据题意，设计如图7-19所示的MLP拓扑结构，一个隐含层（神经元个数6），最大迭代次数max_iter = 100，优化器solver = 'adam'，激活函数activation = 'relu'。

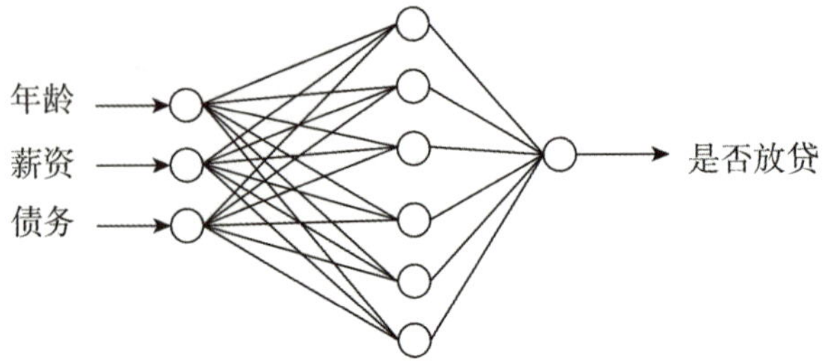

图 7-19　例 7-5 的 MLP 模型

Python 代码如下。

```
from sklearn.neural_network import MLPClassifier
from sklearn.preprocessing import MinMaxScaler

# 输入数据（特征）
x = [[16., 0.,0.],
     [24., 5000.,0],
     [23.,6000.,10],
     [28.,5000.,50],
     [40.,15000.,200]
     ]

# 标签数据（标签）
y = [0, 1,1,0,1] # 0=不放贷  1=放贷

scaler = MinMaxScaler() #归一化方法，默认 0~1
scaler.fit(x)

# 创建分类器
clf = MLPClassifier(solver='adam', alpha=1e-5, hidden_layer_sizes=(6,),
  random_state=1,max_iter=100, activation='relu')

# 训练分类器
clf.fit(x, y)
'''
#更多可供设置参数 可查相关文档
```

```
# 预测未知数据
results = clf.predict([[50., 12000.,30]])
print(results)
```

运行结果=[1]，解得可放贷。如果结果是[0]，则不放贷。

上述的代码只是一个示例代码，仅演示如何用sklearn框架实现MLP的基本过程，其结果并不是一个完整地解决放贷问题的MLP模型，读者在阅读时需要多加注意，通过不断调节参数如训练次数、隐含层数量、每层的计算单元数量、优化器等进行尝试，也可以自己设置训练数据和测试数据进行验证。

7.3.5 MLP训练过程中权重值的调整

MLP模型的训练，就是指不断地调整隐含层和输出层计算单元的权重值，使得损失函数值无限趋近于0，网络逐渐收敛。对于一个未经过训练的MLP，先随机初始化每个计算单元的权重值，或者全部设置为一个固定初始值（$w_{mn}=0.1$），对于损失函数$E=\frac{1}{2}\sum_{k}\left(t_h-y_k\right)^2$的网络：

输出层任意神经元k的权重增量

$$\Delta w_{kj}=-\eta\frac{\partial E}{\partial w_{kj}} \tag{7.11}$$

隐含层任意神经元j的权重增量

$$\Delta w_{fi}=-\eta\frac{\partial E}{\partial w_{ji}} \tag{7.12}$$

关于MLP权重的训练调整，目前已经有许多非常成熟的Python框架（如Scikit-learn）可以完成计算，无须再自行编写。对于想自己重新设计损失函数和激活函数的，可参考链式法则中详细的数学推导过程后尝试。

7.4 人工神经网络应用实战——MNIST手写体数字识别

MNIST数据集是学习深度学习最常用的入门级数据集。这个数据集包含70000张0~9的手写数字图片，分别是60000张训练图片和10000张测试图片，训练集由250个不同的人手写的数字构成，一半来自高中生，一半来自工作人员；测试集（test set）也是同样比例的手写数字数据，并且保证了测试集和训练集的作者不同，如图7-20所示。

图7-20 MNIST数据集中手写体数字部分图例

每个数字的图片分辨率是28像素×28像素，由784个像素点组成，数据集会把一张图片的数据转成一个784的一维向量存储起来。这种平铺展开的处理方式是深度学习中比较常用的一种降维处理方法。

数据集的下载地址：http：//yann.lecun.com/exdb/mnist。

OpenML（Open Machine Learning）是一个开放的科学机器学习平台，存储有成百上千个数据集，这些数据集通常用于教学、演示和测试机器学习模型，Scikit-learn中内置的fetch_openml函数可快速加载这些数据集（如本地没有则会自动下载）。

图7-21是使用sklearn进行MLP训练的基本流程。

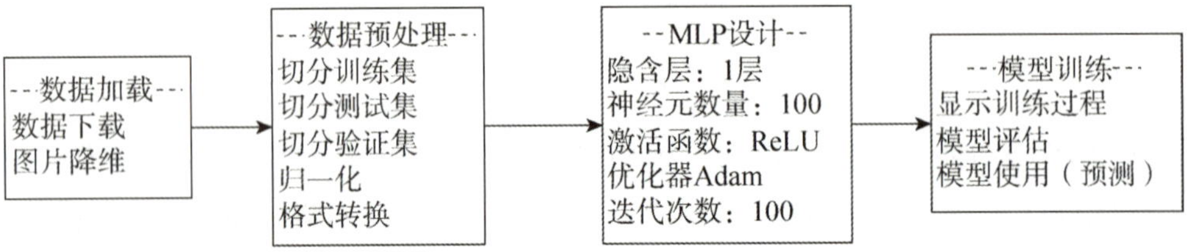

图7-21　MLP模型训练基本流程

Python代码如下。

```
from sklearn.datasets import fetch_openml
from sklearn.model_selection import train_test_split
from sklearn.neural_network import MLPClassifier
mtData = fetch_openml('mnist_784', version=1) # 加载MNIST数据集
X, y = mtData.data / 255.0, mtData.target #归一化处理，每个像素的取值范围是0~255
# 划分训练集和测试集
X_train, X_test, y_train, y_test = train_test_split(X, y, test_size=0.25, random_state=42)
print(X_train.shape)#查看数据形状

#创建并训练MLP分类器
#hidden_layer_sizes隐藏层的数量和每层的神经元数量
#max_iter迭代次数
#random_state随机数种子，用于训练的可重复性
myMLP = MLPClassifier(hidden_layer_sizes=(100, ), max_iter=100, random_state=42)
```

```
myMLP.fit(X_train, y_train)#模型训练
score = myMLP.score(X_test, y_test)# 评估模型
print(f"Model accuracy: {score:.2f}")# 输出准确率
```

运行结果：Model accuracy: 0.98。

7.5　扩展阅读

7.5.1　激活函数的选择

激活函数的作用是通过非线性变换，使神经网络具备非线性特性，以解决一些非线性任务。线性网络通过多个不同的直线将空间进行分割，而非线性网络通过多个不同的曲线将空间进行分割。许多线性不可分的分类问题可以在非线性网络中得到很好的解决，如图7-22所示。

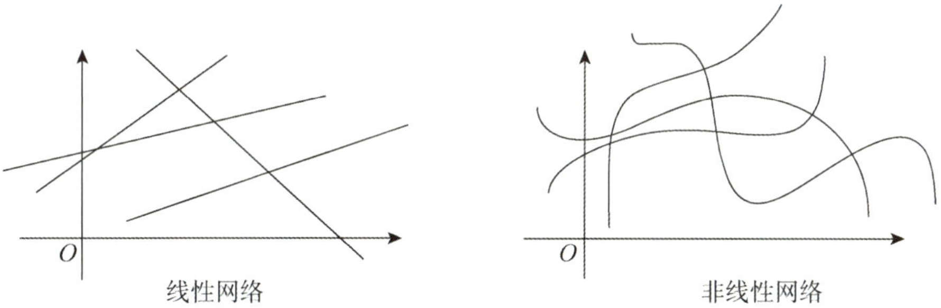

图7-22　网络的线性特性和非线性特性示意

不同的激活函数有不同的性能和应用限制。以下介绍一些常用的激活函数，如表7-6所示。

表7-6　常用激活函数

(1) Sigmoid	特性
$f(x)=\dfrac{1}{1+e^{-x}}$ 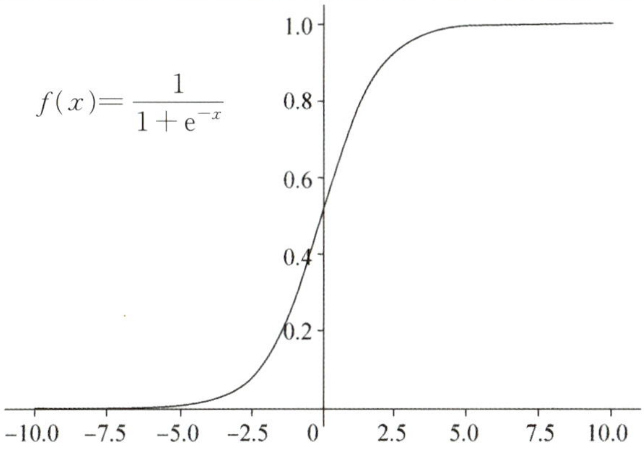	1.非线性 2.在−3与3之间，优化比较明显 3.在−3与3之外，优化不明显 4.值域在0~1之间，非对称算法，这意味着下一个神经元只能接受正值的输入 Sigmoid常用于二分类网络的最后一层

续表

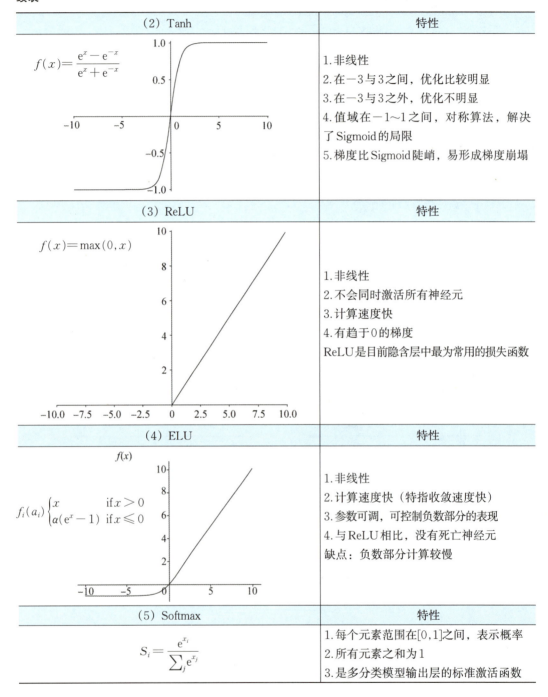

(2) Tanh	特性
$f(x)=\dfrac{e^x-e^{-x}}{e^x+e^{-x}}$ 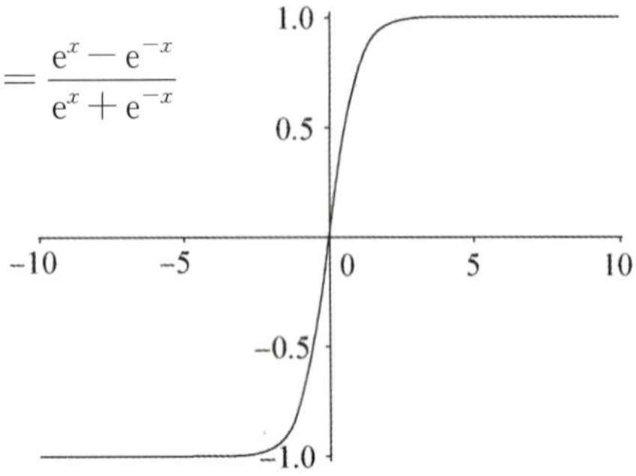	1.非线性 2.在−3与3之间，优化比较明显 3.在−3与3之外，优化不明显 4.值域在−1～1之间，对称算法，解决了Sigmoid的局限 5.梯度比Sigmoid陡峭，易形成梯度崩塌
(3) ReLU	**特性**
$f(x)=\max(0,x)$ 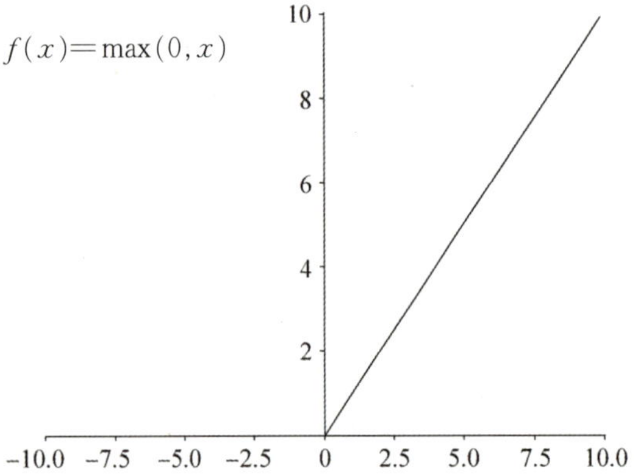	1.非线性 2.不会同时激活所有神经元 3.计算速度快 4.有趋于0的梯度 ReLU是目前隐含层中最为常用的损失函数
(4) ELU	**特性**
$f_i(a_i)\begin{cases}x & \text{if}x>0\\ \alpha(e^x-1) & \text{if}x\leqslant 0\end{cases}$ 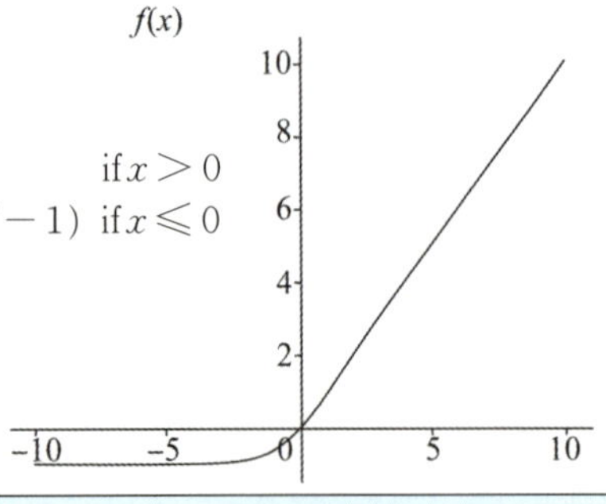	1.非线性 2.计算速度快（特指收敛速度快） 3.参数可调，可控制负数部分的表现 4.与ReLU相比，没有死亡神经元 缺点：负数部分计算较慢
(5) Softmax	**特性**
$S_i=\dfrac{e^{x_i}}{\sum_j e^{x_j}}$	1.每个元素范围在[0,1]之间，表示概率 2.所有元素之和为1 3.是多分类模型输出层的标准激活函数

【例 7-6】 对于输入 $X=[2,0,7,-1.5,-0.9]$，计算 Softmax 输出。

解：$sum=\sum_{j}\mathrm{e}^{x_j}=\mathrm{e}^{2}+\mathrm{e}^{0.7}+\mathrm{e}^{-1.5}+\mathrm{e}^{-0.9}=10.03$

$$S_1=\frac{\mathrm{e}^{x_1}}{sum}=\frac{\mathrm{e}^{2}}{10.03}=0.74$$

$$S_2=\frac{\mathrm{e}^{\alpha_2}}{sum}=\frac{\mathrm{e}^{0.7}}{10.03}=0.20$$

$$S_3=\frac{\mathrm{e}^{\sigma_3}}{sum}=\frac{\mathrm{e}^{-1.5}}{10.03}=0.02$$

$$S_4=\frac{\mathrm{e}^{x_4}}{sum}=\frac{\mathrm{e}^{-0.9}}{10.03}=0.04$$

7.5.2　损失函数的选择

损失函数的选择对神经网络系统至关重要。一个人工智能任务，首先要解决的就是目标设定问题。在目标任务没有明确之前，要说哪个损失函数最好是不现实的，没有一种算法在所有情况下都优于其他算法，这就是“天下没有免费的午餐”定律。

相应地，针对目前最常见的任务，损失函数分为回归损失函数和分类损失函数，以下公式中，T_i是模型输出的结果，Y_i是训练样本的结果（标签）。

（1）回归损失函数，用于衡量回归系统的误差。

①均方误差（mean_squared_error，MSE）

$$\mathrm{MSE}=\frac{1}{N}\sum_{i=1}^{N}\left(T_i-Y_i\right)^2 \tag{7.13}$$

②平均绝对误差（mean_absolute_error，MAE）

$$\mathrm{MAE}=\frac{1}{N}\sum_{i=1}^{N}\left|T_i-Y_i\right| \tag{7.14}$$

③平均绝对百分比误差（mean_absolute_percentage_error，MAPE）

$$\mathrm{MAPE}=\frac{1}{N}\sum_{i=1}^{N}\left|\frac{Y_i-T_i}{Y_i}\right|\times 100 \tag{7.15}$$

④均方根对数误差（mean_squared_logarithmic_error，MSLE）

$$\mathrm{MSLE}=\frac{1}{N}\sum_{i=1}^{N}\left[\log\left(T_i+1\right)-\log\left(Y_i+1\right)\right]^2 \tag{7.16}$$

MSLE 通过取对数来减小较大值和较小值之间的差异，使得误差的计算更加稳定。MSLE 适用于样本数据值的范围很大且包含多个数量级的情况，如不同地区的房价、不同公司的销售、不同股票的价格等。在这些场景中，较大的取值范围可能对整体性能产生显著影响，一些数量级较大的样本获得学习，而数量级较小的样本则被忽略。MSLE 能够更好地平衡这种影响。

（2）分类损失函数，用于衡量分类系统的误差。

①二进制交叉熵（binary_crossentropy）：用于二分类问题，对应的激活函数是sigmoid。公式为

$$Loss = -\frac{1}{N}\sum_{i=1}^{N}\left[Y_i \times \log T_i + \left(1 - Y_i\right) \times \left(1 - T_i\right)\right] \tag{7.17}$$

②多分类交叉熵（categorical_crossentropy）：用于多分类问题，对应的激活函数是softmax。公式为

$$Loss = -\frac{1}{N}\sum_{i=1}^{N} Y_i \times \log T_i \tag{7.18}$$

不同的损失函数代表对学习误差的不同计算方式，在反向传播的时候会影响权重的调整质量。因此除了以上这些常用的损失函数外，在具体的开发应用时，我们也可以根据项目的实际需求设计损失函数。损失函数的设计在提高系统的性能和模型训练的质量上均具有非常显著的作用，也是当前人工智能领域非常重要的技术创新方向，具有很大的挑战性。必须注意的是，损失函数应满足连续可导的条件。

7.5.3 优化器的选择

优化器的主要作用是调整模型训练参数以优化模型的训练过程和性能。前面介绍的梯度下降法是最经典的一个优化器算法，但是该优化器有个很大的缺点——学习率 η 是固定的。如果学习率过大，则在接近底部的时候，系统不会收敛，甚至开始扩散；如果学习率过小，则当起点远离底部时，训练会耗费大量时间。尤其对于海量数据的深度学习模型，训练过程会非常慢，甚至遥遥无期。

此外，梯度下降法只能找到局部最优点，该最优点是否是全局最优点，完全靠运气，跟网络初始时的权重（训练起点）有关。

为了解决训练过程中出现上面的问题，研究人员设计了大量优化器。随着研究的深入，还会出现新的优化器。优化器的设计也是一个充满挑战和创新的领域，对提升模型的训练速度和质量具有重要作用。以下介绍几种常用的优化器。

1. 随机梯度下降法（Stochastic Gradient Descent，SGD）

在梯度下降法中，误差每次反向传播时都会计算所有样本的梯度，并更新模型参数。当数据集非常大时，这种全局计算梯度的方法会变得非常耗时，还会使内存密集。随机梯度下降法的基本思想是每次训练时只使用一个样本的梯度来更新模型参数，这在面对大规模数据集时，非常具有优势。这与人类的学习过程非常相似，我们总是通过一步步学习来不断修正自己的错误。

（1）优点

随机梯度下降法的优点可总结如下。

①高效性：在大规模数据集上具有高效性，训练速度非常快。

②可并行化：可以很容易地并行化处理，充分发挥GPU的性能。

③可适应性：由于每次训练都会根据当前样本的梯度来更新模型参数，因此它可以很好地适应数据的变化，这在数据不断更新的时候有明显优势。

④全局最优化：单个样本的训练会产生随机噪声，这反而可以在一定条件下跳出局部最优解，找到全局最优解（不是必然，但是机会增加了）。

随机梯度下降法也有许多局限性。

（2）局限性

①不稳定性：训练样本随时选择，噪声的引入会导致模型参数不稳定。

②学习率的选择：该方法的学习率依然需要仔细选择。

③随机最优解：随机样本可以找到全局最优解，但也可能再从全局最优回到局部最优。在实际工程应用中我们会另外保存一个最优解结果来解决这个问题，比如在训练过程中更新一个准确率最高的模型参数。

④模型不可控：由于该方法允许用新的数据集对已经训练好的模型进行更新，这使得模型变得不可控。比如微软的聊天机器人Tay上线不到一天，由于接受了大量带有种族歧视的话语（新数据集）不幸被教成了熊孩子而被迫下线。

（3）改进

在SGD的基础上，也有不少研究对SGD进行改进，具体如下。

①小批量梯度下降法（Mini-batch SGD）：每次训练时使用一小批样本的梯度来更新模型参数，可以平衡SGD的噪声和全局梯度下降的效果。

②动量梯度下降法（Momentum SGD）：在SGD的基础上累积了过去梯度的移动平均值，积累了当前梯度和以前梯度的一部分。这有助于平滑优化过程中的振荡，加速收敛。

在实际项目开发中，我们只需要调用Pytorch中的功能来设置SGD家族优化器。

Python代码如下。

```
#设置学习率
learning_rate = 0.01
#设置优化器为标准的SDG
optimizer = optim.SGD(model.parameters(), lr=learning_rate)
#设置动量参数
momentum = 0.9
#设置优化器为带动量的SDG
optimizer = optim.SGD(model.parameters(), lr=learning_rate,
momentum=momentum)
```

2. 自适应梯度算法（Adaptive Gradient，AdaGrad）

SGD算法中，学习率是固定的，这给模型训练带来很多问题。如果在远离局部低点的位置使用较大的学习率，而在接近局部低点的位置使用较小的学习率，这样既可以快速训练又能使系统收敛。这种动态调整可以人工进行：比如训练*N*1轮后，将学习率调小继续训练*N*2轮，循环下去直到训练结束。

AdaGrad提出的思想是在训练的过程中学习率可以自适应地进行自动调整，根据训练过程中每个权重的梯度自适应地调整学习率。它积累了每个权重过去的梯度平方，并使用这些信息来缩放学习率。

在实际训练时，完全可能出现两个权重的梯度值有较大差异的情况，同样的学习率会导致整体训练方向向更大梯度的方向“偏移”，梯度更大的方向会训练得更快（迈的步子大而快）、更不稳定，甚至形成振荡，而梯度较小的方向则会更新得过慢、对整体方向的影响过小。因此AdaGrad对具有较大梯度的权重仅接受较小的更新，而对具有较小梯度的权重接受较大的更新。

（1）AdaGrad的优点

①自动化：避免手动调整学习率。

②自适应：根据权重的当前梯度值，自动调整学习率大小，使所有权重的更新“步调一致”。

（2）AdaGrad的缺点

①梯度消失：训练次数作为分母项被引入学习率的计算，随着训练次数的不断增加，学习率会趋向于0，这个现象叫梯度消失。梯度消失后，将无法再对权重进行训练。

②训练速度慢：为保证权重更新的“步调一致”，梯度大的权重采用了较小的学习率，反而增加了计算开销，整体训练速度被那些梯度小的权重拖慢了。

在AdaGrad的基础上，可以在实际应用中对AdaGrad进行大量优化，具体如下。

（3）优化

①自适应平方根梯度法（Root Mean Square Propagation，RMSProp）：在AdaGrad的基础上添加了一个衰减系数，它降低了训练次数对学习率衰减的影响，缓解了梯度消失的问题。

②自适应矩估计法（Adaptive Moment Estimation，Adam）：在RMSProp的基础上引入过去梯度平方的移动平均值（Momentum SGD的算法）来计算每个权重的自适应学习率。

Adam及其变种AdamW是目前应用最广泛的优化器，基本上统治了NLP、RL、GAN、语音合成等领域，而在图像分类、目标识别等领域基本使用SGD。

在实际项目开发中，我们只需要调用Pytorch中的功能来设置AdaGrad家族优化器。

Python代码如下。

```
#设置学习率
learning_rate = 0.01
#设置优化器为标准的Adagrad
optimizer =optim.Adagrad(model.parameters(), lr=learning_rate,
weight_decay=1e-4, eps=1e-10)
#设置衰减参数
decay = 0.9
#设置优化器为RMSprop
optimizer = optim.RMSprop(model.parameters(), lr=learning_rate,
alpha=decay,eps=1e-8, weight_decay=0)
#设置优化器为Adam
optimizer = optim.Adam(model.parameters(), lr=learning_rate,
betas=(0.9, 0.999),eps=1e-8, weight_decay=0)
```

（4）参数说明

①betas：用于计算梯度及梯度平方的运行平均值的系数。它是一个长度为2的元组，分别对应于一阶矩（平均梯度）和二阶矩（梯度平方的平均值）的指数衰减率。

②eps：为了增加数值计算的稳定性而加到分母里的项。它是一个非常小的数，用于防止在实现过程中除以零。

③weight_decay：权重衰减（L2惩罚），用于控制参数的幅度，以防止过拟合。通常设置为一个小的正数。

其他更详细的参数可参考相应的文档说明。

7.6 本章小结

本章是深度学习的基础，重点介绍了深度学习的三要素——算法、算力、数据之间的关系及其作用。

在算法方面，感知机模型是组成人工神经网络的最基本单位，该数学模型是对生物体神经元的近似模仿，由输入和连接强度（权重）、激活函数和输出组成。感知机模型已经初步具备了完成分类和回归任务的能力，但无法解决异或问题。

单隐含层MLP是最简单的人工神经网络，是对感知机模型的进一步发展，并通过BP算法实现了人工神经网络的自动权重调整。BP算法由正向传播和误差反向传播两个过程组成，该算法采用梯度下降法来自动调整权重值进行网络的训练。

最初的BP算法有很多缺陷，在实际应用中，需要根据实际任务选择合适的损失函数、激活函数和优化器。调用成熟的第三方模块如Scikit-learn、PyTorch能快速完成神经网络的训练。

这些内容是学习下一章更为复杂的深度神经网络的基础知识，应熟练掌握。

本章习题

一、判断题

1. 梯度下降法可以找到函数的全局最优点。 (　　)
2. 根据"没有免费的午餐"定律，没有一种算法在所有情况下都是最优的。 (　　)
3. AdaGrad算法的一个主要缺点是学习率会趋向于0，导致梯度消失。 (　　)
4. 梯度下降法常用于人工神经网络、逻辑回归、决策树等机器学习中。 (　　)
5. 感知机模型是对生物神经元功能的直接模拟。 (　　)

二、选择题

1. 神经元细胞的哪种现象被称为"全或无"现象? (　　)
   A. 只有当外来刺激有足够大的强度时，才能产生动作电位，且动作电位的幅度和传播范围恒定
   B. 动作电位只能在神经元胞体内产生，且不能在突起部分传播
   C. 动作电位的产生与刺激强度无关，但传播范围与刺激强度成正比
   D. 神经元的兴奋只能持续一段时间，然后自动恢复到静息状态
2. 下列说法正确的有________。 (　　)
   A. 感知机模型可以解决二分类问题
   B. 感知机模型可以解决线性回归问题
   C. 感知机模型可以解决异或问题
   D. 感知机模型可以解决多分类问题
3. 在全连接MLP模型中，神经元的输出是如何传输到相邻层的神经元的? (　　)
   A. 通过联结强度权因子的加强或抑制　　B. 直接复制
   C. 通过随机选择　　D. 通过固定比例缩放
4. 在实际应用中，对输入层的输入数据进行哪种处理可以使其落入0到1区间? (　　)
   A. 标准化　　B. 归一化　　C. 离散化　　D. 编码化
5. 激活函数的主要作用是什么? (　　)
   A. 增加神经网络的层数
   B. 通过非线性变换，使神经网络具备非线性特性
   C. 提高神经网络的计算速度
   D. 减少神经网络的参数数量

6. 随机梯度下降法（SGD）的基本思想是什么？ （ ）

A. 每次训练时使用所有样本的梯度来更新模型参数

B. 每次训练时只使用一个样本的梯度来更新模型参数

C. 每次训练时使用一半样本的梯度来更新模型参数

D. 每次训练时使用部分样本的梯度，但不一定是单个

7.GPU相较于传统的CPU，在哪方面有所加强？ （ ）

A. 串行处理能力　　B. 并行处理能力

C. 单线程处理能力　　D. 逻辑运算能力

8.ImageNet与AlexNet的成功说明了什么？ （ ）

A. 好算法比好数据重要　　B. 好数据比好算法重要

C. 算法和数据都不重要　　D. 算法和数据同样重要

三、简答题

1. 简述深度学习三要素及相互之间的关系。

2. 为了更快更好地训练出一个高质量的人工智能模型，需要对哪些参数进行调节？

3. 为什么损失函数、激活函数必须是连续可导的？

四、计算题

1. 根据例8-2的数据，如果该销售员到手的薪水是税后，并且个税调节是分段计收，销售提成也是分段计算，请设计一个MLP模型，来预测该销售员到手的提成。

2. 有一个函数$f(x)=x^2+7$，以$P(1,12)$为起点，学习率$\eta=0.01$，请用梯度下降法计算10步后点落在哪个位置，写出计算过程并画图说明。

第8章 卷积神经网络

本章导读

上一章中提到的单隐含层MLP模型虽然已经具备了很强的性能，对手写体数字的识别准确率达到了98%，但是这只是一个10分类的小任务，而且图像很小，每个图像只有28×28（784）个像素。对于分类复杂的图像识别任务，比如图像分辨率大小为1024像素×1024像素或者更高，类别达到几千的，单隐含层的MLP模型将难以胜任。现在已经普及的身份认证中的人脸识别功能，需要识别几亿的人脸，这就需要更复杂的深度学习网络建模。

在图像识别领域，如要达到人眼识别图像的水平，首先要提的就是卷积神经网络。万丈高楼平地起，受神经系统层次化结构特性的启发，既然一个物体需要经过感光细胞—中间神经元网络—视神经纤维—丘脑—视觉皮层—大脑皮层这么多层次的编码，最终在大脑中习得该物体的投影，那么我们是否也可以采用这种层叠方式来设计人工神经网络，增加隐含层的数量，以提升网络的性能？答案是肯定的。

卷积神经网络就是从生物识别图像的生理学机制中受到启发，设计了一种非常有效的深度学习网络。本章就从最简单的原理开始，为读者阐述卷积神经网络是如何做到精准的图像识别，并通过实例详细介绍卷积神经网络的拓扑结构、算法及编程实现。

本章要点

◉ 列举CNN的应用领域

◉ 画出AlexNet的拓扑结构

◉ 对一张图像进行卷积运算和池化运算

◉ 阅读并理解PyTorch实现CNN、MLP的过程并补齐代码和注释

◉ 阅读并理解TensorFlow实现CNN、MLP的过程并补齐代码和注释

8.1 多隐含层MLP的实现

卷积神经网络（Convolutional Neural Network，CNN）是一种非常复杂的神经网络，在CNN提出之前，研究人员也曾尝试过用多隐含层MLP进行计算机图像的识别，现在的CNN及后面我们要讲到的许多深度学习网络，大都保留了这种MLP结构作为最后的输出层。因此在详细介绍CNN之前，我们有必要先了解一下多隐含层MLP的结构及实现方法。

最简单的深度学习模型就是多隐含层MLP，拓扑结构如图8-1所示。虽然现在有成百上千种深度学习模型，但是作为从0到1的存在，我们有必要再深入学习一下MLP的完整实现过程。掌握MLP的设计思想，是打开深度学习神秘大门的金钥匙。

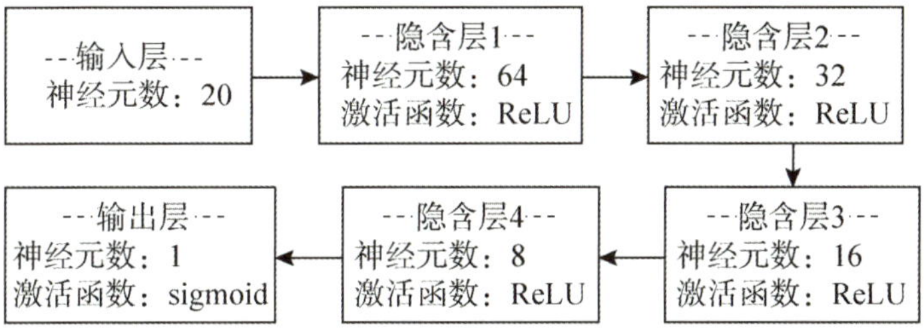

图8-1 多隐含层MLP拓扑结构

8.1.1 用TensorFlow实现MLP

多种深度学习框架都能实现MLP建模，如Scikit-Learn、TensorFlow、PyTorch、PaddlePaddle、Caffe、Keras、Theano等。本节介绍如何用TensorFlow搭建一个多隐含层的MLP并进行训练。

1. 导入必要的库

```
import TensorFlow as tf
from TensorFlow.keras.models import Sequential
from TensorFlow.keras.layers import Dense
import numpy as np
```

本例采用TensorFlow的一个高级API——Keras来实现MLP建模，Keras可以运行在TensorFlow、CNTK或Theano之上，用户可以在不改变模型代码的情况下，通过更改配置文件在这些后端之间进行切换。用序贯模型Sequential实现前馈神经网络，用Dense实现每一个全连接层。

2. 准备数据

在搭建网络之前需要准备或加载数据集。这里以随机生成的数据为例，演示如何准备数据。在实际应用中，你可能会使用如MNIST、CIFAR-10等标准数据集。我们在手写体识别中已经演示过标准数据集的使用，关于CIFAR-10数据集的使用，我们会在后面介绍。

```
np.random.seed(0)
x_train = np.random.random((1000, 20)) # 1000个样本, 每个样本20个特征
y_train = np.random.randint(2, size=(1000, 1)) # 1000个标签, 0或1
```

数据采用numpy格式。

3. 定义模型结构

```
model = Sequential)[
# 输入层-隐含层1, 20个输入特征, 64个神经元, ReLU激活函数
Dense(64, activation='relu', input_shape=(20, )),
# 隐藏层2, 32个神经元, ReLU激活函数
Dense(32, activation='relu'),
# 隐藏层3, 16个神经元, ReLU激活函数
Dense(16, activation='relu'),
# 隐藏层4, 8个神经元, ReLU激活函数
Dense(8, activation='relu'),
# 输出层, 1个神经元, sigmoid激活函数用于二分类
Dense(1, activation='sigmoid')
])
```

Sequential是一种线性、顺序模型，由一系列层（layers）按照顺序堆叠而成。在Sequential模型中，每一层的输入都来自上一层的输出，形成了一种线性的堆叠结构。以上代码实现的MLP结构如图8-1所示。

4. 编译模型

```
model.compile(optimizer='adam',
              loss='binary_crossentropy',
              metrics=['accuracy'])
```

在训练模型之前，需要调用model.compile编译模型，指定优化器adam、损失函数binary_crossentropy和评估指标accuracy。读者可以在这里调整这些参数以优化模型。

5. 训练模型

```
model.fit(x_train, y_train, epochs=10, batch_size=32)
```

调用model.fit训练模型时，指定输入x_train，标签y_train，迭代次数epochs=10，每批投喂数据条数batch_size=32。batch_size越大，并行处理速度越快，要求的算力越高。读者可以在这里改变训练次数。

6. 评估模型

```
score, acc = model.evaluate(x_test, y_test, verbose=0)
print('Test loss: ', score)
print('Test accuracy: ', acc)
```

训练完成后，调用model.evaluate进行模型评估测试集x_test和y_test，评估指标loss（模型损失）和acc（准确率）。

7. 使用模型进行预测

```
prediction = model.predict(x_new)
print(prediction)
```

假设x_new是一个新的数据样本，调用model.predict进行预测。

练一练

以上代码是用TensorFlow实现MLP的基本框架，读者可以将其视为一个模板代码应用到实际项目中，假如我们要用该模板代码实现手写体数字的识别，我们可以对这个模版代码进行修改，要点如下。

（1）将随机生成的训练数据替换为手写体数字数据集。

from sklearn.datasets import fetch_openml

mtData = fetch_openml('mnist_784', version=1, data_home='data')

（2）将数据转换为numpy格式的数据。

（3）通过fetch_openml读入的数据，标签如果是字符串格式的，则需要转换为int型。

（4）将标签[0, 1, 2, 3, 4, 5, 6, 7, 8, 9]转换成独热码矩阵，比如0应转

换成[1, 0, 0, 0, 0, 0, 0, 0, 0, 0]，1应转换成[0, 1, 0, 0, 0, 0, 0, 0, 0, 0]等。

(5) 修改输入层的特征数量，模板代码用的是20个特征值，而手写体数字是28像素×28像素大小的图像，展平后是784个特征值，因此input_shape=（784,）。

(6) 修改输出层，模板代码是1个神经元的二分类任务，手写体数字识别是10分类任务，因此需要10个神经元，激活函数要采用softmax，因此最后一层需要改成Dense（10，activation='softmax'）。

(7) 将二分类的损失函数loss='binary_crossentropy'改成多分类的损失函数loss='categorical_crossentropy'，这一步在model.compile中完成。

(8) 其他参数可以在相应的地方修改，可参考在线文档，或者采用更快捷的方法，如询问文心一言等大模型解决。

经过上述步骤的修改即可完成对手写体数字识别的训练任务。

8.1.2 用PyTorch实现动物识别MLP

PyTorch是另一个目前非常流行的深度学习框架，本案例介绍使用该框架进行MLP建模实现CIFAR-10的分类模型。CIFAR-10数据集由飞机、汽车、鸟、猫、鹿、狗、青蛙、马、船和卡车10个类别图像组成，每个类别有6000张图像，共60000张图像。每张图像分辨率为32像素×32像素，RGB（红、绿、蓝）三色。CIFAR-10数据集部分图像案例如图8-2所示。

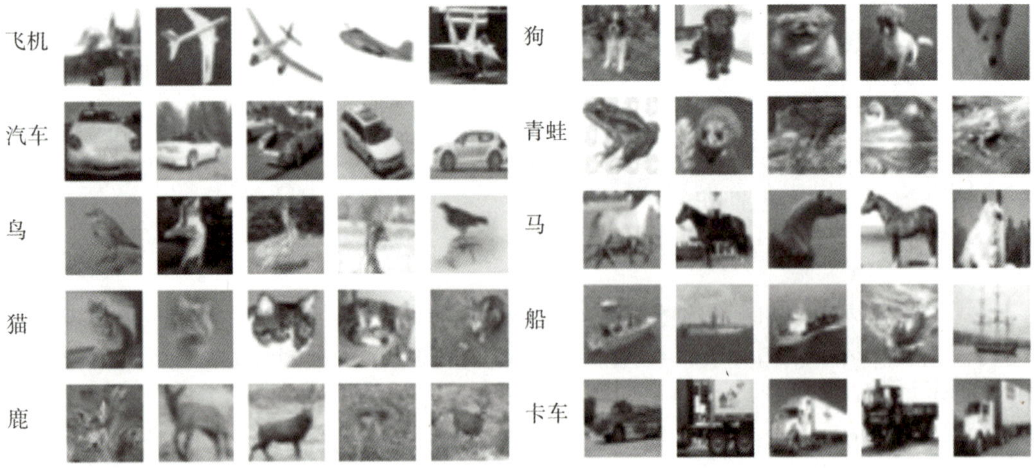

图8-2 CIFAR-10数据集部分图像案例

CIFAR-10具有规模适中、类别多样、图像分辨率适中、彩色、图像质量好等优点，是深度学习领域中研究图像分类算法、模型架构和策略优化的首选数据集。

1.导入必要的库

```
import torch
import torch.nn as nn
import torch.optim as optim
from torchvision import datasets, transforms
from torch.utils.data import DataLoader
```

2.数据加载和预处理

```
# 数据预处理
transform = transforms.Compose([
    #输出张量格式的数据
    transforms.ToTensor(),
    #归一化RGB 3个通道的数据，平均值=0.5，标准差=0.5
    transforms.Normalize((0.5, 0.5, 0.5), (0.5, 0.5, 0.5))
])

# 加载数据集
train_dataset = datasets.CIFAR10(root='./data', train=True, download=True,
transform=transform)
test_dataset = datasets.CIFAR10(root='./data', train=False, download=True,
transform=transform)

#批量加载数据用于后续训练加速。并打乱数据次序
train_loader = DataLoader(train_dataset, batch_size=64, shuffle=True)
test_loader = DataLoader(test_dataset, batch_size=64, shuffle=False)
```

transforms.Compose：可以将多个数据变换组合在一起，用一个列表结构[...]来列出所有的转换。

datasets.CIFAR10：装载CIFAR10数据集，如果本地没有该数据集，则会自动下载。

DataLoader：PyTorch内置数据加载器，训练时批量投喂数据。

3. 定义MLP模型

```
class MLP(nn.Module):
    def __init__(self):
        super(MLP, self).__init__()
        self.fc1 = nn.Linear(32*32*3, 500) #输入层节点数=32*32*3（图片尺寸）
        self.relu = nn.ReLU()
        self.fc2 = nn.Linear(500, 100)
        self.fc3 = nn.Linear(100, 10)  # 输出层节点数 = 10（类别数）

    def forward(self, x):
        x = x.view(-1, 32 * 32 * 3)  # 展平图片，降维到1维
        x = self.relu(self.fc1(x))
        x = self.relu(self.fc2(x))
        x = self.fc3(x)
        return x

model = MLP()
```

自定义一个MLP模型类，这是一个面向对象的编程方法，继承torch.nn类。主要重载初始化函数__init__和前馈网络计算函数forward，__init__完成MLP各层的设计，forward完成前馈网络的计算。

因为MLP的输入是1维的数据，3维的图像，所以需要用view函数进行展平降维。

最后一层的输出神经元个数必须与分类数相同（=10）。上述代码设计的MLP结构如图8-3所示。

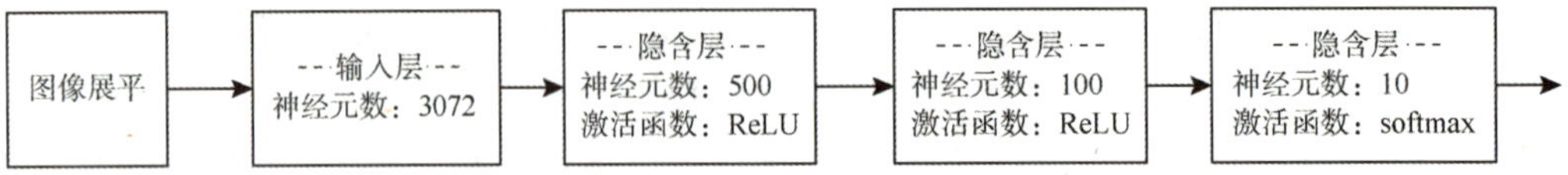

图8-3 多隐含层MLP拓扑结构

4. 参数设置

```
# 设定超参数
learning_rate = 0.001 #学习率
epochs = 10      #迭代次数
```

```
# 损失函数和优化器
criterion = nn.CrossEntropyLoss()  #自带softmax
optimizer = optim.Adam(model.parameters(), lr=learning_rate)
```

损失函数采用交叉熵损失算法，因为自带softmax，所以MLP的最后一层无须再设置softmax激活函数。

5. 训练模型

```
# 训练模型
for epoch in range(epochs):
    for images, labels in train_loader:
        optimizer.zero_grad()   #很重要，误差不累积，置零
        outputs = model(images) #前向计算
        loss = criterion(outputs, labels) #计算损失
        loss.backward() #误差反向传播
        optimizer.step() #用选定的优化器更新模型参数

    print(f'Epoch [{epoch + 1}/{epochs}], Loss: {loss.item():.4f}')
```

每迭代一次，都显示一次训练的结果，展示训练的过程。

```
Epoch [1/10], Loss: 1.1324
Epoch [2/10], Loss: 1.1708
Epoch [3/10], Loss: 1.5662
Epoch [4/10], Loss: 1.1874
Epoch [5/10], Loss: 1.0902
Epoch [6/10], Loss: 0.8871
Epoch [7/10], Loss: 1.5167
Epoch [8/10], Loss: 1.3621
Epoch [9/10], Loss: 1.0083
Epoch [10/10], Loss: 0.5777
```

6. 评估模型

```
model.eval()
with torch.no_grad():
    correct = 0
    total = 0
    for images, labels in test_loader:
        outputs = model(images)
        _, predicted = torch.max(outputs.data, 1)
        total += labels.size(0)
        correct += (predicted == labels).sum().item()

    print(f'Accuracy of the network on the 10000 test images: {100 * correct / total} %')
```

model.eval：将MLP切换到评估模式。

model（images)：前向计算输出结果（预测的分类概率)。

评估结果如下。

```
Accuracy of the network on the 10000 test images: 53.04 %
```

8.2 卷积运算基础

在正式介绍卷积神经网络的实现之前，我们先了解一下卷积这个词是怎么来的。卷积本来是数学中的一个算法，其基本思想就是通过设计一个算子，将一个函数映射为另一个函数的过程。

8.2.1 数学中的卷积

连续函数的卷积：卷积是一个非常经典的数学算法，假设有两个连续函数 $f(x)$和 $g(x)$，卷积可表示为

$$h(x)=\int_{-\infty}^{+\infty} f(\tau)g(x-\tau)\mathrm{d}\tau \tag{8.1}$$

【小技巧】函数f的自变量与函数g的自变量相加为x。

这个积分就定义了一个新函数，称为函数f与g的卷积，记为$h(x)=(f\cdot g)(x)$。

离散函数的卷积：除了连续函数的卷积，还有离散函数的卷积，可表示为

$$h(n)=(f\bullet g)(n)=\sum_{m=-\infty}^{+\infty}f(m)g(n-m) \tag{8.2}$$

【小技巧】函数f的自变量与函数g的自变量相加为n。

为了更好地理解卷积的计算过程，下面我们以一个通俗易懂的概率计算为例来说明卷积的应用。

【例8-1】已知，有两枚骰子，第一枚骰子有5个面，上面的点为1~5；第二枚骰子有8个面，上面的点为1~8；两枚骰子每个面出现的概率是相同的。现在把两枚骰子同时投出去，两枚骰子点数加起来为6的概率是多少？

解：用离散函数的卷积算法来求解这个问题。

设$f(n)$为第一枚骰子的概率分布函数，因为每个面出现的概率相同，所以

$$f(1)=f(2)=f(3)=f(4)=f(5)=0.2$$

同样地，设$g(n)$为第二枚骰子的概率分布函数，因为每个面出现的概率相同，所以

$$g(1)=g(2)=g(3)=g(4)=g(5)=g(6)=g(7)=g(8)=0.125$$

求两枚骰子点数加起来为6的概率，即求卷积函数$h(n)$当$n=6$时的值，其所有组合如下表所示。

骰子1点数	1	2	3	4	5
骰子2点数	5	4	3	2	1
总点数	6	6	6	6	6

$$\begin{aligned}h(6)&=f(1)\times g(5)+f(2)\times g(4)+f(3)\times g(3)+f(4)\times g(2)+f(5)\times g(1)\\&=0.2\times 0.125+0.2\times 0.125+0.2\times 0.125+0.2\times 0.125+0.2\times 0.125\\&=0.125\end{aligned}$$

在这个案例中，两个骰子加起来的点数总和在2~13之间，用同样的方法可以计算$n=2\sim13$时的$h(n)$，在此，$f(n)$、$g(n)$可以是其他的概率分布函数，如泊松分布。

练一练：

如果$f(n)$、$g(n)$的概率分布是泊松分布，结果会如何？

卷积神经网络借鉴上述的空间变换思想，也设计了一种算子，专门针对图像等网格数据进行变换，从中提取特征，完成模型的分类识别任务。

因为卷积神经网络首先是针对图像识别提出的深度学习算法，所以下面我们先了解一下图像识别中的两个基本概念。

8.2.2 感受野

大卫·休伯尔等人通过对猫大脑皮层的研究，提出“感受野”的概念。物体在视网膜处投射出影像后，在视觉信号向大脑传导的过程中，并不采用所有神经元全连接的方式，而是首先进行局部处理，经过多个层次的局部处理提取出特征值，再逐层传递。这个局部的大小范围就是“感受野”，如图8-4所示。因此，基于卷积算法思想和感受野概念构成的神经网络就被命名为“卷积”神经网络。

图8-4　图像识别中的感受野

8.2.3 图像的数字化表示

现实物理世界的图像不能被直接用于计算处理，必须先经过数字化处理，如扫描仪、数字相机等。为了对数字图像进行统一规范，我们将数字图像的每个像素用RGB三原色来表示，每种颜色的强度用一个字节储存，取值范围0～255。根据这种表示方法，每个像素可以有256×256×256＝16777216种颜色，相当丰富。这种表示法能让计算机区分1600多万种的颜色，目前来说已经足够了。

举例来说，对一个彩色数字化图像，假设它的分辨率是8像素×7像素，其数字化的表示方式如图8-5所示。

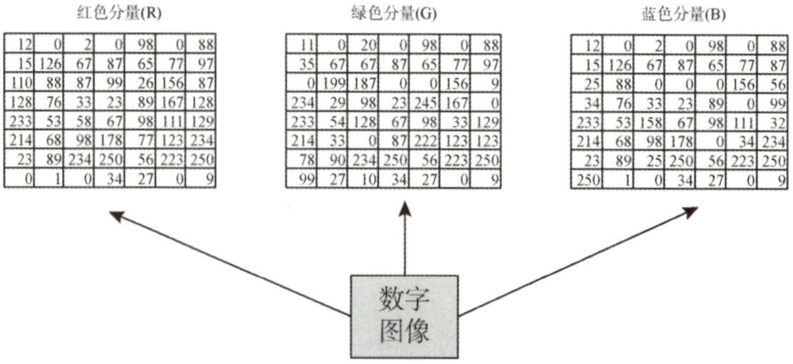

红色分量(R)

12	0	2	0	98	0	88
15	126	67	87	65	77	97
110	88	87	99	26	156	87
128	76	33	23	89	167	128
233	53	58	67	98	111	129
214	68	98	178	77	123	234
23	89	234	250	56	223	250
0	1	0	34	27	0	9

绿色分量(G)

11	0	20	0	98	0	88
35	67	67	87	65	77	97
0	199	187	0	0	156	9
234	29	98	23	245	167	0
233	54	128	67	98	33	129
214	33	0	87	222	123	123
78	90	234	250	56	223	250
99	27	10	34	27	0	9

蓝色分量(B)

12	0	2	0	98	0	88
15	126	67	87	65	77	87
25	88	0	0	0	156	56
34	76	33	23	89	0	99
233	53	158	67	98	111	32
214	68	98	178	0	34	234
23	89	25	250	56	223	250
250	1	0	34	27	0	9

图8-5　图像的RGB三原色数字化表示

如果是灰度图像，则可只用1个亮度通道（一个字节，byte）表示，取值范围同样是0～255，0表示最黑，255表示最亮。黑白图像是灰度图像的特殊情况，也用一个字节表示，黑色是0，白色是255。但在早期，计算机的内存非常小，为了减少内存的开销，也常用1位（bit）来表示黑白图像，黑色是0，白色是1。

8.3 卷积神经网络的实现

卷积神经网络是一种特殊类型的多隐含层MLP，在卷积神经网络的算法里，我们设计一定大小的卷积核对网格数据进行卷积运算。卷积运算实质上就是一种加权和，比如3×3的卷积核就相当于输入层的神经元个数为9（输入数据就是3×3的一个网格数据），然后再通过一定的法则进行移动扫描。本节将详细介绍这种神经网络的实现方法。

一个最典型的卷积神经网络结构是由卷积层、全连接层和输出层组成的前馈神经网络。其中卷积层又包含卷积运算、池化运算和归一化。这种卷积层可以多个堆叠串联。

图8-6是最简单的卷积神经网络：图像经过输入层，数据经过归一化、一次卷积（卷积核=64个）、一次池化（池化核=2×2，步长=2）、MLP全连接层、输出层后，获得150个分类结果。复杂一点的卷积神经网络可以有多个卷积和池化层，如AlexNet，如图8-7所示。

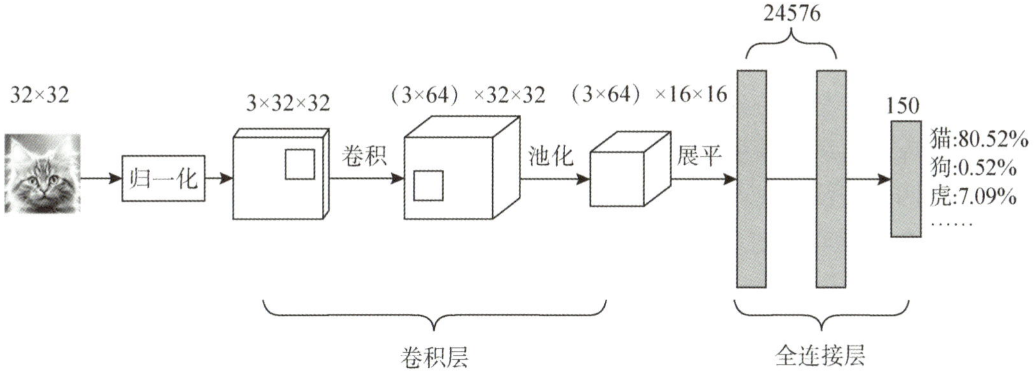

图8-6 最简单的卷积神经网络

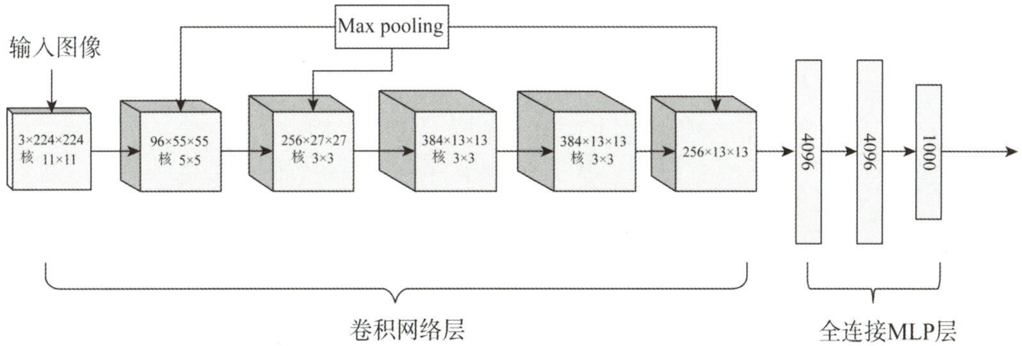

图8-7 AlexNet拓扑结构

8.3.1　卷积运算

1.运算过程

卷积运算就是通过设计一系列大小适中的卷积核（感受野），对数字图像的各个通道分量（二维矩阵）进行加权求和并提取特征值的过程。常用的卷积核大小有3×3、5×5、7×7等。

下面详细介绍如何对数字图像的一个红色通道分量R进行卷积运算，如图8-8所示。

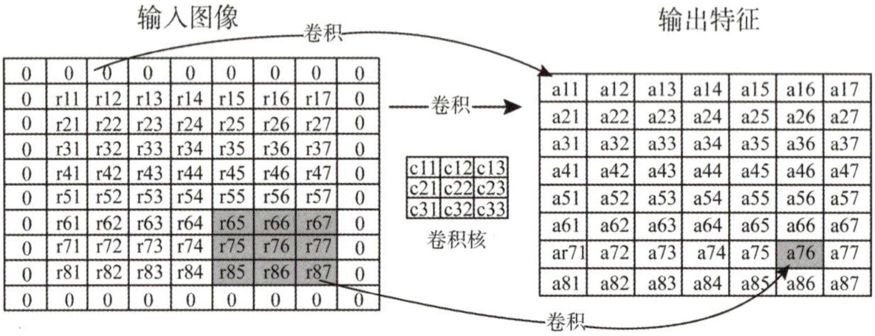

图8-8　卷积运算过程

（1）补齐（padding）。

输入图像的四边应补上一定宽度的像素，值设置为0。因为在卷积运算时，卷积核（感受野）是从左到右、从上到下逐步长地移动，移动过程中会丢弃最边缘的像素，为保持边缘的信息不被丢弃或者保证输入图像的大小与输出特征图的大小一致，需在四边进行补齐。如图8-8所示，卷积核大小为3×3，步长为1，因此在四边各补齐一个像素宽度的0，就可保证输出特征图的大小与输入图像相同。当卷积核大小和卷积步长变化的时候，输出特征图的大小需要重新计算。

（2）卷积运算。

假设卷积核C_1大小为3×3，参数为Cij（i=1～3，j=1～3），那么输出特征向量中的每个值计算如下

$$\begin{aligned} a11 = & 0 \times c11 + 0 \times c12 + 0 \times c13 + \\ & 0 \times c21 + r11 \times c22 + r12 \times c23 + \\ & 0 \times c31 + r21 \times c32 + r22 \times c33 \end{aligned}$$

$$\begin{aligned} a12 = & 0 \times c11 + 0 \times c12 + 0 \times c13 + \\ & r11 \times c21 + r12 \times c22 + r13 \times c23 + \\ & r21 \times c31 + r22 \times c32 + r23 \times c33 \end{aligned}$$

…

…

$$a76 = r65 \times c11 + r66 \times c12 + r67 \times c13 + r75 \times c21 + r76 \times c22 + r77 \times c23 + r85 \times c31 + r86 \times c32 + r87 \times c33$$

…

$$a87 = r76 \times c11 + r77 \times c12 + 0 \times c13 + r86 \times c21 + r87 \times c22 + 0 \times c23 + 0 \times c31 + 0 \times c32 + 0 \times c33$$

计算完成后，生成特征向量A_{1R}。

（3）计算其他颜色通道。

对其他颜色通道按照步骤（2）重复计算，共用卷积核C_1的参数，生成特征向量A_{1G}、A_{1B}。

（4）用新的卷积核。

再用新的卷积核C_2。通常经过网络学习后，C_2与C_1会是不同的参数值，按照步骤（2）（3）生成特征向量A_{2R}、A_{2G}、A_{2B}。

（5）生成n组特征向量。

重复（2）（3）（4），生成n组特征向量A_{nR}、A_{nG}、A_{nB}，n根据具体任务自由设计。

卷积神经网络的训练就是确定n个卷积核C_n的参数，$n=1\sim\infty$。

2.卷积运算中有3个主要参数

（1）卷积核的形状。

卷积核的形状可以有任意多个，不同的形状决定网络参数的大小，代表不同的感受野，比如3×3的卷积核表示长度=3、宽度=3的二维矩阵，共9个参数。

（2）步长。

在卷积运算中，还有一个非常重要的参数就是步长，即每次卷积计算后，进行下一步卷积运算前感受野向右或向下移动像素的数量。上面的例子是步长=1的情况。不同步长的卷积算法如图8-9所示。

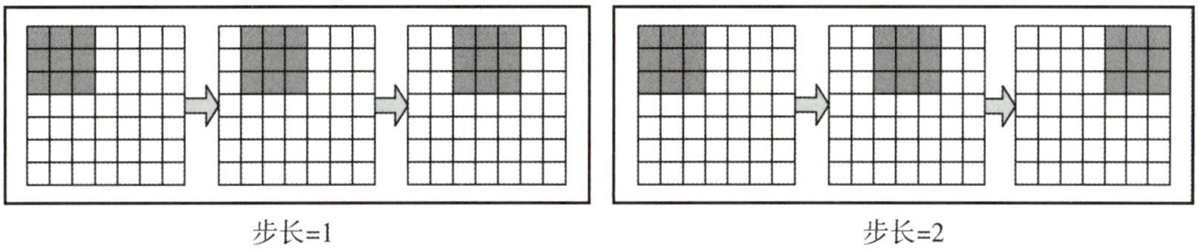

图8-9 不同步长的卷积算法比较

卷积核的数量表示每一层网络可以提取特征值的个数。如图8-10所示，我们要提取柯基狗的图像特征，设计了多个卷积核来分别提取腿、耳朵、脸、花、草地、背景等特征。

（3）卷积核的数量。

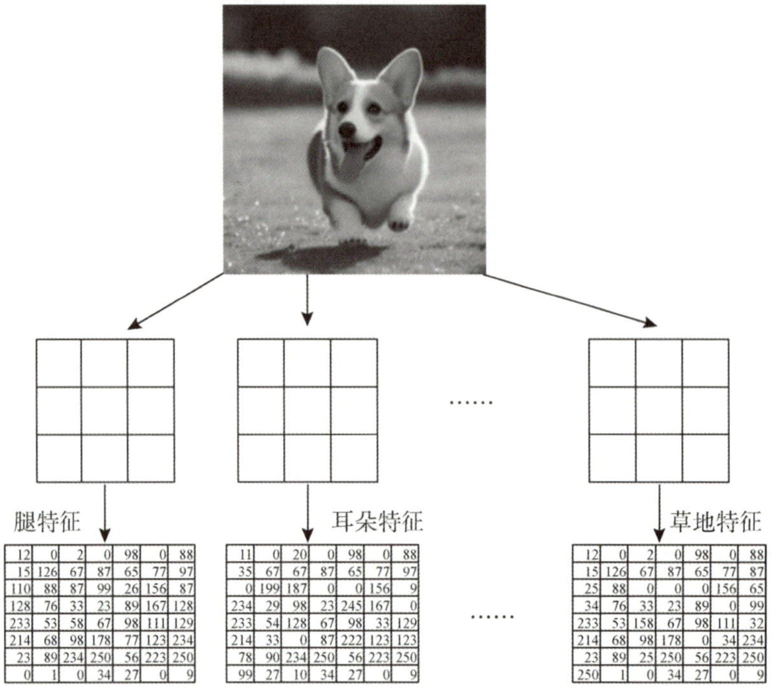

图 8-10　多个卷积核提取图像的多种特征值

8.3.2　池化

池化（pooling）也称下采样，其作用是缩小特征图的尺寸以减少计算量。池化的原理是用某一图像区域子块的统计信息代表该子块的全局信息。池化操作主要有最大池化、平均池化、随机池化、L2范数池化、K-max池化和全局平均池化等。卷积神经网络常用2×2区域进行池化。表8-1为几种池化的计算规则。

表 8-1　不同池化运算的计算规则

最大池化	池化结果	随机池化	池化结果
125　115 137　120	137	12　11 17　10	Radom（12，11，17，10）
平均池化	**池化结果**	**L2 范数池化**	**池化结果**
33　46 57　40	44	19　15 26　23	$\sqrt{19^2+15^2+26^2+23^2}$

池化运算也有两个重要的参数，即池化核形状和步长，其定义与卷积运算的形状和步长一样，在此不再赘述。

【例8-2】对如下的特征图进行平均池化计算，池化窗口为2×2，步长为2，输出结果。

23	34	55	32	66	43
15	43	27	30	39	54
33	67	47	28	36	49
56	89	90	35	77	65
54	32	37	48	65	32
63	67	38	43	29	54

解：

A1=（23+34+15+43）/4=28.75	A2=（55+32+27+30）/4=36	A3=（66+43+39+54）/4=50.5
A4=（33+67+56+89）/4=61.25	A5=（47+28+90+35）/4=50	A6=（36+49+77+65）/4=56.75
A7=（54+32+63+67）/4=54	A8=（37+48+38+43）/4=41.5	A9=（65+32+29+54）/4=45

池化结果如下。

28.75	36	50.5
61.25	50	56.75
54	41.5	45

练一练

用Python编程实现本题的L2范数池化运算。

8.3.3 归一化

模型的训练需要高质量的数据，但是如果多个特征值的输入数据分布严重不均，数值范围差异巨大，那么很可能会产生训练不可收敛甚至其他不可预料的问题。为防止这些问题发生，我们应保证让不同特征值的数据取值范围一致。最简单的处理方法就是归一化，即将特征值的取值范围压缩在0~1之间，如表8-2所示。

表 8-2　原始数据的归一化处理

原始数据				归一化后		
序号	特征 1	特征 2		序号	特征 1	特征 2
1	3000	3		1	0.25	0.25
2	5000	5		2	0.5	0.5
3	9000	9		3	1	1
4	2000	2		4	0.125	0.125
5	1000	1		5	0	0
6	4000	4		6	0.375	0.375

归一化的计算公式为

$$y=\frac{x-\min}{\max-\min} \tag{8.6}$$

从表 8-2 也可以看到，经过归一化处理后，特征 1 和特征 2 的数据规律是相同的。由此可见，进行归一化后更容易发现数据的本质规律。

还有多种处理方法可实现归一化，比如把数据归一化成一种正态分布等。在 sklearning 中有专门的模块实现样本数据的归一化。

8.3.4　用 TensorFlow 实现简单的卷积神经网络

前文中，我们用 MLP 实现图像的识别，方法是将二维的图像数据展平成一维的数据。这种方法对于较小的图像是可行的，如手写体数字的识别。但是对于分辨率很大的图像，如果还采用这种方法，不仅网络很大，而且也不符合人类识别图像的本质。比如一幅 512×512 的彩色图像，展平后就有 512×512×3=786432 个特征。

下面我们用卷积神经网络来实现图像的分类识别，依旧采用 TensorFlow 来实现。

1. 导入必要的库

```
import TensorFlow as tf
from TensorFlow.keras import layers, models
from TensorFlow.keras.models import load_model
from TensorFlow.keras.datasets import cifar10
from TensorFlow.keras.utils import to_categorical
```

2. 加载和预处理数据

这里我们使用 CIFAR-10 数据集作为示例，这是一个常用的用于图像识别的小型数据集。首次运行会先下载数据到本地，默认下载地址为https://www.cs.toronto.edu/~kriz/cifar-10- python.tar.gz，下载的数据集默认保存在C:\Users\Administrator\.keras\datasets，其中Administrator为系统登录账号，每台机器会不同。若手工下载，需要将cifar-10-python.tar的文件名改为cifar-10-batches-py.tar。返回的数据集格式是numpy.ndarray，形状为（50000，32，32，3），表示一共有50000个图，每个图的尺寸是32×32，RGB三通道。

```
(train_images, train_labels), (test_images, test_labels) = cifar10.load_data()
# 查看数据类型 type(train_images)  # numpy.ndarray
# 查看形状 train_images.shape  # (50000, 32, 32, 3)

# 归一化数据
train_images, test_images = train_images / 255.0, test_images / 255.0

# 将标签转换为独热编码
train_labels = to_categorical(train_labels, 10)
test_labels = to_categorical(test_labels, 10)
#显示独立码 print(train_labels[0:2])
```

独热码（One-Hot Encoding），又称为一位有效编码，是一种常用于表示分类数据的编码方式。它的基本原理是使用N位数组对N个分类进行编码，对任一个样本，分类索引所在的位置为1，其余位都为0。

上面代码的独热码输出结果：[[0. 0. 0. 0. 0. 0. 1. 0. 0. 0.]，[0. 0. 0. 0. 0. 0. 0. 0. 0. 1.]]

3. 构建模型

```
model = models.Sequential() #初始一个前馈神经网络

# 增加卷积运算层1，卷积核数量为32个，卷积核大小3*3，激活函数relu
model.add(layers.Conv2D(32, (3, 3), activation='relu',
input_shape=(32, 32, 3)))
# 增加池化运算层1，感受野2×2
model.add(layers.MaxPooling2D((2, 2)))
# 增加卷积运算层2，卷积核数量为64个，卷积核大小3*3，激活函数relu
model.add(layers.Conv2D(64, (3, 3), activation='relu'))
```

```
# 增加池化运算层2，池化窗口（感受野）2×2
model.add(layers.MaxPooling2D((2, 2)))
# 增加卷积运算层3，卷积核数量为64个，卷积核大小3*3，激活函数relu
model.add(layers.Conv2D(64, (3, 3), activation='relu'))

# 添加全连接层，即MLP
model.add(layers.Flatten())
model.add(layers.Dense(64, activation='relu'))
model.add(layers.Dense(10, activation='softmax'))
```

模型分成两部分，第一部分是卷积层网络，第二部分是全连接层。可自行根据代码画出网络结构。

4. 编译模型

```
model.compile(optimizer='adam',
              loss='categorical_crossentropy',
              metrics=['accuracy'])
```

指定优化器、损失函数、性能评估指标。

5. 训练模型

```
history = model.fit(train_images, train_labels, epochs=10,
                    validation_data=(test_images, test_labels))
```

指定训练集、轮次、验证集。

6. 评估模型

```
test_loss, test_acc = model.evaluate(test_images, test_labels, verbose=2)
print('\nTest accuracy:', test_acc) #Test accuracy: 0.7084000110626221
```

7. 保存和加载模型

```
#保存模型
```

```
model.save("CNN_test.keras")

#加载模型
model = models.load_model('CNN_test.keras')
```

8. 可视化训练过程

调用matplotlib.pyplot进行显示。

```
import matplotlib.pyplot as plt
acc = history.history['accuracy']
val_acc = history.history['val_accuracy']
loss = history.history['loss']
val_loss = history.history['val_loss']
epochs = range(len(acc))
plt.plot(epochs, acc, 'r', label='Training accuracy')
plt.plot(epochs, val_acc, 'b', label='Validation accuracy')
plt.title('Training and validation accuracy')
plt.legend(loc=0)
plt.figure()
plt.plot(epochs, loss, 'r', label='Training Loss')
plt.plot(epochs, val_loss, 'b', label='Validation Loss')
plt.title('Training and validation loss')
plt.legend(loc=0)
plt.show()
```

小技巧：要知道函数的详细参数，除了查阅官方文档外，还可以询问文心一言这些大语言模型。比如输入提示词“layers.Conv2D 参数说明”，试一试吧！

练一练

比较一下不同训练轮次的准确率。

8.3.5 实战案例：基于AlexNet的图像识别模型训练——PyTorch框架

用深度学习模型进行模型训练的基本流程是相似的。由于层数的增加，我们在用代码实现前，首先要建立拓扑结构。为了理清思路，让代码更易读，最好能画出拓扑结构图和相应的表格，并在表格中填写设计好的每层的参数，然后计算出输入输出的数据形状（这步非常重要）。本例仍然以CIFAR-10图像数据集为例，演示如何用PyTorch框架进行最经典的卷积神经网络AlexNet的建模。

（1）设计网络拓扑图，本例的AlexNet拓扑结构如图8-7所示。

（2）设计网络各层的参数，如表8-3所示。

表8-3　设计网络各层的参数

第一部分：以下为卷积网络层						
层数	算法	kernels	kernel_size	padding	stride	output_size
1	卷积	96	11×11	[1，2]	4	[55，55，96]
	激活函数	ReLU				
	最大池化		3×3	0	2	[27，27，96]
2	卷积	256	5×5	[2，2]	1	[27，27，256]
	激活函数	ReLU				
	最大池化		3×3	0	2	[13，13，256]
3	卷积	384	3	[1，1]	1	[13，13，384]
	激活函数	ReLU				
4	卷积	384	3	[1，1]	1	[13，13，384]
	激活函数	ReLU				
5	卷积	256	3	[1，1]	1	[13，13，256]
	激活函数	ReLU				
	最大池化		3×3	0	2	[6，6，256]
第二部分：以下为全连接网络层						
层数	算法	Input_size	output_size	dropout	激活函数	
1	全连接	256×6×6	4096	0.5	ReLU	
2	全连接	4096	4096	0.5	ReLU	
3	全连接	4096	numClass		softmax	

numClass：需要最终分类的个数。

（3）根据表8-3，编写代码，实现模型定义，在PyTorch框架里，通过继承torch.nn. Module来实现。编程要点及核心如下所示，完整代码可扫描二维码获取。

基于AlexNet的图像识别

①导入必要的库。

```
import torch
import torch.nn as nn
import torch.optim as optim
import torchvision.transforms as transforms
import torchvision
```

②定义AlexNet，继承torch.nn. Module，重载__init__和forword。

③初始化定义卷积层self.features、自适应平均池化层self.avgpool、全连接层self.classifier。

```
self.features: nn.Sequential依次实现nn.Conv2d、nn.ReLU、nn.MaxPool2d叠加
self.avgpool: nn.AdaptiveAvgPool2d实现自适应池化
self.classifier: nn.Sequential依次实现nn.Dropout、nn.Linear、nn.ReLU叠加
```

④forword前馈依次实现self.features、self.avgpool、torch.flatten（展平）、self.classifier。

⑤加载训练数据集。

```
transform = transforms.Compose、torchvision.datasets.CIFAR10、
torch.utils.data.DataLoader, 并随机分成训练集, 测试集
```

⑥定义损失函数。

```
criterion = nn.CrossEntropyLoss() , 内含Softmax
```

⑦定义优化器。

```
optimizer = optim.SGD(model.parameters(), lr=0.001, momentum=0.9)
```

⑧训练模型——设置训练的轮次。

```
梯度清零：optimizer.zero_grad()
正向传播：outputs = model(inputs)、loss = criterion(outputs，labels)
反向传播：loss.backward()
优化模型参数：optimizer.step()
显示中间过程：loss.item()
```

8.4 CNN的应用领域

1.图像分类

自AlexNet提出后，深度学习的模型如雨后春笋般出现，尤其在图像分类识别领域。其准确率不断提高，目前已经在多个场景如人脸识别、视网膜疾病诊断等。ILSVRC2014的前几名均被CNN包揽，如GoogLeNet、VGG。2015年，微软的超深层网络达到152层，错误率仅为3.56%，首次低于人类的5.1%。

2.物体检测

物体检测是指确定图像中存在的物体，即对非限定类别的、多个物体进行检测，并确定其位置。这项任务的难度比单个图像识别要高很多。这项任务需要解决候选区域筛选、冗余候选区域去除两个问题。区域卷积神经网络（Regions with Convolutional Neural Networks，R-CNN）能通过选择性搜索的分割方法从图像中提取候选区域，再对每个区域进行类别提取。对于未在训练类别里的物体，我们可以通过迁移学习的方式，用新数据集进行微调训练。R-CNN还能识别区域是否属于背景，这里就又采用了支持向量机进行识别。

3.分割

图像分割的任务是对每个像素的所属类别进行提取（分类概率）。分割对象可以是风景图像、人脸图像和医用图像。全卷积网络（Fully Convolutional Neural Networks，FCN）可有效地对图像进行分割。它通过将传统CNN中的全连接层替换为卷积层的方式，使得网络能够接受任意尺寸的输入图像，并输出相同尺寸的分割结果。这种结构使得FCN能够有效地处理图像分割任务，同时保留了空间信息，使得分割结果更加精确。FCN及其改进模型在多个领域都有广泛的应用，包括医学图像分析、自动驾驶、卫星图像分析等。例如，在医学图像分析中，FCN可以用于肿瘤分割、器官分割等任务；在自动驾驶领域，FCN可以用于道路检测、车辆识别等任务。

4.回归问题

典型的回归问题包括面部器官检测和人体姿势估计，如通过网络能根据输入图像输出人脸区域的眼睛和嘴巴等器官的坐标。在回归问题中使用CNN可以直接预测各部位的坐标，而无须考虑其他限制条件和位置关系。基于AlexNet的Deep Pose是其中的佼佼者，级联CNN方法也有不俗的表现。

虽然CNN的主要战场在计算机视觉领域，但它也能在自然语言处理、语音识别、推荐系统、游戏玩家分析、医学影像诊断、自然灾害预测和响应、财务分析等领域进行应用。卷积神经网络的核心就是通过卷积核的卷积运算对相邻的数据进行特征分析，忽略较远的数据。值得一提的是，只要目标任务符合这样的特征均可采用CNN进行建模。

8.5 本章小结

深度学习最早从图像识别研究中发展起来，当数据储备、算法储备和算力储备满足了特定条件后，基于深度学习的图像识别模型终于获得了成功。从此，深度学习模型被认为是最接近人类大脑的一种结构。

多隐含层的MLP已经具备了图像分类识别的能力，也是当前许多深度学习网络的一个重要组成部分。本章采用TensorFlow和PyTorch两个深度学习框架介绍MLP的实现方法。

卷积神经网络是用于图像识别最经典最常用的模型，在图像分类、物体检测、图像分割、回归问题等方面有着非常广泛的应用。卷积神经网络是本章的重点内容，核心的概念和算法包括卷积运算、池化算法、图像的数字化表示。

要掌握人工智能算法，最好的学习方法就是通过实战案例的练习，通过不断尝试不同参数带来的结果来加深理解。因此，我们通过几个实战案例，用最有名的AlexNet卷积神经网络来实现图像分类识别，介绍如何用PyTorch和TensorFlow设计和训练一个卷积神经网络。读者可通过修改其中的一些重要参数，如卷积核形状、卷积核数量、步长和网络层数，来进一步了解卷积神经网络内部的工作原理。

本章习题

一、判断题

1.在卷积运算中，补齐操作就是为了保证输出特征大小和输入图像一致。 (　　)

2.“感受野”概念是由大卫·休伯尔提出来的。 (　　)

3.池化操作的原理是用某一图像区域子块的统计信息包含该子块全局信息。 (　　)

4.通常我们将具有输入层、隐含层和输出层的网络称为深度学习网络。 (　　)

5.因为手写体的数字识别数据集是28×28的图像数据，所以只能用CNN建模。 (　　)

二、选择题

1.池化操作有哪几种常用的算法 (　　)

A.最大池化　B.平均池化　C.扩大池化　D.随机池化

2.卷积运算的主要目的是什么？ (　　)

A.对数字图像进行压缩　B.对数字图像进行放大

C.提取数字图像的特征值　D.改变数字图像的分辨率

3.灰度图像使用多少个亮度通道来表示？ (　　)

A.3个　B.2个　C.1个　D.4个

4. 在RGB表示法中，每种颜色的强度用一个什么值来表示，其取值范围是多少？（　　）

A. 一个比特，0或1　　B. 一个字节，0~127

C. 一个字节，0~255　　D. 两个字节，0~65535

5. CIFAR-10是包含了10个动物分类的图像识别数据集，要对该数据集建立卷积神经网络进行图像分类识别，输出层网络应采用哪个激活函数？（　　）

A. ReLU　　B. Sigmdid　　C. softmax　　D. Tanh

6. 以下哪些框架可以进行MLP的建模与训练（　　）

A. Sklearn　　B. TensorFlow　　C. PyTorch　　D. PaddlePaddle

三、简答题

1. 画出AlexNet的拓扑结构图，并简述每个网络层的算法。

2. 简述卷积运算中的3个主要参数的作用。

四、计算和编程题

1. 用Python编程实现例8-2的L2范数池化运算，步长为2。

2. 例8-1中，如果2个骰子的概率分布函数$f(n)$、$g(n)$都是泊松分布，求2个骰子抛出后点数相加之和为7的概率是多少？

3. 对图8-11（A）的网格数据进行卷积运算，卷积核为图8-11（B），步长为1，padding=(1,1)。

20	21	3	19	33
102	35	18	26	21
153	98	76	55	24
102	53	64	32	9
26	36	37	68	99

图A

1	−1	1
4	0	9
2	6	3

图B

8-11　网格数据

第9章 循环神经网络

本章导读

人类世界有7000多种语言。人与人之间的交流主要通过文字、语音对话进行，那么如何让机器为我们翻译，甚至能与我们人类进行非常自然的交流呢？这就需要人工智能模型具备处理序列数据的能力，进而实现对上下文的语义进行理解。

人人都有个发财梦，很正常，那么是否也可以让人工智能来预测股市呢？如果我们能从历史的数据中提取信息来判断股市的走势，那么这将是一件多么令人兴奋的事情。股票的走势也是一种时间序列的数据。

在我们身边，还有许许多多跟序列有关的应用场景，比如从心电图、脑电图中诊断人的健康，从历史数据中预测天气、视频分析、疫情的防控等。

为了解决这些跟序列相关的任务，循环神经网络（Recurrent Neural Network，RNN）模型应运而生，这类模型的设计初衷就是为了解决MLP和CNN不能解决的数据长距离依赖问题。本章将详细介绍RNN的几个经典模型。首先介绍经典RNN的逻辑结构及按序列展开的工作原理，其次介绍LSTM的结构及计算方法，最后通过股票价格预测案例介绍RNN的简单使用方法。

本章要点

◉ 判断前馈型和反馈型神经网络
◉ 熟练掌握根据拓扑图写出t时刻输出公式的方法
◉ 列举LSTM、RNN的应用领域
◉ 列举LSTM的局限性
◉ 列举4个以上循环神经网络结构
◉ 对简单的RNN结构计算输出序列
◉ 阅读并理解TensorFlow实现股票预测代码的过程并给出注释

9.1 循环神经网络概述

人工神经网络根据数据的处理进程可分为前馈型神经网络（Feedforward Neural Network，FNN）和反馈型神经网络（Feedback Neural Network），如图 9-1 所示。

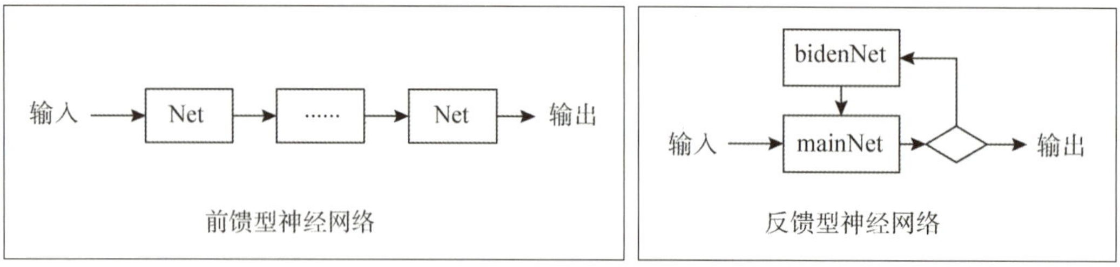

图 9-1 前馈型与反馈型神经网络的区别

前馈型神经网络是一种单向多层结构，其中每一层都包含若干个神经元。这些神经元分层排列，每个神经元只与前一层的神经元相连，接收前一层的输出并输出给下一层。整个网络中无反馈，信号从输入层向输出层单向传播，中途没有信号进行反馈，可用一个有向无环图表示。前面讲到的多层感知机和卷积神经网络都是前馈型神经网络。

反馈型神经网络指每个神经元不仅接收来自其他神经元的信号，还接收自己的反馈信号。这种结构使得信息在网络中双向流动，形成复杂的回路。反馈型神经网络可以分为全反馈网络结构和部分反馈网络结构，其中全反馈网络结构的代表是 Hopfield 网络，本章要讲的 RNN 也是一种反馈神经网络，数据从输入层向输出层传递时，还会部分或全部反馈到输入端，从而影响和约束其下一个输出结果。

RNN 是一种特殊类型的反馈型神经网络，专门用于处理序列数据。序列数据指的是那些随时间或其他连续变量变化的数据，例如文本、语音、时间序列数据等。RNN 的核心思想在于其循环结构使得网络能够捕捉和利用序列中的前后依赖性信息。RNN 的基本单元是一个具有循环连接的神经网络层。这个循环连接允许网络在处理每个时间步的数据时，能够利用之前时间步的信息。具体来说，RNN 在每个时间步都会接收一个输入，并产生一个输出，同时其内部状态（隐藏状态）会被更新并传递到下一个时间步中。

9.1.1 RNN 基本结构

许多任务都是跟序列相关的，比如微信聊天中将一段声音翻译成文字、对连续的生物信号如脑电波进行分析、对股市的走势进行预测、自然语言处理中根据上下文进行单词预测（完形填空）、机器翻译、语义理解等，这些序列问题的共同特征就是当前的输出跟前后的多个输入相关。

以语义理解为例："我的手机昨天丢了，你能帮我买128G的苹果吗？"这句话中前面的"手机"限定了后面的"苹果"是一个手机品牌，如果只看后面半段话，一般而言会买来128克的水果——苹果。再比如在自然语言预测中，我们经常会用到输入法的后词预测功能，比如当我们在打字时，输入法会根据我们前面的输入词，自动预测后面的输入词以加快输入，有时甚至只要输入开头的字母即可判断。

要实现这样的任务，前面提到的MLP和CNN就很难做到了，这时候就需要用到一种新的神经网络模型，即RNN。

RNN的基本逻辑结构如图9-2所示。

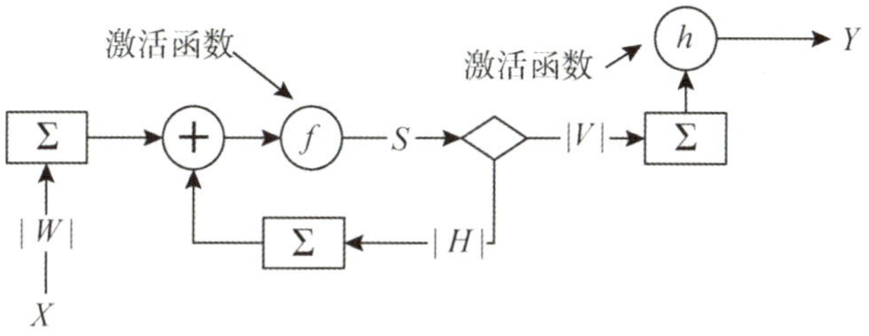

图9-2 RNN内部逻辑结构

根据图9-2，在t时刻，输出

$$\begin{aligned} &Y_t = h(V \cdot S_i + \alpha) \\ &St = f(W \cdot Xi + H \cdot Si - 1 + \beta) \end{aligned} \tag{9.1}$$

其中，h和f是激活函数，$|W|$是输入层到隐含层的权重矩阵、$|V|$是隐含层到输出层的权重矩阵，$|H|$是隐含层上一次的值（反馈）作为这一次的输入的权重，α、β为偏置值。

由该公式可见，t时刻的输出结果不仅同t时刻的输入X_i有关，还同$t-1$时刻隐含层的输出S_{i-1}有关，$|W|$、$|V|$、$|H|$就是该RNN网络需要训练的权重参数。

9.1.2 RNN按序列的展开

为便于更进一步理解RNN在具体的实际中是如何工作的，我们将RNN按序列来展开。比如要预测下面这一句话的最后一个词："天行健，君子以自强不（）。"读过《易经》的人都知道下一个词是"息"，但是没有读过的人就会根据前面的句子去猜。那么RNN是如何进行训练和预测的呢？

首先，我们需要对这句话进行分词，假设按单个字进行分词后的结果如表9-1所示，然后将RNN按序列展开。

表9-1 分词结果

x_1	x_2	x_3	x_4	x_5	x_6	x_7	x_8	x_9
天	行	健	君	子	以	自	强	不

首先，RNN将自然语言进行编码，转化成特定的词向量（关于词向量，我们在后续章节会详细阐述）。输入x_1（“天”的编码）经过网络运算后输出隐编码h_1，h_1与x_2（“行”的编码）一起参与生成隐编码h_2，依次循环，直到一句完整的句子结束。输出y_j是由h_j解码而来。由此可见，最后一个输出y_9（息）与前面的每个输入均相关，可以充分提取前面序列指明的信息。由于x_1是第一个词，所以随机初始化一个h_0作为x_1的隐编码输入，如图9-3所示。

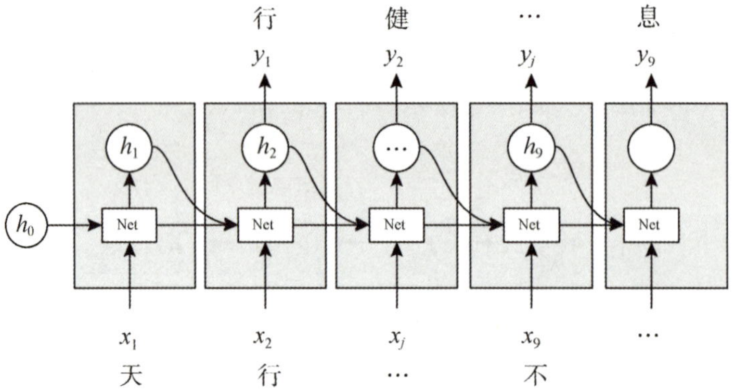

图9-3 RNN按序列展开实例

RNN通过这个方式完成网络的训练，训练步骤与其他深度学习模型一样通过误差反向传播算法进行，在此不详细推导。用这种方式进行自然语言预测模型的训练，其数据集的构造非常方便，无须人工标记。比如对上面这句话进行训练数据集的构建会是如下的形式（在此去掉标点符号，也可以保留标点符号以完成更精确的模型），如表9-2所示。

表9-2 “天行健君子以自强不息”的数据集构建

$i=$	1	2	3	4	5	6	7	8	9
x_i	天	行	健	君	子	以	自	强	不
y_i	行	健	君	子	以	自	强	不	息

机器翻译、语音识别等序列数据集构建也类似，这些任务都属于序列到序列的模型。

9.1.3 RNN结构分类

RNN针对不同的应用场景，有多种不同的拓扑结构，如表9-3所示。

表9-3 RNN分类表

	拓扑结构	应用场景
一对一	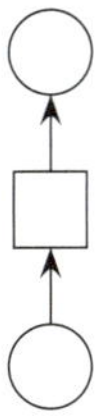	普通神经网络，固定h_0输入 图像去噪、加噪 数据加解密
一对多	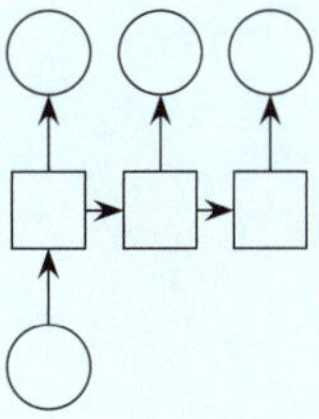	图像生成文本标签 拼写纠正 基于关键词生成文章、诗歌
多对一	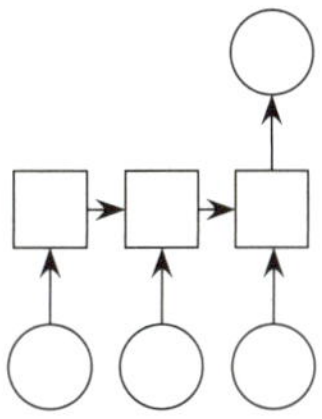	语句情感分类 垃圾邮件识别 股票涨跌判断 关键词提取
同步多对多	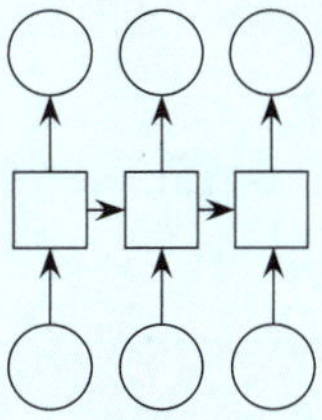	命名实体识别 词性标注
异步多对多	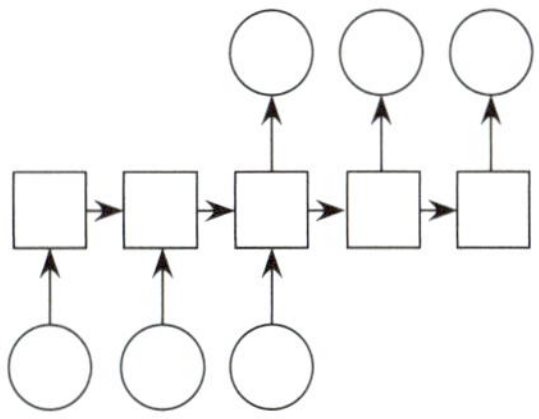	语句预测 机器翻译 文本摘要 聊天机器人 语音识别 股票走势预测

【例9-1】 已知拓扑结构为同步多对多RNN（基本结构见图9-2），输入层、隐含层（一层）、输出层的神经元均为一个，激活函数均为ReLU，$W=[0.5, 0.1, 0.2]$，$H=[1]$，$V=[3]$，$S_0=0$，$\alpha=0$，$\beta=0$。对$X=\begin{bmatrix}1&1&1\\2&2&2\\3&3&3\end{bmatrix}$的输入序列，计算其输出序列$Y$。

解：

$$X_1=[1,1,1]\ X_2=[2,2,2]\ X_3=[3,3,3]$$
$$S_1=f(W\cdot X_1^{\mathrm{T}}+H\cdot S_0)=f(0.8)=0.8$$
$$Y_1=h(V\cdot S_1)=h(2.4)=2.4$$
$$S_2=f(W\cdot X_2^{\mathrm{T}}+H\cdot S_1)=f(1.6+0.8)=2.4$$
$$Y_2=h(V\cdot S_2)=h(7.2)=7.2$$
$$S_3=f(W\cdot X_3^{\mathrm{T}}+H\cdot S_2)=f(2.4+2.4)=4.8$$
$$Y_3=h(V\cdot S_3)=h(7.2)=14.4$$
$$\therefore Y=[2.4,7.2,14.4]$$

9.2 LSTM

经典RNN的设计思路就是通过记忆序列数据前面的输出作为参考信息来处理当前的输出，这在理论上是正确的。经典RNN在序列较短的情况下表现非常优秀，但是在处理长距离序列的时候，RNN无法学习太长的序列，这是因为误差在时间步上反向传递时会快速衰减，即“很快忘记前面说过的话”。为有效解决这个问题，就提出了长短期记忆网络（Long Short-Term Memory，LSTM）模型。

9.2.1 LSTM结构和计算方法

LSTM是一种优化的RNN，由输入门、遗忘门、输出门及记忆状态（也叫记忆细胞）组成，基本结构如图9-4所示。

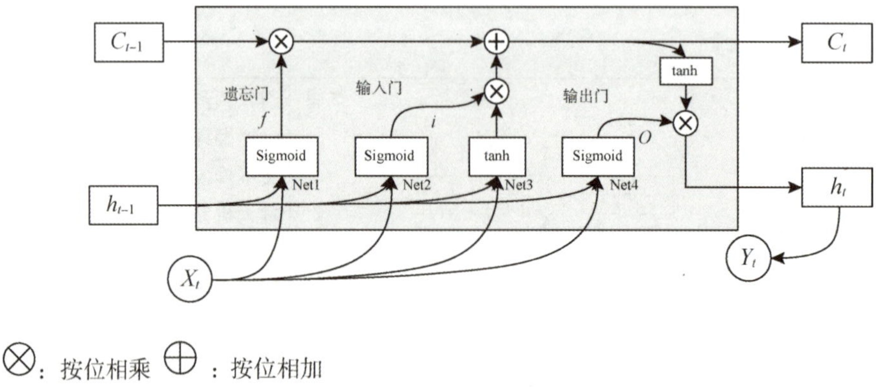

图9-4 LSTM内部逻辑结构

从图9-4可知，LSTM是一个非常复杂的网络结构，在t时刻，输入有3个向量，即X_t、隐式编码h_{t-1}、记忆状态C_{t-1}；输出也有3个向量，即Y_t、隐式编码h_t、记忆状态C_t。隐式编码h_t，记忆状态C_t又作为$t+1$时刻的输入向量，如此不断循环，计算过程如表9-4所示。

表9-4　LSTM算法说明表

模块	作用	计算方法
遗忘门	决定什么时候把以前的状态遗忘	f_t=sigmoid（Net1）
输入门	决定什么时候加入新的状态	i_t=sigmoid（Net2）
输出门	决定什么时候把状态和输入叠加输出	C_t=sigmoid（Net4）
记忆状态	累积历史信息，调控h_t输出内容	$C_t=f_t \otimes C_{t-1}+i_t \otimes$tanh（Net3）
隐式编码	与下一次的输入一起参与计算	$h_t=O_t \otimes=$tanh（C_t）
Net1	遗忘门的拓扑结构	$\text{Net1}=W_{h1} \cdot h_{t-1}+W_{X_1} \cdot X_t+b_1$
Net2	输入门的拓扑结构	$\text{Net2}=W_{h2} \cdot h_{t-1}+W_{X_2} \cdot X_t+b_2$
Net3	输入tanh层的拓扑结构	$\text{Net3}=W_{h3} \cdot h_{t-1}+W_{X_3} \cdot X_t+b_3$
Net4	输出门的拓扑结构	$\text{Net4}=W_{h4} \cdot h_{t-1}+W_{X_4} \cdot X_t+b_4$
⊗	向量按位相乘（点乘）	例如[1，2，3]⊗[4，5，6]=[4，10，18]
⊕	向量按位相加	例如[1，2，3]⊕[4，5，6]=[5，7，9]

从表9-4的计算过程可以知道，h_t的输出受到了记忆状态C_t的调节，记忆状态C_t由各个门的输出调节，各个门的输出又由各自的网络参数学习而得。权重W_{hn}、W_{xn}和偏置值b_n（其中，n=1,2,3,4）就是LSTM需要学习的参数。

9.2.2　LSTM的应用领域

LSTM作为一种特殊的RNN，因其能够有效处理序列数据中的长期依赖关系，在许多领域都有广泛的应用。以下是一些LSTM的主要应用领域。

自然语言处理是LSTM的最主要应用领域，具体如下。

1.机器翻译

LSTM能够将一种语言的文本翻译成另一种语言，通过训练可将一种语言映射成目标语言的对应文本。

2.文本生成

LSTM可以生成连贯的文本，包括故事、新闻报道、诗歌等，其原理是通过学习和模仿大量文本数据中的模式和风格，不断通过前面的文本，迭代输出预测的文本。

3.情感分析

LSTM能够分析文本中的情感倾向，判断作者的情感是正面、负面还是中性。

4.聊天机器人

在构建聊天机器人时，LSTM可以用来生成非常符合场景和个性化的聊天风格，还能在对话过程中不断模仿。

5. 语音识别

LSTM在语音识别领域也表现出色，能够将人类语音转换为文本。它能够处理语音信号中的时序信息，并识别出语音中的单词和句子。

6. 时间序列预测

LSTM能够分析股票市场的历史数据，预测未来股票价格的走势。通过处理气象数据，LSTM可以预测未来的天气情况，如温度、降水量等。此外，LSTM还可以分析交通数据，预测道路上的交通流量，帮助城市交通管理。

7. 推荐系统

通过分析用户的点击、购买、浏览等行为序列，LSTM可以预测用户可能感兴趣的内容或产品，并为用户提供个性化推荐。

8. 异常检测

在时间序列数据中，LSTM通过对正常行为模式的学习建立标准模式，检测偏离这些模式的异常行为。这在网络安全、金融欺诈检测等领域具有重要用途。此外，LSTM也可以用于分析医疗数据（如病人的生命体征、用药记录等）以预测疾病的发展趋势、识别潜在的健康问题或监测治疗效果。

9. 音乐生成

LSTM可以学习音乐作品的风格和结构并生成新的音乐作品。这包括旋律创作、和弦进行、节奏编排等方面。

10. 动作识别

在处理视频或传感器数据时，LSTM可以识别和分析动作序列，通常用于人机交互、运动分析等领域。

9.2.3 LSTM的局限

计算的复杂性和训练时间太长是LSTM最大的局限。由于LSTM的设计依赖于序列处理，其计算过程是顺序进行的，这限制了LSTM的并行化能力，在处理大规模数据集或需要高效计算的任务时会遇到很大的挑战。尤其在需要实时响应的时候难以胜任，如在智能客服和聊天机器人使用中体验会非常差。

传统的LSTM每个单元至少需要8个MLP层，这在对长序列和大规模数据集的训练过程中会非常耗时，而序列处理方式又限制了其充分发挥现代算力的并行处理能力。此外，超长的序列依然存在梯度消失、梯度爆炸和过拟合的可能。因此，LSTM的序列处理能力仍具有很大的局限。

发现问题恰恰就是科学领域寻求突破的新起点。为此，2017年谷歌提出了Transformer结构，该结构对序列处理的能力有了质的飞跃。在此基础上开发的BERT、GPT等大语言模型在超长文本处理方面大放异彩，下一章将详细介绍该技术构架。

9.3 其他循环神经网络

9.3.1 GRU

门控循环单元（Gated Recurrent Unit，GRU）是对标准LSTM的一种简化。该模型将遗忘门与输入门结合为更新门，更新门调控着用候选信息来更新当前的隐式编码信息的程度值，该值越大，保留的信息越多。另一个门叫重置门，调控着忘记以前的状态的程度值，该值越小，被忽略的信息越多。

GRU去掉了记忆状态，结构得到简化后，大大加快了训练速度。它的功能几乎同LSTM一样。GRU基本结构如图9-5所示。

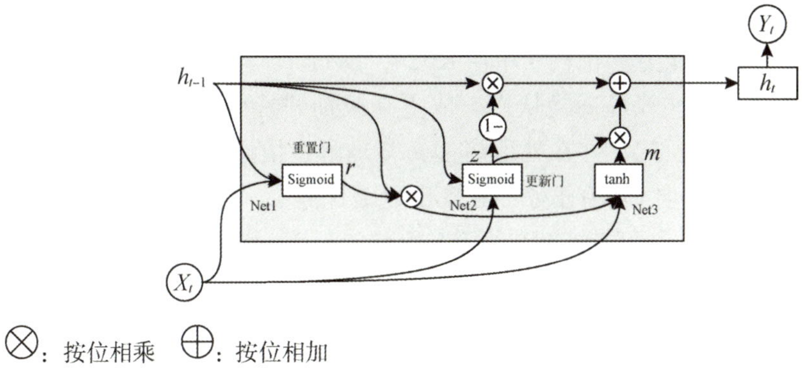

图9-5 GRU基本结构

计算过程如下。

重置门：r_t=sigmoid（Net1）；Net1$=W_{h1}\cdot h_{t-1}+W_{X_1}\cdot X_i+b_1$。

更新门：z_t=sigmoid（Net2）；Net2$=W_{h2}\cdot h_{t-1}+W_{X_2}\cdot X_i+b_2$。

中间变量：m_t=tanh（Net3）；Net3$=W_{h3}\cdot(h_{t-1}\otimes r_t)+W_{X_3}\cdot X_i+b_3$。

隐编码：$h_t=(1-z_t)h_{t-1}+m_t z_t$。

权重W_{hn}、W_{xn}、和偏置值b_n（其中，$n=1,2,3,4$）为GRU需要学习的参数，比标准LSTM减少了很多，算法也大大简化。

9.3.2 Bi-RNN

双向RNN（Bi-directional RNN，Bi-RNN）是一种特殊类型的RNN，在每个序列位置设置两个状态，一个基于前面的输入，另一个基于后面的输入，从而实现了对上下文信息的双向捕捉。Bi－RNN由两个标准RNN上下叠加在一起，一个处理序列的正向传递，另一个处理序列的反向传递，其输出由输入X、正向隐含编码h和反向隐含编码H共同决定。Bi-RNN按序列展开如图9-6所示。

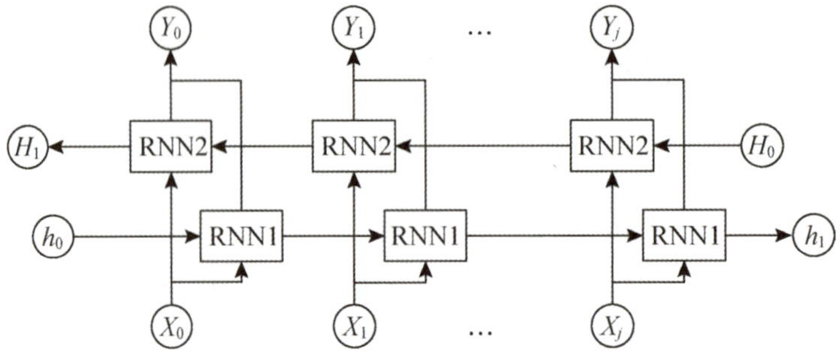

图 9-6 Bi-RNN 按序列展开

9.3.3 Deep RNN

深度循环神经网络（Deep Recurrent Neural Network，Deep RNN），是RNN的一种扩展形式。该模型将多个RNN层堆叠起来，形成更深的网络结构，以提高模型的复杂度和表达能力。相较于单层RNN，Deep RNN具有多个隐藏层，每个隐藏层都能对输入进行非线性变换从而提取更高级别的特征。多层结构使得Deep RNN能够学习更复杂的模式，并在处理诸如文本理解、情感分析、音乐生成、机器翻译等高度依赖时间序列信息的任务中展现出显著优势。

Deep RNN的一种可能实现如图9-7所示，深度n可以设置。

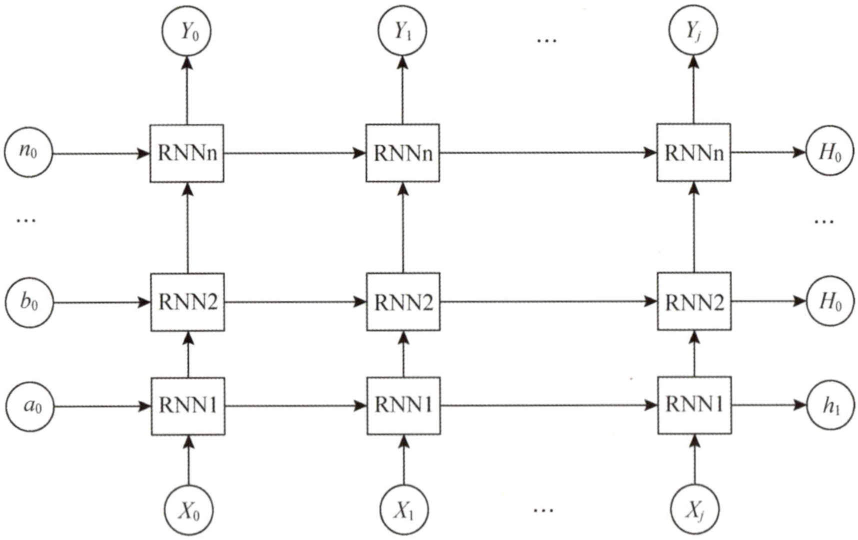

图 9-7 Deep-RNN 按序列展开

9.4 案例：股票走势预测

本案例以白云机场（600004）2003年4月29日至2023年1月20日的日线收盘数据为例，演示如何用该数据预测股票的走势。股票的收盘数据保存在CSV文件中，该数据共14个字段：OPEN（开盘价）、CLOSE（收盘价）、HIGH（最高价）、LOW（最低价）、VOLUME（成交量）、AMT（成交额）、CHG（涨跌）、PCT_CHG（涨幅）、TURN（换手率）、PRE_CLOSE（前收）、SWING（振幅）、TRD_DT（交易日期）、SECU_CODE（股票代码）、ADJ_TYPE（复权方式）。我们以收盘价为例进行模型设计训练，流程如图9-8所示。

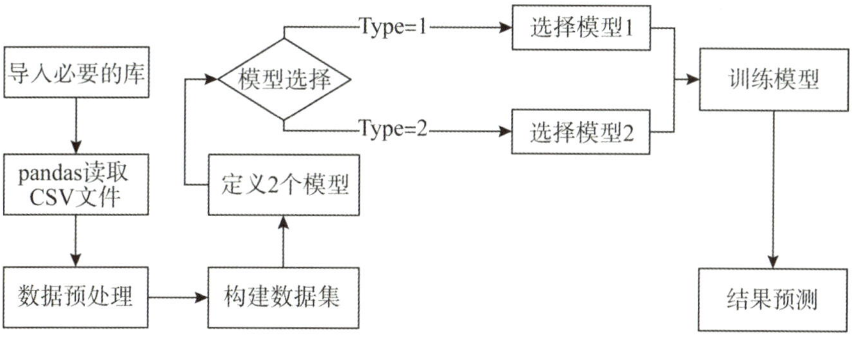

图9-8　股票预测代码实现流程

股票预测核心代码如表9-5所示。

表9-5　股票预测代码核心代码表

序号	流程名	功能
1	导入必要的库	import pandas as pd from sklearn.preprocessing import MinMaxScaler from tensorflow.keras.preprocessing.sequence import TimeseriesGenerator from tensorflow.keras.models import Sequential from tensorflow.keras.layers import LSTM，Dense
2	读取数据	pandas读取CSV数据：pd.read_csv() 数据清洗
3	构建数据集	选取特征值，如X=PRE_CLOSE；Y=CLOSE
4	数据预处理	数据标准化（归一化） 生成时间序列数据TimeseriesGenerator()
5	定义2个模型	设计2个或多个不同拓扑结构的LSTM网络，可以比较不同网络的预测效果。如深度、神经元个数、激活函数、dropout、优化器、损失函数、评价指标等
6	模型选择	根据输入的参数Type选择不同的模型
7	训练模型	指定训练轮次、批次大小、验证集等
8	结果预测	指定一序列输出预测结果

完整Python代码可扫描右侧二维码获得。

代码阅读要点如下。

股票价格预测

（1）代码用前30天的收盘价预测当天的收盘价，n_input = 30表示每次训练用30天的序列数据，input_shape=（n_input，1）表示每个序列数据是1维的，即'PRE_CLOSE'（前收盘价）。若要用2个特征数据来进行预测（如前收盘价和成交量），则应设置成input_shape=（n_input，2）。

（2）设计了2个不同的LSTM结构，其中model1是深度LSTM（多层），第一层输出128个神经元，第二层输出64个神经元，第三层输出1个神经元（因为预测的特征是1个）。而model2就是最简单的单层LSTM，默认的输出神经元个数Keras框架会根据训练数据自动设置为1个，当然也可以人工指定。

（3）在这个案例中，dropout=0.5表示每次训练随机断开50%的权重参数不参与调整，这个方法常用来防止模型的过拟合。

（4）归一化采用最大最小归一化方案，这是最常用的一种处理方法。也可以设计成其他的归一化方案，读者可以自行尝试不同的方案比较效果。

练一练

用前50天的收盘价和成交量，预测后2天的收盘价。

9.5 本章小结

在处理序列数据的时候，我们会用到循环神经网络，即RNN。RNN是一种反馈型神经网络。通过按序列展开，我们可以进一步了解RNN的工作原理，并根据展开后的拓扑结构写出t时刻的输出。

LSTM是一种改进型的RNN，用于解决早期RNN在处理长距离依赖时出现的误差消失问题。LSTM引入了遗忘门、输入门、输出门和记忆状态等机制，让模型能记住有用的信息，遗忘不需要的信息。通过对LSTM的学习，我们可以掌握根据网络拓扑结构图写出网络输出公式的方法。

LSTM在自然语言处理、语音识别、时间序列预测、推荐系统、金融预测等方面有着广泛的应用，本章最后介绍了用Keras预测股票的走势。

本章最后，我们用TensorFlow框架的LSTM模型演示了如何用30天的历史数据（收盘价）来预测当前的股价。为便于刚入门的初学者掌握如何用开源的Python框架实现人工智能算法，我们对代码进行了详细的解释，初学者应举一反三，多加练习。人工智能跟我们一样，都在错误中不断学习与进步。

本章习题

一、判断题

1. 循环神经网络是一种前馈型神经网络，能将上一时间点的输出作为当前时间点的输入。（ ）

2. LSTM是一种特殊的RNN，用于解决经典RNN不能很好处理序列数据中长时间依赖的问题。（ ）

3. 所有的RNN都只能捕获当前位置之前的状态信息。（ ）

4. RNN可以应用于机器翻译、股票分析，也能用于图像处理。（ ）

二、选择题

1. 下列哪个不是循环神经网络（RNN）模型？（ ）

A.Deep RNN　B.LSTM　C.CNN　D.GRU

2. GRU相比LSTM，在结构上做了哪些主要改变？（ ）

A. 增加了记忆状态　B. 保留了完整的遗忘门和输入门

C. 去掉了记忆状态并简化了结构　D. 增加了额外的MLP层

3. RNN在自然语言处理中首先将自然语言转化成什么？（ ）

A.Unicode码　B. 词向量　C. 知识图谱　D. 国标码

4. LSTM缺乏并行计算的能力，主要原因是什么？（ ）

A. 在序列的处理过程中，计算是顺序进行的　B. 使用了过多的MLP层

C. 超长的序列处理　D. 梯度消失和梯度爆炸

5. 经典RNN的设计思路是什么？（ ）

A. 通过记忆序列数据后面的输出作为参考信息来处理当前的输出

B. 通过记忆序列数据前面的输出作为参考信息来处理当前的输出

C. 不需要记忆序列数据的前后输出

D. 通过记忆序列数据的所有输出作为参考信息

三、简答题

1. 简述前馈神经网络和反馈神经网络的特点和区别。

2. 简述RNN有哪些结构的分类，各有什么应用场景。

3. 画图表示“滚滚长江东逝水，浪花淘尽英雄”按序列展开的简单RNN示意图，分词按字进行。

四、计算编程题

1. 已知拓扑结构为同步多对多RNN，输入层、隐含层（一层）、输出层的神经元均为一个，激活函数均为ReLU，权重矩阵 W=[1.2，3.3，−5，2]，H=[1.2]，V=[5]，$S0$=0，α=0，β=0，对 X=[[1,2,3,4],[5,6,7,8],[9,10,11,12]]的输入序列，计算其输出序列 Y。

2. 根据9.4节的股票预测案例，用前50天的收盘价和成交量预测后2天的收盘价。

3. 根据9.4节的股票预测案例，用前60天的收盘价和换手预测后2天股票的涨跌。假设今天的收盘价>昨天的收盘价为涨，反之为跌。

第10章 完整的人工智能应用开发实践

本章导读

我们对人工智能技术已经进行了深入学习，那么如何用好人工智能开发技术实现综合应用与开发呢？本章通过一个完整的应用开发实践案例介绍人工智能应用开发实践基本要求、机器学习案例和深度学习案例等内容，让读者清楚人工智能应用开发实现的过程与方法，使读者真正具有人工智能技术的综合应用能力。希望通过本章的学习，读者能够明确综合实践项目的基本要求，掌握必要的技能和策略，为接下来具体实践做好充分的准备。这不仅是一次完成任务的机会，更是积累实战经验、提升综合能力的过程。

本章要点

◉ 列举人工智能开发实践的基本要求

◉ 分析人工智能开发实践的方法

◉ 能够模仿所提供的案例进行人工智能综合应用开发

10.1 应用开发基本要求

模拟一个完整的人工智能应用开发过程，是深入理解人工智能的重要一环，目的是将理论知识转化为实际应用。学会开发能够解决现实问题情境下的人工智能应用系统。本章将介绍项目开发的基本要求，包括必备的开发工具和技能、团队合作方式，以及如何有效进行项目管理。

10.1.1 项目目标与意义

首要目标是在相对真实的场景中运用人工智能技术。通过参与实践项目，不仅能够巩固和深化对机器学习、深度学习等概念的理解，还可以学会将理论变成可运行的代码，并优化系统性能。完成实践项目，大家还将掌握系统设计和软件开发的基本技能，学习如何应对实际问题中的挑战，培养解决问题的能力、批判性思维和创新意识。这不仅仅是完成一次课程任务，更是为未来职业生涯中的项目经验打下基础。

人工智能的应用场景丰富多样，比如图像识别、自然语言处理、数据预测等。因此，通过项目实践，我们能在项目中将所学知识灵活应用到不同的问题中，探索人工智能的实际价值。

10.1.2 项目实践必备技能

在完成项目的过程中，需要掌握一些基本技能。这些技能将帮助同学们顺利地进行开发和系统集成。

1. 编程能力

首先，熟练掌握Python是非常重要的。大家需要熟悉一些常用的人工智能库，如NumPy、Pandas、Scikit-Learn、TensorFlow和PyTorch等。编程能力不仅体现在写出代码上，更体现在会调试和优化代码来提高效率。

2. 数据处理与分析

数据是AI项目的核心。因此，必须学会如何预处理和分析数据，比如处理缺失数据、标准化特征、可视化分析等。理解数据背后的分布和特征能够更好地选择模型和调优参数。

3. 机器学习与深度学习基础

要解决不同类型的问题，需要掌握常见的机器学习算法（如回归、分类、聚类）及基本的神经网络结构。同时，了解模型评估指标（比如准确率、均方误差）是优化模型效果的关键。

4. 系统设计与软件开发

在完成项目时，系统设计也很重要。需要学会模块化设计，开发API（Application Programming Interface，应用程序编程接口)，并考虑用户体验。我们的目标是设计出高效、可扩展的系统，并能够将模型集成到实际的软件系统中，真正实现人工智能的应用价值。

10.1.3 实践团队协作与沟通

对于多人协作完成的项目，合作和有效沟通至关重要。以下是团队协作中需要掌握的：

1. 团队分工

每个人擅长的领域可能不同，有人擅长数据分析，有人擅长模型开发，还有人精通系统开发。希望同学们能根据每个人的特长进行合理分工，让整个团队的优势最大化。

2. 有效沟通

在项目进行的过程中，大家一定要保持及时的沟通。定期召开团队会议，分享每个人的进展，讨论遇到的问题。集思广益，找到最佳的解决方案。团队合作是一项宝贵的技能，希望大家在实践中能互相帮助，共同进步。

3. 项目管理工具

熟练使用如GitHub等平台或工具进行代码管理是非常必要的。利用好这些工具不仅能提升工作效率，还能让项目进度一目了然，在实际的工作实践中，为了技术保密，还需要搭建封闭的开发平台。

10.1.4 项目管理与时间规划

此外，还需要学会有效管理项目并合理安排时间。具体方法如下：

1. 任务分解

把整个项目分成几个小任务，逐步完成。这样做不仅可以清楚每一步的具体内容，还能在完成每个小任务时获得阶段性的成就感，增强信心。

2. 时间管理

一定要合理分配时间，避免把所有工作都压到最后一刻。可以根据任务的重要性和难度进行优先级排序，并预留出一些时间来进行系统测试和模型优化。

3. 风险管理

在项目初期，想一想可能会遇到的困难，比如数据质量不高或者模型效果不理想等。提前做好应对这些问题的准备，遇到挑战时就会更加从容。

10.2 AI应用系统开发基本流程

人工智能应用系统的开发涉及多个环节，每个环节都要求我们用理论知识结合实际情况进行应用和实现。理解这些基本流程能帮助大家更高效地完成项目，也能让开发工作更加系统化和专业化。接下来我们详细讲一讲人工智能软件与系统开发的基本流程。

10.2.1 需求分析与问题定义

开发一个人工智能软件或系统的第一步是需求分析和问题定义。这一步非常重要，将直接影响项目的方向和成果。

1.明确目标

首先，我们需要明确要解决的问题。是预测房价、识别图像中的物体，还是进行文本情感分析？明确目标有助于后续的模型选择和系统设计。

2.了解用户需求

开发的系统为谁所用？他们期望的功能和性能指标是什么？从用户的角度出发，有助于确定系统的关键特性。

3.可行性分析

评估项目的可行性，包括技术可行性和数据可行性。项目是否能获得足够的训练数据？项目所需的技术能否满足需求？现有硬件环境是否支持大规模的计算？

完成需求分析后，大家可撰写一份简要的项目计划，列出目标、功能需求和初步的系统设计方案。这样可以为接下来的开发提供清晰的方向和参考。

10.2.2 数据收集与预处理

人工智能系统的核心是数据，因此数据的质量将直接影响模型的效果。数据收集与预处理是项目的关键步骤之一。

1.数据收集

根据需求收集足够且具有代表性的数据。如果要开发一个人脸识别系统，可以从公共数据集下载图像，或者通过摄像头采集数据。要特别注意数据的来源和版权问题，确保合法合规。

2.数据清洗

收集到的数据可能会存在缺失值、重复值或异常值。需要对这些问题进行清洗和修正，以提高数据质量。常用的方法包括填充缺失值、去除重复记录和删除异常数据点。

3.数据变换与特征工程

将原始数据变换为适合模型训练的格式，包括标准化、归一化、类别编码等。同时，通过特征工程可以提取有助于模型学习的关键信息，提升模型的效果。

预处理数据不仅能提升模型的性能，还能帮助我们更好地理解数据的特性和分布，这为后续的建模环节提供了有力支持。

10.2.3 模型选择与开发

在完成数据准备后，下一步就是选择合适的模型并进行开发。这里的选择要基于具体的问题类型和数据特征：

1.模型选择

如果是回归问题，我们可能选择线性回归、支持向量机回归等；如果是分类问题，可以选择决策树、随机森林或深度学习模型等。选择时要考虑模型的复杂度、计算效率和解释性。

2.模型设计

开发模型需要使用一些主流的人工智能框架，如 TensorFlow、PyTorch、Scikit-Learn等。在模型开发过程中，大家需要编写代码来定义模型的结构、设置损失函数和优化器，并运行训练过程。

3.超参数调整

模型设计完成后，可以通过调整超参数来优化模型性能。常见的超参数有学习率、正则化参数、树的深度等。超参数调整是一个试验的过程，可以使用网格搜索或随机搜索的方法来找到最佳配置。

在这个阶段，大家要注意代码的可读性和可维护性，尽量采用模块化设计，将数据处理、模型定义和训练分成独立的模块，便于后期的修改和优化。

10.2.4 模型训练与评估

模型设计完成后，就可以开始训练模型，并对其进行评估。训练过程是指让模型不断学习数据中的规律，以提高预测的准确性。

1.模型训练

将数据集划分为训练集、验证集和测试集，使用训练集来优化模型的参数。训练时，要关注模型的收敛情况，避免过拟合或欠拟合的问题。

2.模型评估

使用验证集或测试集来评估模型的效果。评估指标根据具体任务的不同而不同，比如分类问题可以用准确率、精确率、召回率等，回归问题可以用均方误差、绝对误差等。绘制学习曲线或混淆矩阵能帮助我们直观理解模型的表现。

如果模型效果不理想，可能需要回到前面的步骤，重新调整模型或改进数据特征。这个过程是迭代的，不断优化模型直到达到满意的性能。

一般地，对于一个模型的预测结果，有以下这些可能。

TP：真正例，预测为正，实际为正的例数；

EP：假正例，预测为正，实际为负的例数；

TN：真反例，预测为负，实际为负的例数；

FN：假反例，预测为负，实际为正的例数。

（1）准确率（accuracy）

模型预测正确的样本数与总样本数的比值。但准确率并不适用于所有情况，特别是在样本类别不平衡时。计算公式如下

$$准确率=\frac{预测正确的样本数}{样本总数}\times 100\% \tag{10.1}$$

（2）精确率（precision）

被正确预测为正例的样本数与所有预测为正例的样本数的比值。它适用于重视准确预测正例的情况，例如疾病预测等。计算公式如下

$$精确率=\frac{TP}{TP+FP}\times 100\% \tag{10.2}$$

（3）召回率（recall）

被正确预测为正例的样本数与所有正例样本数的比值。它适用于重视将所有正例样本预测出来的情况，如目标检测。计算公式如下

$$召回率=\frac{TP}{TP+FN}\times 100\% \tag{10.3}$$

（4）$F1$值（$F1-Score$）

$F1$值是精确率和召回率的调和平均，特别是在它们之间存在冲突时。通常用于衡量分类模型的整体性能。$F1$值越高，表示模型在准确率和召回率之间取得了平衡。

$$F1=2\times\frac{精确率\times 召回率}{精确率+召回率} \tag{10.4}$$

（5）ROC

受试者工作特征曲线（Receiver Operating Characteristic Curve，ROC），是真正率（TPR）和假正率（FPR）的关系图。曲线的面积（AUC-PR）越大，表示模型的性能越好，如图10-1所示。

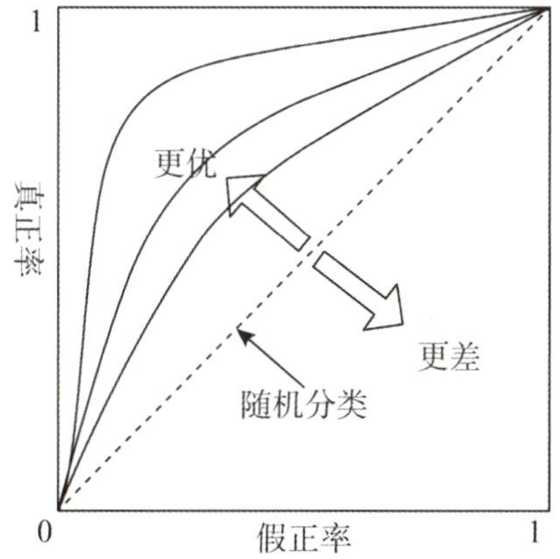

图10-1　ROC曲线

ROC曲线的绘制方法：设定一个概率阈值pt，当分类器预测概率pout>pt时，可以得到一个预测结果，并计算出一组TPR－FPR（一个点）。改变pt可以得到一系列的TPR－FPR，这些点连成线就是ROC曲线。

（6）交叉验证

这是一种常用的模型评估方法，它通过将数据集划分为多个子集，将模型训练和测试分别在不同的子集上进行减少过拟合，提高模型性能。

（7）基准测试

这是一种系统性地评估模型性能的方法，旨在验证模型在不同条件下的准确性、效率、稳定性和可靠性。基准测试应选择具有代表性并被广泛认可的数据集，以确保测试结果的公正性和可比性。评价指标为上述的准确率、精确率、召回率、*F*1值等。

10.2.5 系统设计与实现

在模型效果令人满意之后，需要将模型集成到整个系统中，使其可以被实际使用。系统设计与实现环节需要考虑系统的整体架构、接口开发和用户体验。

1. 系统架构设计

决定整个系统的结构，比如前端和后端如何交互，模型在哪个环节调用。需要考虑系统的可扩展性和容错性，确保能在不同的负载情况下稳定运行。

2. 接口开发

开发API接口，方便其他系统或前端调用模型服务。可以使用如Flask、FastAPI等框架来搭建轻量的Web服务，接收请求、调用模型并返回结果。

3. 前端与用户体验

如果项目包含前端界面，设计友好的用户界面至关重要。用户体验直接影响系统的可用性和推广效果。因此，大家可以与团队中的前端开发人员合作，共同完善界面和交互逻辑。

10.2.6 系统测试与优化

系统开发完成后便进入系统测试与优化阶段。这一步是确保系统稳定性和性能的关键。

1. 功能测试

测试系统的每个功能是否都能正常工作，确保所有模块之间的交互符合预期。可以使用自动化测试工具来提高测试效率。

2. 性能优化

评估系统的响应速度和资源占用情况，找到性能瓶颈。优化的方法包括改进模型效率、调整系统架构和优化代码等。

3. 用户反馈

如果有条件，可以进行用户测试，收集他们的反馈，并根据实际需求进行改进。用户反馈能帮助我们发现系统中潜在的问题，并提升系统的易用性和用户体验。

10.2.7　部署与维护

最后一步是将系统部署上线，并进行后续的维护与更新。

1. 系统部署

选择合适的部署环境，如云服务器或本地服务器将系统上线。我们要考虑负载均衡、容器化（如Docker）和自动化部署等，确保系统能够稳定运行。

2. 日志与监控

部署后，要设置监控和日志系统，及时跟踪系统的运行状态。如果系统出现问题，可以通过日志快速定位和修复。

3. 持续更新

人工智能系统不是一次性开发完成的，而是需要不断更新和优化。可以根据用户反馈和新数据，定期重新训练模型，改进系统功能。

综上所述，可以把人工智能模型的训练形象地比喻成炼丹，炼丹需要药材（数据）、配方（算法）、丹炉及火力（算力）。虽然不能保证每次炼丹的成功与否，但都有一个标准的范式可以参考，如图10-2所示。

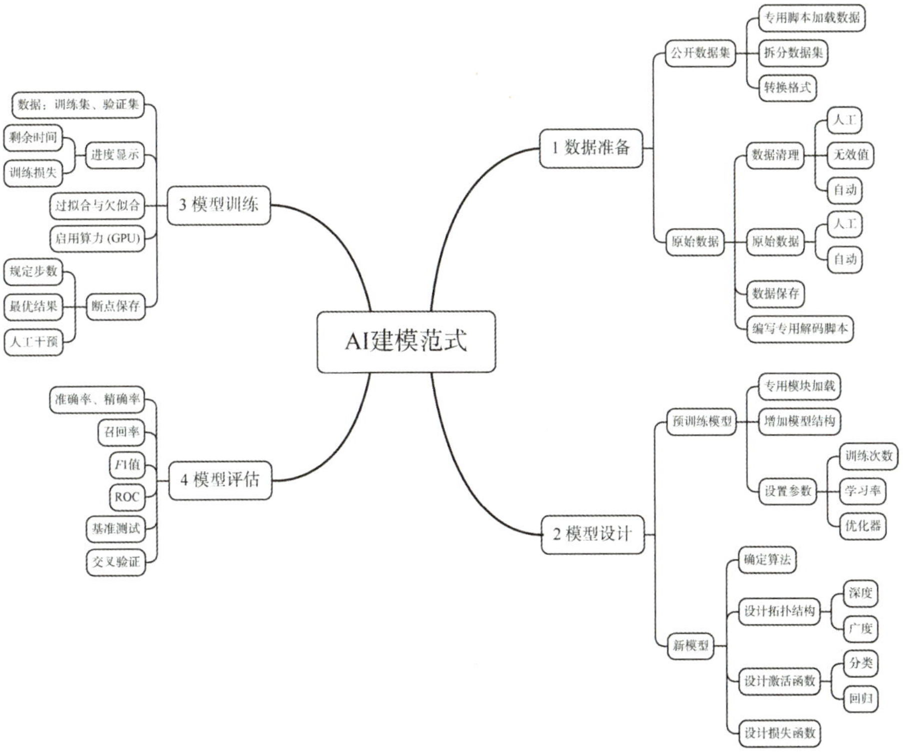

图10-2　AI模型训练模板

通过以上讲解，同学们应该对人工智能软件与系统开发的基本流程有了清晰的认识。这些步骤环环相扣，缺一不可。希望大家能在实践中灵活运用这些流程，不断积累实战经验，提高开发水平。

10.3 项目案例：人脸情感识别应用实践

本案例将带领同学们使用深度学习技术开发一个人脸情感识别系统。整个实践项目的核心是利用FER2013人脸表情数据集来训练深度学习模型，并通过Streamlit或gradio开发一个友好的用户界面，从而实现人脸情感的监测与识别。希望通过这个项目，同学们能将所学知识灵活运用于实际开发中，并提高综合应用能力。

10.3.1 项目背景与目标

人脸情感识别是人工智能与计算机视觉领域的热门研究方向。通过分析人脸图像中的表情，计算机可以识别出人的情绪状态，如愤怒、开心、惊讶等。在本案例中，我们使用FER2013人脸表情数据集进行模型训练和测试。该数据集由加利福尼亚大学洛杉矶分校（UCLA）的研究人员和国际人脸识别比赛（FERET）提供，共包含35887张人脸图像，分为训练集（28709张）、验证集（3589张）和测试集（3589张），图像为48×48分辨率，灰度图像。共7种表情：生气（anger）、厌恶（disgust）、害怕（fear）、快乐（happy）、悲伤（sad）、惊讶（surprise）、中性（neutral）。

项目的主要目标是构建一个情感识别系统，实现图像的输入、模型的训练与测试，以及情感类别的输出。希望通过本次实践，同学们能熟悉深度学习模型的构建过程，并掌握界面开发的基本技能。

10.3.2 项目功能概述

该人脸情感识别系统需具备以下基本功能。

1.UI界面

使用Streamlit或gradio设计一个简单、直观的用户界面，使用户可以方便地进行操作。例如，用户可以选择上传图像、启动模型训练、暂停训练、进行情感识别等。

2.模型选择

实现不同模型架构的设计，包括但不限于卷积神经网络。用户可以在界面中选择想要使用的模型。

3.框架选择

系统支持多种深度学习框架，如PyTorch、TensorFlow、Scikit-Learn或PaddlePaddle。用户可根据实际需求选择适合的框架。

4.参数设置

用户可以在界面中设置超参数，如学习率、优化器类型、激活函数等，以优化模型性能。

5.模型训练

提供从头开始训练和继续训练两种模式。用户可以随时暂停、继续或中止训练，并查看训练进度与实时评价指标（如损失值和准确率）。

6.模型保存

支持多种模型保存方式，包括断点保存、误差最小保存和暂停时自动保存，以确保训练结果不丢失。

7.模型测试

用户可以上传一张人脸图像，并调用训练好的模型进行表情识别，输出对应的情感类别。

10.3.3　项目实践要求

为完成该系统，同学们需掌握从界面设计到模型构建的完整开发流程，并在实际操作中不断挖掘新需求，解决实际问题。以下是一些具体的实践要求：

1.UI界面设计

参考已有的界面设计图，使用Streamlit实现用户界面。界面需包含上传图像按钮、模型训练控制按钮（如开始、暂停、继续、停止）及输出显示区域。要在开发中挖掘新的用户需求，如添加训练日志显示功能。

2.CNN模型设计

构建3个以上不同参数的CNN模型，并进行对比分析。这可以帮助理解参数调整对模型性能的影响。

3.数据集应用

FER2013数据集分为训练集、验证集和测试集，可使用不同深度学习框架（如PyTorch、TensorFlow等）进行模型训练。要特别注意数据的预处理，如灰度图像归一化和数据增强等。

4.模型评价

使用准确率、混淆矩阵、ROC曲线等指标对每个模型进行全面评估，分析不同模型的优缺点，并撰写实验报告。

10.3.4　撰写总结报告

每个小组需撰写详细的实验报告，内容如下。

第一，项目目标与需求分析。

第二，数据预处理过程与技术细节。

第三，CNN模型设计与参数设置。

第四，实验结果分析与模型性能对比（附ROC曲线和混淆矩阵）。

第五，项目开发过程中遇到的挑战与解决方案。

第六，项目总结与改进建议。

10.4 本章小结

人工智能应用综合实践需要明确要求，包括目标意义、必备技能、团队协作与沟通，以及项目管理与时间规划。人工智能应用系统开发基本流程包括需求分析、问题定义、数据收集与预处理、模型选择与开发、模型训练与评估、系统设计与实现、系统测试与优化，以及部署与维护等。本章给出了人脸识别实践的框架示例。

本章习题

1. 简述一个人工智能应用系统项目综合开发应遵循的流程。
2. 结合专业人工智能应用场景，完成一个人工智能应用的综合实践项目，并撰写一份实验报告。

第四篇

大语言模型篇

本篇导读

本篇围绕人工智能当前最前沿的发展领域和方向进行展开，对应本章的第11～13章。第11章介绍自然语言处理建模的基本知识，这是当前最前沿的大语言模型的基础，包括词向量、语义相似度及Transformer等核心思想。第12章介绍大语言模型及生成式人工智能的基本知识和主流AI工具的使用方法。第13章为本书终篇，介绍最前沿的多模态人工智能及预训练—微调方法，包括DeepSeek的本地部署和私人助手的实现。

知识图谱

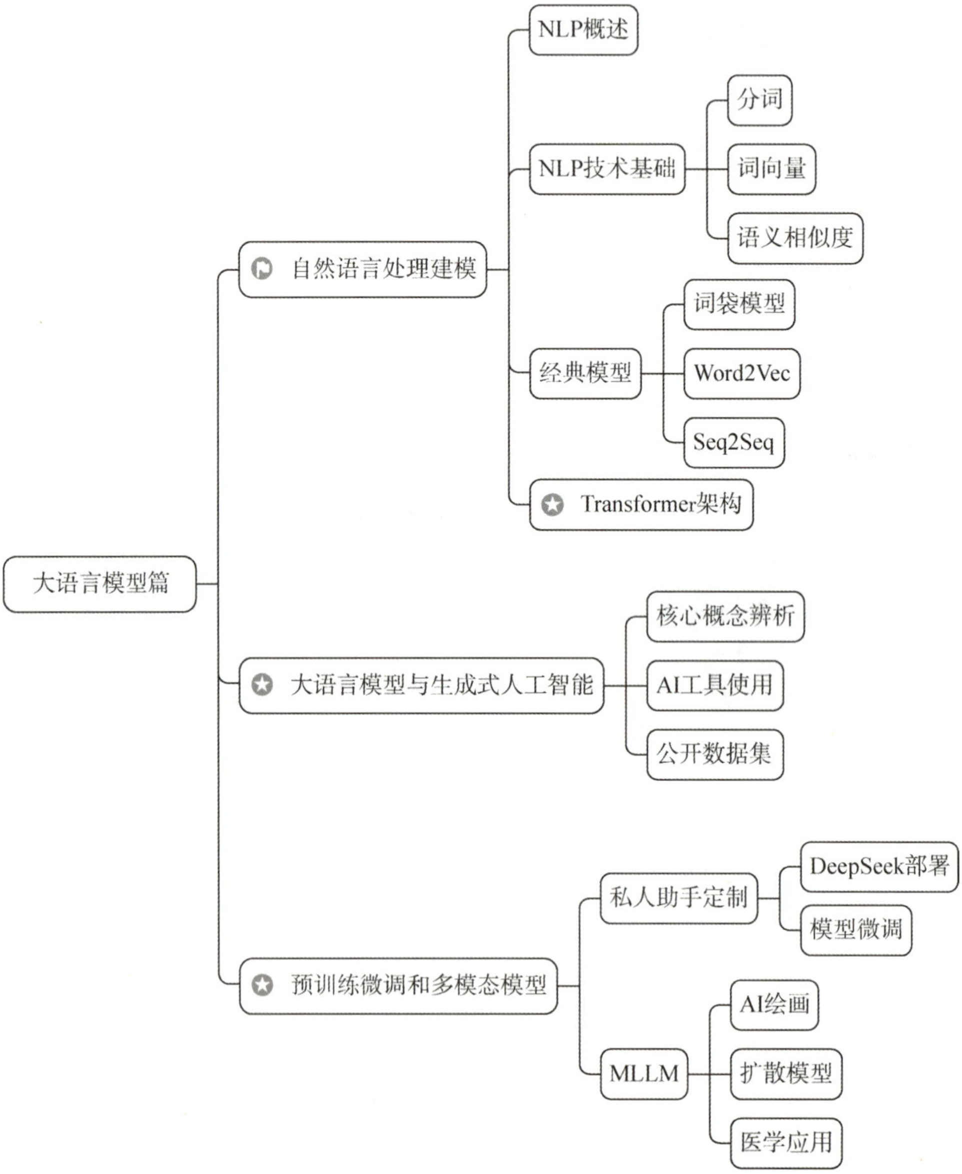

大语言模型篇
自然语言处理建模
NLP概述
NLP技术基础
分词
词向量
语义相似度
经典模型
词袋模型
Word2Vec
Seq2Seq
Transformer架构
大语言模型与生成式人工智能
核心概念辨析
AI工具使用
公开数据集
预训练微调和多模态模型
私人助手定制
DeepSeek部署
模型微调
MLLM
AI绘画
扩散模型
医学应用

第11章 自然语言处理建模

本章导读

图灵测试中，要求机器能在与人类裁判的对话中，让裁判认为这是真人与他在对话，满足这一条件的机器才能称之为机器智能。由此可见，自然语言的分析、理解和输出是人工智能得以冠上“智能”的必备能力。

用计算机算法进行自然语言处理（Natural Language Processing，NLP）的研究很早就开始了。NLP研究者一开始希望通过构建大量的语法规则进行语言分析，但进展非常缓慢，最终发现这是一条深不见底的深渊，究其原因是没有一种规则可以准确地表示复杂多变的语义环境。但在Transformer结构的加持下，大语言模型表现出了非常接近人类的语言理解能力和表达能力，使得NLP迅速进入大众视野。

本章从NLP研究最基本的概念入手，讲述计算机是如何通过词向量（词嵌入）来理解分析人类自然语言的，并通过详细介绍Transformer结构来解密当前最火爆的生成式人工智能（Gererative Artificial lntelligence，GAI）的核心技术。

本章要点

- 列举NLP的任务分类
- 绘图解释NLP模型的四大主要技术
- 比较不同的分词方法的作用
- 计算两个文本的余弦相似度、欧氏距离、Jaccard（杰卡德）相似度
- 熟练掌握矩阵的线性变换并进行词向量降维
- 列举和判断Word2Vec的2个模型
- 绘图说明Transformer编码器、解码器的工作原理
- 绘图说明多头自注意力的实现及Q、K、V的作用
- 列举3种基于Transformer不同结构的预训练模型
- 阅读理解Gensim实现NLP的任务代码并注释

11.1 概述

自然语言处理是指用计算机对人类的自然语言进行理解、处理并输出人类能够理解的结果的技术。自然语言主要包括文字和语音。NLP最早起源于对自动翻译的需求。在计算机出现之前，不同语言的人们进行交流需要通过经专业培训的翻译人员，然而培养一个翻译需要耗费大量的时间和金钱，雇用一个优秀翻译的成本也很高。根据国际母语日促进委员会的数据，至2024年，全球已确认的活跃语言约为7000种。可想而知，要完全靠人来解决这些翻译问题是一件多么困难的事情。为了高效解决翻译问题，信息科学领域诞生了一门新兴的分支科学——自然语言处理。

其实，古人早就对这个问题进行过研究。早在2000多年前，孔子来自五湖四海的三千弟子，为了便于交流，就统一采用“雅言”。我国幅员辽阔，各地方言多如牛毛，所以就有了官话和普通话。除了在发音上进行统一，我们还在文字上进行了统一，如在秦始皇统一六国之前，各国使用的文字差异巨大，这不仅导致了文化交流的不便，也影响了政令传达和行政效率。为了加强中央集权，促进各地的文化交流和经济往来，秦始皇统一了全国文字。

语言是信息的载体，本书仅从计算机的信息处理角度来阐述自然语言处理的技术和方法，不过多涉及文字学的方法。

11.1.1 NLP任务分类

目前，自然语言处理已经无处不在。如我们在使用手机和电脑进行文字输入时，输入法就会根据个人的输入习惯和历史统计信息（词频）自动提示下一词。我们在微信聊天时，你可以录入一段语音，让微信自动给你翻译；当你收到一段语音，不方便听的时候也可以使用微信转文字功能。许多聊天机器人也已进入千家万户，给生活带来了极大的方便和乐趣。

2022年底，OpenAI推出ChatGPT，该产品在自然语言处理和表达方面展现了强大的潜力，在短短五天内注册用户数便超过100万。语言是人区别于其他动物的本质属性，ChatGPT在语言方面的表现已经非常接近人类，有人因此认为AI已经拥有了人类的智能。ChatGPT背后有个类似人脑的大语言模型在工作，目前很多大语言模型已经通过了图灵测试。

NLP从其完成的任务与能力来看，主要有以下几类。

1.语音识别

该任务通过计算机分析人类语音信号中的声学特征，识别各种语音特征如语速、语调、口音和背景噪声等，并将其映射到相应的文本或命令上。在自然语言处理方面，语音识别很少作为一种单独的任务存在。将语音转化为文本后，还需进一步通过其他技术来完成后续的分析、理解和文字生成等任务，这样才具有实际的意义。比如Siri、Google Assistant等语音助手，它们在接收用户的语音后，能理解指令并执行对应操作，以此提供自动化的客户支持服务。小米和华为的智能家居系统则通过语音控制家电设备，帮助我们调整灯光、温度等。

2. 文本分析理解

文本分析理解是指利用自然语言处理技术对文本数据进行深入分析获得有价值的信息的过程，如语义关系提取、句法分析、文本分类（如情感分析）、引擎搜索、关键词摘要抽取等。文本的分析理解是NLP最基本的任务，在机器学习和神经网络没有出现之前，计算机对文本的分析理解主要还是依靠语言学的知识来分析句法和语义。实践证明，这种对人类而言非常简单的基于规则的文本分析对计算机来说却相当困难。研究人员后来意识到出现这种问题的原因是计算机与人的思维方式是完全不一样的，很难构建一个通用规则来处理复杂语义环境的人类语言。所以后面逐渐出现了统计语言模型、序列生成模型和预训练大语言模型这些现代NLP技术。

3. 文本转换

文本转换是指将一种形式的输入文本经过计算机处理后，输出另外一种形式的文本。其最常见应用的就是机器翻译。机器翻译最早是由于战争的驱使，各同盟国之间迫切需要实现信息沟通和统一作战而产生的一种事物。在随后的和平时代，各国间为了加强合作交流，也需要一种廉价的翻译方式。在计算机实现同声传译的过程中，虽然看起来是将一国的语音翻译成另一国的语音，但是在计算机内部采用的却是文本转换技术，即将语音识别为文本，文本转换成另一种文本后再转成语音。此外，计算机编程语言也是一种文本转换任务，它是将人类的自然语言编译成计算机能理解和运行的二进制指令，即机器语言。更一般地来讲，文本格式化也是一种文本转换任务，即将文本从一种格式转换为另一种格式，如将HTML文本转换为纯文本，或将Markdown文本转换为富文本格式。

4. 文本生成

文本生成是指在提示词的引导下，计算机输出非常符合场景的超长文本。这种文本的生成是通过自回归技术迭代生成的，而不是从现成的知识库中抽取固定的答案。在NLP领域中，文本生成可以说是一种最具魔力的任务了，最典型的应用就是聊天机器人。2022年ChatGPT横空出世，将文本生成技术的强大潜能展现在世人面前。不到两年，ChatGPT 4.0已经能正确解读人类语言表达出的情感（如通过呼吸频率检测的辅助）并进行相应的交流，比如对话者愤怒的时候会劝其冷静，受挫的时候能对其加以安慰，轻松的时候还会偶尔开个玩笑。虽然ChatGPT 4.0在更多的时候还是表现生硬，但是其发展速度让开发者OpenAI坚信在2027年，AI的智商可以达到140以上，远超人类的平均智商水平。

除了聊天机器人，文本生成任务还能自动从长文档中提取关键信息，并生成简洁明了的摘要（阅读文献）；还可以根据提示词的要求理解需求，这通常用于内容创作，如新闻、广告文案、会议报告、故事小说、诗词、计算机代码等的编写。人工智能研发人员宣称，在未来，只要人类能正确提出问题，AI就能给你正确的答案！由此，一个新的岗位——提示词工程师应运而生。

11.1.2 技术演变

前面提到，NLP作为一门新兴的技术源于对翻译的需求。当图灵在20世纪50年代提出图灵测试后，NLP才真正被列入人工智能的研究范畴。图灵测试的基本思想是：如果计算机能在同人类的对话中表现得跟人类一样，那么就可以说计算机具备了智能。在这里，图灵认为人类智能的外在表现是语言。因此当生成式人工智能在自然语言方面通过了图灵测试后，我们相信人机共存的时代已经到来了。ChatGPT的开发者——Open AI公司宣称到2027年，AI的智商可以达到140以上，也是基于ChatGPT在自然语言表达上惊人的进化速度而得到的结论。

从开始的机器翻译到现在的多模态人工智能，NLP的技术路线大致经历了基于规则的算法、统计语言模型、序列生成模型和预训练大模型4个大的演变路径。从本章开始，我们将逐步展开讲解。本节先从总体上了解这些技术的基本特征。

1.基于规则的算法

NLP的基本任务是机器翻译，所以我们首先自然而然想到的就是对不同的语言进行语法和语义规则的剖析，然后进行转换。比如中译英，最朴素的思想就是用一本中英大词典，然后基于语法规则（如主谓宾定状补），将中文逐字逐词地翻译成英文，再根据规则调整次序后形成句子。当时的外文教学也基本采用这种模式——背单词、记忆语法、分析各种各样的句型等。在20世纪70年代之前，这种基于规则的研究方法统治着NLP，然而由于规则很多而且十分复杂，根本无法涵盖所有的语言现象。不仅如此，语言还在不断演变，一词多义、一义多词等现象很难用简单的逻辑规则表示。随着互联网的发展，又出现了大量的网络语言，这使得NLP的研究陷入困境。

基于规则的语言模型的示例如图11-1所示。

[HED] 表示核心关系，即句子的中心词是“去”。这是一个动词，表示行为动作。

[ADV] 表示状中关系，即“今天”作为状语修饰动词“去”，说明动作发生的时间。

[SBV] 表示主谓关系，即“我”是主语，是执行“去”这个动作的主体。

[VOB] 表示动宾关系，即“北京”是宾语，是“去”这个动作的目的地。

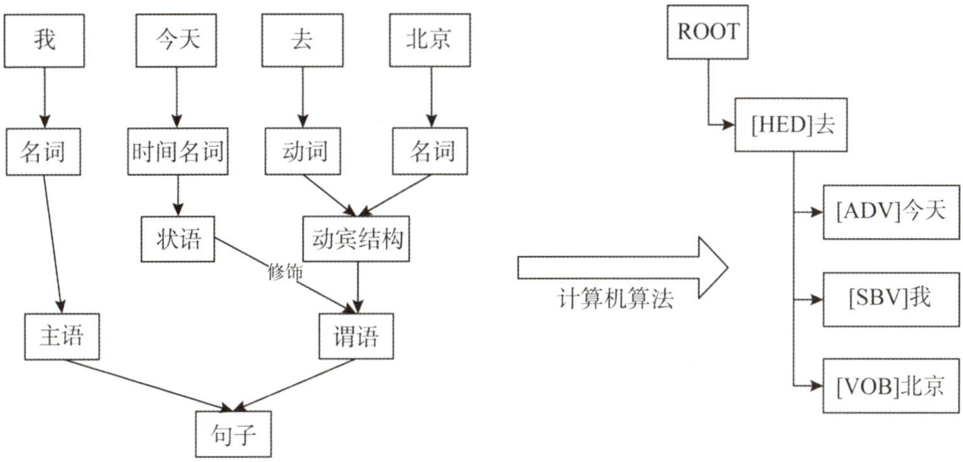

图11-1 基于规则的语言模型示例

计算机算法提取这些单词及相应的关系后，用语法规则来解读这句话的意思，再用另一种语言的语法及对应的单词完成句子的翻译。

2. 统计语言模型

20世纪70年代，IBM科学家弗雷德里克·贾里尼克团队采用了基于统计的方法来解决语音识别的问题，第一次把NLP问题转换成一个数学问题，使NLP任务的准确率有了质的提升。“熟读唐诗三百首，不会作诗也会吟”讲的就是一种统计语言模型。统计语言模型大致可分为生成式模型和区分式模型两大类。

生成式模型假设O是观测值，Q是模型，其基本原理是先建立样本的概率密度函数$P(O|Q)$，然后利用该模型进行推理预测。比如经过大量的语料统计学习，统计出其他词在“春”后面出现的概率["天"、"风"、"色"、"秋"、……]=[0.31，0.21，0.15，0.18，……]后，即可通过该模型预测“春”后面出现的词。实际的模型会比上例更复杂，它可以对连续的多个词建立统计模型并进行预测。该模型建立在统计学和贝叶斯理论的基础之上，因此已知样本越多或者概率分布越接近真实情况，预测便越准确。

区分式模型又称判别式模型，其基本原理是对后验概率$P(Q|O)$进行建模，在有限样本条件下建立判别函数，寻找不同类别之间的最优分类面（超平面），比如朴素贝叶斯分类器、决策树、支持向量机等。该模型主要解决一些词义消歧、情感分类、命名实体识别这样的分类任务。

统计生成模型常见的有Skip-Gram模型、CBOW模型和词袋模型等。

3. 序列生成模型

统计语言模型提高了语言预测能力，但还不是人类处理语言的方式。试想有谁学说话的时候会去计算这种概率分布？此外，统计语言模型也无法适应场景变化，在不同的语境中，该模型若依然按照概率进行预测就会非常死板，甚至闹笑话。随着神经网络尤其是深度学习的兴起，序列生成模型应运而生。这种模型对输入序列和输出序列之间的转换关系进行建模，将NLP看成是一种序列到另一种序列的映射，所以也称序列到序列的转换生成模型（Seq2Seq），简称序列生成模型。其网络结构如图11-2所示。

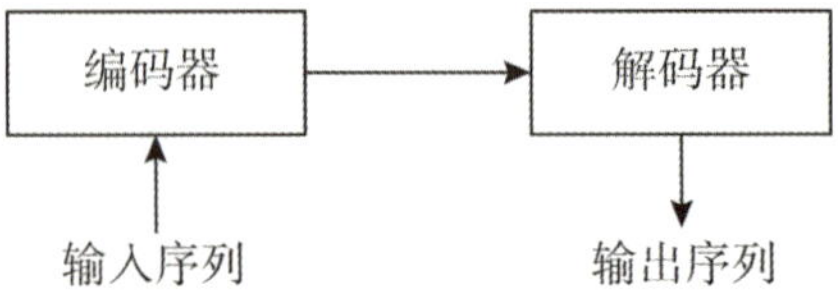

图11-2 序列生成模型结构

以机器翻译为例，假设输入是长度为m的句子，可表示为$input=[X_1, X_2, \ldots, X_m]$的序列，经过编码器—解码器的处理后输出长度为$n$的句子，即$output=[Y_1, Y_2, \ldots, Y_n]$的序列。$m$和$n$可以不相等。编码器—解码器是一种非常复杂的神经网络，其权重通过大量语料习得。目前，常用的有基于RNN的序列生成模型和基于Transformer的序列生成模型。

基于RNN的序列生成模型有前面讲过的LSTM、BiRNR、deepRNR等。基于Transformer的序列生成模型则引入了注意力机制，解决了特定语境下的远距离文本特征依赖的问题。

4.预训练大模型

序列生成模型中的编码器—解码器及注意力机制是目前最接近人类理解语言机制的模型。我们从具体事物到文字是一种抽象的过程，也是大脑对信息进行编码的过程，而相互交流（说话和文字）是一个解码的过程。那么模型该如何习得在现有基础上仍在爆炸式增长的海量知识呢?

预训练就是指在大量无标注的数据上进行模型的训练。在预训练的时候大多数情况下没有具体的任务，因此预训练所得的模型是一种基础模型，模型只在训练过程中自动习得词汇、语法、句子结构及上下文信息等丰富的语言知识。所谓“书读百遍，其义自见”说的就是这个道理。我们小时候能通过听和说在不懂任何语法的情况下照样可以用母语交流，也是这个道理。这种知识在执行后续的下游任务（如情感分析、文本分类、智能助理、问答系统）时，只需要用少量的专业语料进行微调即可将知识迁移，这为解决许多复杂的NLP问题提供了可能。

几乎所有的预训练大语言模型都是在Transformer的核心底层架构上设计的，不同的是有些模型只使用了编码器（如BERT），有些模型只使用了解码器（如GPT），还有些模型既有编码器也有解码器（如T5）。我们在选用基础模型时，要注意选择合适的模型。

预训练—微调模式使得人类无须对海量语料进行标注即可进行模型的训练，因此模型参数可以设计得非常大，无须担心过拟合的问题。模型参数的极速膨胀使得模型性能不断攀升，研究人员也在试图找到一个参数数量奇点，当越过这个奇点，AI能实现真正意义上的通用人工智能（AGI）。当然这种大规模参数的模型训练成本是相当昂贵的，训练一次的费用可达几百万美元。预训练—微调模式如图 11-3 所示。

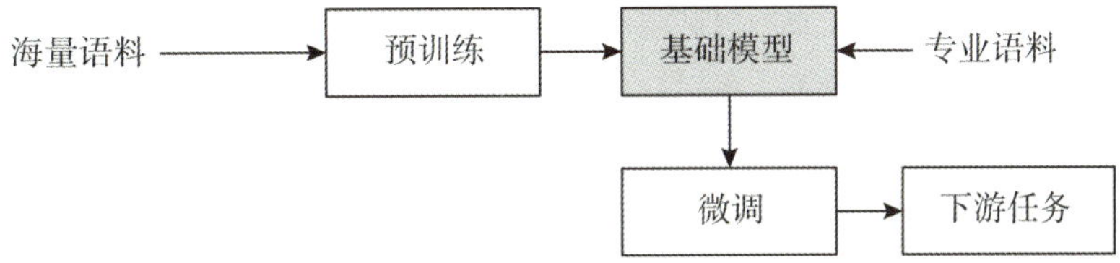

图 11-3　预训练—微调模式

11.2　NLP 技术基础

正如用人工智能技术对图像进行分类识别时必须将图像数字化一样，用计算机对自然语言处理同样需要对文字进行数字化，即将文字进行编码。那么如何编码才是最有效的呢？

在早期，为了输入（打字）和存储的方便，计算机科学家发明了多种编码格式，即将不同国家的文字和常用的字符、符号用不同长度的字节来保存，给予每个文字、字符和符号不同的索引值，如 ASCII 码、GB2312 码、GBK 码、Big5 码、Unicode 统一码等，其中 Unicode 统一码又可根据存储的字节大小分为 UTF-8、UTF-16、UTF-32。这种编码很好地解决了文字的存储、输入、输出问题，但是这种编码方式不考虑文字之间的语义和逻辑关系。

在人工智能领域，我们要讲的 NLP 更多地关注语言之间的逻辑关系和语义理解，所以用上述的编码方式就不适用了，必须采用另外一套技术来解决文字之间的语义关系。本节就讲述 NLP 中最基本的 3 个技术：分词、词向量与嵌入词及文本相似度。

11.2.1　分词

在自然语言处理领域，我们经常会碰到一个名词“Token”。如果直接翻译过来就是“令牌”，但是“令牌”不能很好地表达“Token”的含义。“Token”是一个非常重要的概念，可以是一个字，可以是一个词，可以是一个字母，甚至可以是一个字节，它到底是什么要看具体的情况。本质上，一个“Token”是通过分词技术（工具）将一句话分割成的最小单位，是一个特定的自然语言处理模型能处理的最基本元素。为了更好地理解这个概念，下面举几个例子来说明。

“黄山落叶松叶落山黄”这句话，如果按字来分割，则这句话的序列就是

“黄—山—落—叶—松—叶—落—山—黄”，词汇表的大小是5个Token（黄，山，落，叶，松），句子长度是9个Token。如果按照词义或者词组来分割，则这句话的序列就是“黄山—落叶松—叶—落—山—黄”，词汇表的大小是6个Token（黄山，落叶松，叶，落，山，黄），句子长度也是6个Token。若我们需要对海量的文本材料进行分析处理，因为词组是所有汉字的排列组合，所以如果按词来进行分割，词汇表的Token数量会非常庞大，而且会不断出现未登录词。但是将它分词后的文本序列长度会变小，语义会更精准。反之，如果按汉字来进行分词，那么词汇表的Token数量会很小，但是分词后的文本序列长度会变大，还会出现语义的分歧。据统计，目前，《通用规范汉字表》包含了8105个汉字（截至2024年3月20日），《汉语大字典》收录的汉字有5万多个，而《中华字海》收录的汉字有87000个，是迄今为止汉字收录数量最多的字典之一。

再如英文“I like to read books about books that I like.”显然，英文的分词不像中文一样需要断句，空格可以自然分割。这句话的词汇表大小是7个Token（I，like，to，read，books，about，that），句子序列是（I-like-to-read-books-about-books-that-I-like），共10个Token。但是这种按照空格进行自然分割的单词会把同一个意思不同时态、词性的词作为新的词，还有大量出现的专用词汇、人名、地名等，词汇表会非常庞大，不利于模型训练。好在英文单词的构成方式相对固定，一般为前缀—词根—后缀这种方式，因此按照这种方式进行分词，词汇表可以大大缩小。比如“embedding”切分成“em-bed-ding”，“playing”切分成“play-##ing”，“unstoppable”切分成“un-##stop-##able”，其中“##”表示该字词是前缀或者后缀。当然也可以分割成一个个的字母作为词汇表的Token，这个切分词汇表很小，但是模型泛化能力很差，也没有抓住自然语言处理的本质，只是一个单纯的技术手段（即解释性差）。

NLP的第一步工作就是进行分词，英文分词通常使用NLTK、spaCy等自然语言处理库进行分词，中文分词通常使用jieba库进行分词，而预训练的大语言模型则必须使用模型自带的分词器Tokenizer和词汇表进行分词。

只有在合理分词之后，才能进行下一步的操作，比如文本清洗、去停用词、词干提取和词性标注等。

11.2.2 词向量与词嵌入

词向量是NLP中最为核心的概念，只有正确地理解词向量的含义，我们才能真正了解AI是如何理解人类语言的，AI是如何“思考”的，以及如何从AI的角度来分析AI的行为能力。很多人虽然训练了一辈子的AI模型，但是依然没有真正理解AI的思考过程，导致在用NLP技术解决实际的应用方面止步不前，不能有效突破。

词向量（word embedding）又叫词嵌入，是指通过语言模型学习得到的词的特征分布，它包含了大规模语料中复杂的上下文信息。词向量通常表示为多维空间（维度数就是设定的特征数）中的一个点。词向量和词嵌入在数学表示上是一致的，区别在于词向量是指数字编码技术，词嵌入是指NLP各网络层之间的数据存在形式。为了更好地理解词向量，下面举例来说明。

比如我们要对橘子、香蕉、苹果、小米、华为这5个词在某个句子中所表示的意思进行分析，简单起见，我们只取水果、公司、手机、粮食这4个特征，那么我们先对每个词都用一个4个维度的向量来表示（取值为实数），如表11-1所示。

表11-1 词向量表

词	特征			
	水果	公司	手机	粮食
$R_{橘子}$	$r_{橘子,水果}$	$r_{橘子,公司}$	$r_{橘子,手机}$	$r_{橘子,粮食}$
$R_{香蕉}$	$r_{香蕉,水果}$	$r_{香蕉,公司}$	$r_{香蕉,手机}$	$r_{香蕉,粮食}$
$R_{苹果}$	$r_{苹果,水果}$	$r_{苹果,公司}$	$r_{苹果,手机}$	$r_{苹果,粮食}$
$R_{小米}$	$r_{小米,水果}$	$r_{小米,公司}$	$r_{小米,手机}$	$r_{小米,粮食}$
$R_{华为}$	$r_{华为,水果}$	$r_{华为,公司}$	$r_{华为,手机}$	$r_{华为,粮食}$

表11-1中R_x是单词的词向量，向量$R_{橘子}=[r_{橘子,水果}, r_{橘子,公司}, r_{橘子,手机}, r_{橘子,粮食}]$即是橘子的词向量。在对所有词进行向量表示后，我们就可以通过大量的语料对这些向量的实际取值进行学习。一开始，这些向量的取值是随机、初始化的，然后神经网络模型根据上下文的语义不断调整这些向量取值。训练完成后，每个词均能学得4个特征的概率值，值越大，特征越明显。而在推理过程中，根据上下文的语义环境就能正确解读其含义。比如，“今年新推出的苹果又在手机市场中独占鳌头”中的苹果是“手机中的苹果”，而不是“水果中的苹果”。一种可能习得的词向量如表11-2所示。

表11-2 经过模型学习后的词向量表

词	特征			
	水果	公司	手机	粮食
$R_{橘子}$	0.92	0.23	0.02	0.19
$R_{香蕉}$	0.95	0.13	0.09	0.25
$R_{苹果}$	0.96	0.77	0.85	0.15
$R_{小米}$	0.08	0.81	0.98	0.87
$R_{华为}$	0.02	0.93	0.95	0.01

上述的表示方式叫分布式表示。一般地，词向量的分布式表示的数学形式为

$$\begin{bmatrix} V_1 \\ \vdots \\ V_n \end{bmatrix} = \begin{bmatrix} V_{11} & \cdots & V_{1m} \\ \vdots & \ddots & \vdots \\ V_{n1} & \cdots & V_{nm} \end{bmatrix} \tag{11.1}$$

其中，词表大小为n个Token，特征值数量为m。

除了上面的分布式表示外，还有一种常用的表示方式就是独热表示。独热表示是一种离散的表示方式，当前词在词表中所在的索引位置为1，其他位置均为0。对于N个Token的词表，用独热码表示的词向量就是$N \times N$大小的方阵。用独热码也可以表示句子，比如“黄山落叶松叶落山黄”的词汇表为（黄、山、落、叶、松），这句话用独热码表示参见表11-3。

表11-3 句子的独热码表示

词	独热码
黄	[1，0，0，0，0]
山	[0，1，0，0，0]
落	[0，0，1，0，0]
叶	[0，0，0，1，0]
松	[0，0，0，0，1]
叶	[0，0，0，1，0]
落	[0，0，1，0，0]
山	[0，1，0，0，0]
黄	[1，0，0，0，0]

可见，如果简单地按照这个方式表示一段文本，就会产生一个稀疏矩阵，这种方式无论是存储和运算都很耗资源（如果词表的大小为1万，句子长度为50个字，就是个50×10000的稀疏矩阵）。一个常用且有效的处理方式就是将句中每个Token的向量相加来表示这个句子的向量，如“黄山落叶松叶落山黄”的向量即[2，2，2，2，1]。

11.2.3 文本相似度

有了词向量的表示，就可以非常容易地计算文本相似度。一般地，语义相近的词在向量空间上具有相近的位置。下面介绍几种常用的文本相似度算法。

1.余弦相似度

余弦相似度（Cosine Similarity）是一种衡量两个向量在方向上相似程度的度量方法。它通过向量空间中两个向量夹角的余弦值来计算，取值范围为-1~1。当两个向量的方向完全相同时，余弦值为1；当两个向量的方向完全相反时，余弦值为-1；当两个向量垂直时，余弦值为0。

设两个文本的向量为A和B，那么A、B的余弦相似度计算公式如下

$$\text{Cosine Similarity}=\cos\theta=\frac{A\cdot B}{\|A\|\,\|B\|} \tag{11.2}$$

其中，$A\cdot B$表示向量A和B的点积，$\sum_{ij}A_i\cdot B_j$（$i=1\sim m,j=1\sim n$）为

$$\sqrt{\sum_{i=1}^{m}(A_i)^2}\times\sqrt{\sum_{j=1}^{n}(B_i)^2} \tag{11.3}$$

而$\|A\|\,\|B\|$表示A的模和B的模的乘积。

2. 欧氏距离

欧式距离（Euclidean Distance）是欧几里得空间中两点间的直线距离，也称为欧几里得度量或欧氏度量。在二维和三维空间中，欧氏距离就是两点之间的实际距离，可以通过勾股定理来计算。对于更高维的空间，欧氏距离的定义可以推广到两点之间的差的平方和的平方根。

设两个文本的向量为$A=(x_1,x_2,\dots,x_n)$和$B=(y_1,y_2,\dots,y_n)$，则这两个向量之间的欧氏距离可以用以下公式表示

$$d=\sqrt{\sum_{i=1}^{n}(x_i-y_i)^2} \tag{11.4}$$

距离越短，则两个文本越相似，可以设定一个阈值来判断两个文本是否相似。

3.Jaccard 相似度

Jaccard相似度（Jaccard Similarity），又称为Jaccard指数或Jaccard系数，是一种用于比较两个集合之间相似性和多样性的统计量。它通过两个集合中交集大小与并集大小的比值来评估两个集合的相似度。Jaccard相似度不考虑集合中元素的顺序，只关注元素的存在性。给定两个集合A、B，Jaccard系数定义如下

$$J(A,B)=\frac{|A\cap B|}{|A\cup B|} \tag{11.5}$$

设两个文本的向量为$A=(x_1,x_2,\dots,x_n)$和$B=(y_1,y_2,\dots,y_n)$，则这两个文本的相似度可以用广义Jaccard相似度的计算公式进行计算

$$EJ(A,B)=\frac{A\cdot B}{\|A\|^2+\|B\|^2-A\cdot B} \tag{11.6}$$

其中，$A\cdot B$表示向量乘积，$\|A\|$和$\|B\|$分别表示向量A和B的模。

4. 曼哈顿距离

曼哈顿距离（Manhattan Distance）最早由19世纪的赫尔曼・闵可夫斯基所提出，用于计算从一个十字路口到另一个十字路口的最短路径。由于纽约曼哈顿区的街道大多呈直角相交的网格，只能沿着横向或纵向的街道移动，不能直接对角线穿越，因此这个最短路径就被称为曼哈顿距离。

设两个文本的向量为$A=(x_1,x_2,\dots,x_n)$和$B=(y_1,y_2,\dots,y_n)$，则这两个向量之间的曼哈顿距离可以用以下公式表示

$$d=\sqrt{\sum_{i=1}^{n}|x_i-y_i|} \tag{11.7}$$

距离越短，则两个文本越相似，可以设定一个阈值来判断两个文本是否相似。

【例11-1】 根据表11-2，计算华为和苹果的余弦相似度和广义Jaccard相似度。

解：根据表11-2，令华为的词向量A=[0.02，0.93，0.95，0.01]，苹果的词向量B=[0.96，0.77，0.85，0.15]

$A \cdot B = 0.02\times0.96+0.93\times0.77+0.95\times0.85+0.01\times0.15=1.5443$

$\|A\|=\sqrt{0.02^2+0.93^2+0.95^2+0.01^2}=\sqrt{1.7679}=1.3296$

$\|B\|=\sqrt{0.96^2+0.77^2+0.85^2+0.15^2}=\sqrt{2.2595}=1.5032$

余弦相似度为

$$\cos\theta=\frac{A\cdot B}{\|A\|\,\|B\|}=\frac{1.5443}{1.3296\times1.5032}=0.7727$$

广义Jaccard相似度为

$$EJ(A,B)=\frac{A\cdot B}{\|A\|^2+\|B\|^2-A\cdot B}=\frac{1.5443}{1.7679+2.2595-1.5443}=0.6219$$

【例11-2】 计算以下两个文本的Jaccard相似度，文本1“我爱北京天安门”，文本2“天安门雄伟壮阔让人不得不爱”（不考虑词频）。

解：文本1的集合A={我，爱，北，京，天，安，门}

文本2的集合B={天，安，门，雄，伟，壮，阔，让，人，不，得，爱}

$A\cap B$={爱，天，安，门}

$A\cup B$={我，爱，北，京，天，安，门，雄，伟，壮，阔，让，人，不，得}

Jaccard相似度：$J(A,B)=\dfrac{|A\cap B|}{|A\cup B|}=\dfrac{4}{15}=0.2667$

练一练

计算以下两句话的Jaccard相似度，句子1=“天行健君子以自强不息”，句子2=“地势坤君子以厚德载物”。

11.3 经典NLP模型

11.3.1 词袋模型

词袋模型（Bag of Words，简称BoW）是自然语言处理和信息检索中的一种常用文本表示方法。它将文本表示为一个词的集合，忽略词语的上下文关系，只计算词语的出现频率和其他统计值。

1.构建过程

词袋模型是最简单的NLP技术，其构建过程如下。

（1）分词

将文本按照一定的规则或算法进行分词，将其划分为词语的序列。

（2）构建词表

将所有出现在文本中的词语收集起来，构建一个词表（word to index），其中每个词语对应着一个唯一的索引。

（3）计算词频

统计每个词语在文本中出现的频次或其他统计量（如TF-IDF值），得到一个词频向量。

（4）向量化

根据词表和词频，将文本表示为一个向量，其中向量的每个维度对应词表中的一个词语，该维度的值表示该词语在文本中的词频或其他统计量。

词袋模型被广泛应用于上下文预测、文本分类、文档聚类、信息检索、情感分析中。其优点是简单直观、易于理解和实现。但是缺点也很多，由于词袋模型只关注词语的出现频率，忽略了词语之间的顺序和语境关系，因此容易丢失一些重要的信息。比如在词袋模型中，小红站在小明的右边=小明站在小红的右边。

随着词汇量的增加，词袋模型生成的向量维度会非常高，且大部分维度的值都为零（即稀疏性），这会大大增加计算的复杂度和存储需求。

2. 常用统计量

除了用单词在文本中出现的个数来表示词袋模型的词向量外，还有一些常用的统计量，具体如下。

TF（Term Frequency，词频）：TF是一个衡量词语在文档中出现频率的统计量。

$$TF(w)=\frac{\text{某个词}w\text{在该文档中出现的个数}}{\text{该文档中所有词的总数}} \tag{11.8}$$

IDF（Inverse Document Frequency，逆文档频率）：IDF的主要思想是——如果某个关键词在一篇文章中出现的频率高，并且在其他文章中很少出现，则认为这个关键词具有很好的类别区分能力，适合用来分类。TF是评估一个词对于一个文档或一组文档重要程度的一个简单指标。然而，仅仅使用TF可能会带来一些问题，比如一些非常常见但对文档主题意义不大的词（如“的”“是”等停用词）可能会获得较高的TF值，但是一些较少出现的关键词才是区别文档的关键。

$$IDF(w)=\log\frac{\text{语料库文档的总数}}{\text{语料库中包含关键词}w\text{的文档数}+1} \tag{11.9}$$

TF-IDF（Term Frequency-Inverse Document Frequency）：实际应用中，用TF-IDF评估一个词对于一个文档或一个语料库的重要性。TF-IDF值越高，表示该词对于文档的重要性越大，同时也越能代表文档的主题。

$$TF\text{-}IDF=TF\times IDF \tag{11.10}$$

【例11-3】用Python实现以下两句话的词袋模型，并计算其相似度。

句子1：词袋模型是自然语言处理和信息检索中的一种常用文本表示方法。它将文本表示为一个词的集合，忽略词语的顺序和语法结构，只关注词语的出现频率或其他统计量。

句子2：词袋模型是一种将文本数据转换为数值型向量的方法，其中文本被视为一个由词语组成的无序集合，每个词语的出现都被独立考虑，而不考虑其上下文或顺序。

提示：统计量用词频，文本相似度指标用余弦相似度。

解：Python代码如下。

```
import math
txt1="词袋模型是自然语言处理和信息检索中的一种常用文本表示方法。它将文本表示为一个词的集合，忽略词语的顺序和语法结构，只关注词语的出现频率或其他统计量"
txt2="词袋模型是一种将文本数据转换为数值型向量的方法，其中文本被视为一个由词语组成的无序集合，每个词语的出现都被独立考虑，而不考虑其上下文或顺序"

#按字分词
set1=set(txt1)
set2=set(txt2)

#构建词汇表
vocab=set1|set2
vocab=list(vocab)
print("词汇表：",vocab)

#计算词频
N=len(vocab)
fre1=[0 for _ in range(N)]  #句子1的词频向量
fre2=[0 for _ in range(N)]  #句子2的词频向量

for i in range(N):
    count = txt1.count(vocab[i]) #计算某个字在句子1中出现的次数
    fre1[i]=count
```

```
    count = txt2.count(vocab[i]) #计算某个字在句子2中出现的次数
    fre2[i]=count

#计算余弦相似度
A=0  #2个向量的乘积
mod1=0 #向量1的模
mod2=0 #向量2的模
for i in range(N):
    A=A+fre1[i]*fre2[i]
    mod1=mod1+fre1[i]*fre1[i]
    mod2=mod2+fre2[i]*fre2[i]
mod1=math.sqrt(mod1)
mod2=math.sqrt(mod2)
cos=A/(mod1*mod2) #计算余弦相似度

print("句子1的词频向量：",fre1)
print("句子2的词频向量：",fre2)
print("余弦相似度",cos)
```

结果输出如下。

```
词汇表：['量', '由', '信', '向', '然', '表', '计', '语', '每', '词', '处', '和', '独', '型', '值', '它', '注', '换', '只', '无', '中', '关', '结', '成', '用', '序', '顺', '，', '都', '构', '立', '文', '上', '视', '略', '常', '检', '一', '频', '。', '示', '种', '忽', '模', '法', '为', '组', '索', '自', '统', '不', '集', '考', '合', '转', '本', '息', '个', '出', '现', '数', '理', '方', '将', '的', '虑', '其', '他', '是', '言', '而', '率', '下', '袋', '或', '据', '被']
句子1的词频向量：[1, 0, 1, 0, 1, 2, 1, 4, 0, 4, 1, 2, 0, 1, 0, 1, 1, 0, 1, 0, 1, 1, 1, 0, 1, 1, 1, 2, 0, 1, 0, 2, 0, 0, 1, 1, 1, 2, 1, 1, 2, 1, 1, 1, 2, 1, 0, 1, 1, 1, 0, 1, 0, 1, 0, 2, 1, 1, 1, 1, 0, 1, 1, 1, 4, 0, 1, 1, 1, 1, 0, 1, 0, 1, 1, 0, 0]
句子2的词频向量：[1, 1, 0, 1, 0, 0, 0, 2, 1, 3, 0, 0, 1, 2, 1, 0, 0, 1, 0, 1, 1, 0, 0, 1, 0, 2, 1, 3, 1, 0, 1, 3, 1, 1, 0, 0, 0, 2, 0, 0, 0, 1, 0, 1, 1, 2, 1, 0, 0, 0, 1, 1, 2, 1, 1, 2, 0, 2, 1, 1, 2, 0, 1, 1, 3, 2, 2, 0, 1, 0, 1, 0, 1, 1, 1, 1, 2]
余弦相似度：0.6475761258027333
```

11.3.2 Word2Vec

文本的分布式表示是NLP的基础，它将离散的单词（字）映射到连续的向量空间中，向量的每个维度表示一个特征（属性）。分布式的表示方法极大幅度地方便了模型捕获单词之间的相似性和关系，因此它能很好地描述和理解一段文本数据。

Word2Vec算法最早由托马斯·米科洛夫和他在Google的同事提出的。该模型将词汇表中的每个词用固定长度的向量来表示，并通过一种高效的方法来学习，这个固定的长度就叫维度。维度是Word2Vec模型中一个最主要的参数，它表示能在多大的广度上对一个词进行解释（猜测），比如“苹果”，我们很快就能联想到手机、水果、公司、人名等。再如“肝”，我们能想到解剖学中的肝脏和中医的肝火等。如果我们把Word2Vec模型的维度设计为100，那么计算机就能在100个维度上对一个词进行解读联想，其功能会多么强大！

前面讲到词汇的独热表示，如果词汇表的大小是N，那么每个词向量的维度就是N。如果一个句子长度是M，那么这个句子可以表示为$M \times N$的向量矩阵，也可以表示为$1 \times N$的向量。无论以何种方式表示，这个矩阵都是稀疏的。

稀疏向量定义：稀疏向量是一种特殊的向量，其大部分元素为0，只有少数元素为非零值。比如在词袋模型中，每个文档用一个向量表示，向量维度是词汇表中的词的数量，向量的每个元素表示相应词在文档中出现的个数。即便对于用常用词构成的词汇表也有7000多个词，该向量是非常稀疏的。如果用独热表示，则更加稀疏了。

稠密向量定义：与稀疏向量相反，稠密向量的大多数元素非0，只有少数元素为0值。稠密向量通常有较低的维度，又可以同时保留丰富的信息。

向量矩阵降维：基于神经网络的NLP模型，维度越高，网络结构越复杂，模型参数越庞大，所需的训练语料也就越多，这带来的弊端就是训练和推理都需要庞大的资源。Word2Vec的维数一般设置为100维，所以需要通过线性代数矩阵相乘的方法进行降维。

假设我们有两个矩阵$\boldsymbol{A}$和$\boldsymbol{B}$，其中$\boldsymbol{A}$是一个$m \times n$的矩阵（m行n列），$\boldsymbol{B}$是一个$n \times p$的矩阵（n行p列）。矩阵$\boldsymbol{A}$和$\boldsymbol{B}$可以相乘的前提是$\boldsymbol{A}$的列数必须与$\boldsymbol{B}$的行数相等（即n必须相同）。相乘的结果$\boldsymbol{C}=\boldsymbol{A} \times \boldsymbol{B}$将是一个$m \times p$的矩阵，数学公式表示为

$$\boldsymbol{C}_{m \times p}=\boldsymbol{A}_{m \times n} \times \boldsymbol{B}_{n \times p} \tag{11.11}$$

比如一段文本，由3个句子组成，词汇表的大小是5000，则输入的向量矩阵$\boldsymbol{A}$是一个3×5000的稀疏矩阵，只要设计一个5000×100的变换矩阵$\boldsymbol{B}$，就可以将$\boldsymbol{A}$降维成3×100的稠密矩阵$\boldsymbol{C}$，用于Word2Vec的后续运算，如图11-4所示。

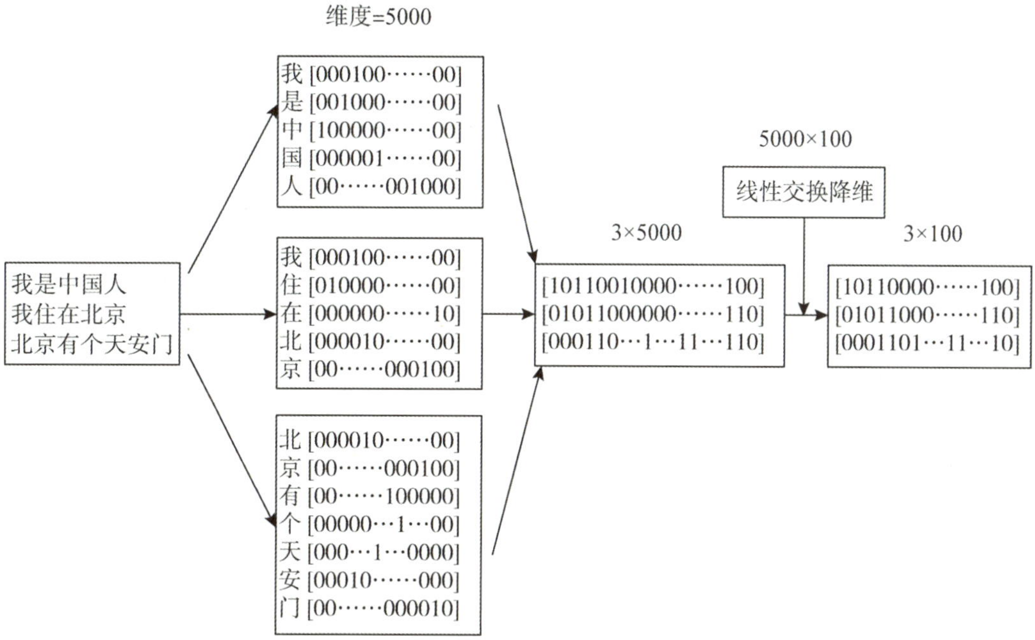

图 11-4　词向量的降维

Word2Vec模型旨在通过训练一个神经网络模型来学习词嵌入，最终能基于给定的上下文来预测目标词（完形填空），或者基于给定的词来预测上下文。因此，Word2Vec有两种主要实现方式。

CBoW（Continuous Bag of Words）：该模型使用给定上下文词（周边词）来学习预测中心词。

Skip-Gram：该模型通过给定的中心词，来学习预测上下文词。

在给定训练语料后，通过最小化预测词和实际词之间的损失来习得词向量。当训练完成后，词向量结果便可以从神经网络的权重中提取出来直接使用。

如图11-5所示，$W(t)$是中心词，n是窗宽，*Net*是要训练的网络。与其他神经网络不同的是，Word2Vec在推理的时候不需要使用*Net*，只需要使用词向量结果，再结合其他算法（如余弦相似度）就可以完成目标任务。

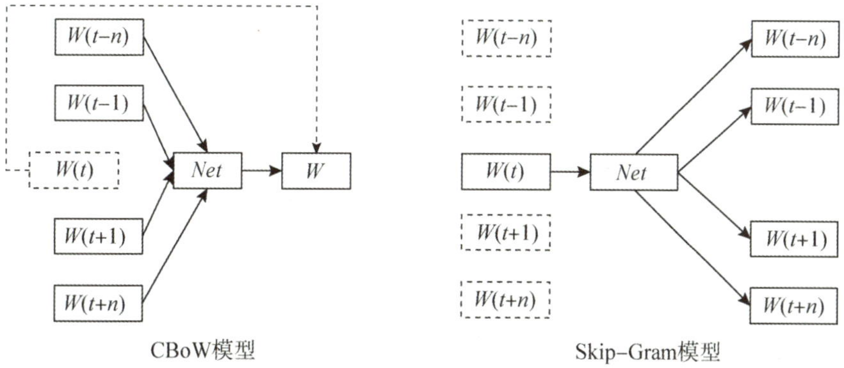

图 11-5　CBoW模型与Skip-Gram模型的比较

11.3.3 Seq2Seq

Seq2Seq全名Sequence-to-Sequence，简称S2S，最早由伊利亚·苏茨克维在2014年发表的论文*Sequence to Sequence Learning with Neural Networks*（《基于神经网络的序列到序列的学习》）中提出。其核心思想是使用一个编码器网络将输入序列（如源语言句子）编码为一个固定维度的向量或一系列隐状态，然后使用一个解码器网络从这个向量或隐状态出发，逐词生成目标序列（如目标语言句子）。整个过程无须人工设计复杂的语言规则，而是让神经网络自行学习如何进行有效的序列转换，如图11-6所示。

图11-6 Seq2Seq结构示意

如图11-6所示，编码器和解码器都是深度学习网络。输入的文本（自然语言）通过编码器将词嵌入逐层变换传递，而解码器则再将词嵌入逐层变换传递翻译成文本（自然语言）输出。词嵌入对人类而言就像黑盒子一样，难以解释，但这恰恰就是AI的分析和理解过程。

事实上Seq2Seq的结构思想早就存在了，早在1844年塞缪尔·莫尔斯发明的电报就是一种编码器—解码器结构。电报就是先将文字编码为莫尔斯电码进行远距离传递，在接收端再用解码器进行解码，最后转换成文字。古代战争中双方为了传递的信息不被对方刺探到，也发明了密文，即先将明文转换成密文进行传送，收到密文的一方再通过事先约定的规则进行解密，变成明文。这也是一种编码器—解码器结构。

人类对大自然的理解也是一种编码—解码过程。我们用文字记录自然界的万物（编码），再由文字传递给其他人，描述见闻（解码）。还有被誉为中国传统文化万经之首的《易经》，将大自然的万事万物编码成八卦、六十四卦及相应的卦辞、爻辞来进行推演，如图11-7所示。

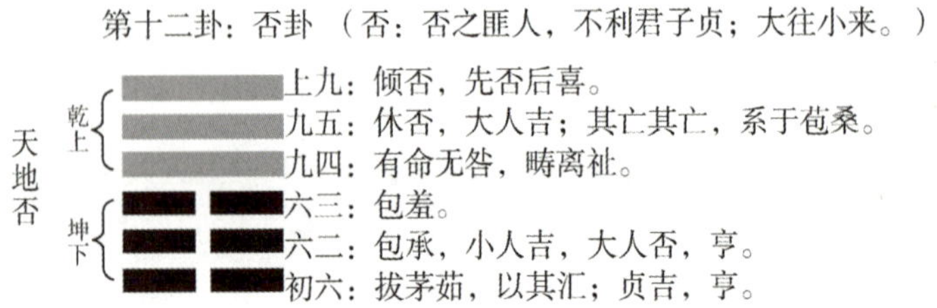

图11-7 《易经》中用卦爻将事物进行编码

编码器—解码器结构无处不在，是这个世界万事万物之间进行交流的客观规律。

11.4　Transformer结构

可以说，Transformer结构一统当今大语言模型的江山。Transformer是一种特殊的Seq2Seq编码器—解码器结构，它引入了自注意力机制使得模型可以并行地处理序列中的每个Token，解决了RNN只能一个个串行处理的问题。Transformer为每个位置的Token分配了不同的权重，因此可以很好地理解上下文的语义，不管它离开当前位置多远，都会被关注——你只需要注意力就可以完成。

Transformer结构最初由阿希什·瓦斯瓦尼等人在2017年的论文*Attention is All You Need*中提出。从它问世的那天起，它便彻底拯救了整个NLP领域。基于该结构的ChatGPT让世人再次为AI疯狂，AIGC不再是梦想，AGI也触手可及。

如图11-8所示，Transformer由n个内部网络结构相同的编码器堆叠而成，编码器的最终输出词嵌入会同时输入m个内部结构相同的解码器。m个解码器也堆叠而成，解码器同时也会提取实际的输出作为参考信息，进而完成最终的预测输出和模型训练。

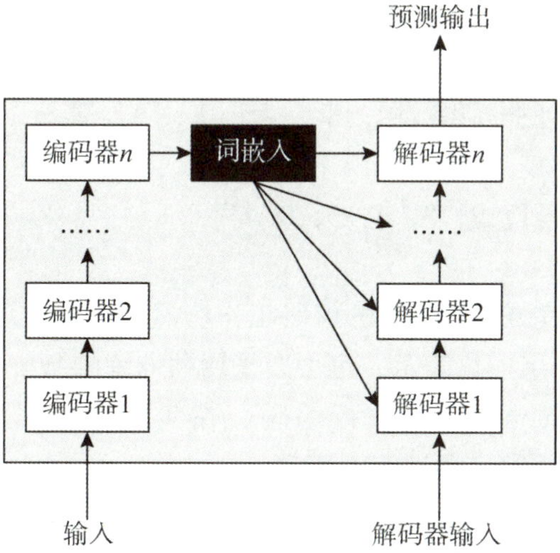

图11-8　Transformer整体结构

Transformer的核心组件是编码器、解码器及注意力机制，本节将重点介绍这三方面的内容。理解了Transformer的工作机制，就能对当前大语言模型的底层逻辑有全新的了解。

11.4.1　编码器

如图11-9所示，编码器网络由多个编码器层堆叠而成，每个编码器层接收来自嵌入层的输出，经过多头注意力层、跨层和归一化层、前馈网络层的运算，完成一次特征提取，输出新的词嵌入，再进入下一个编码器层。

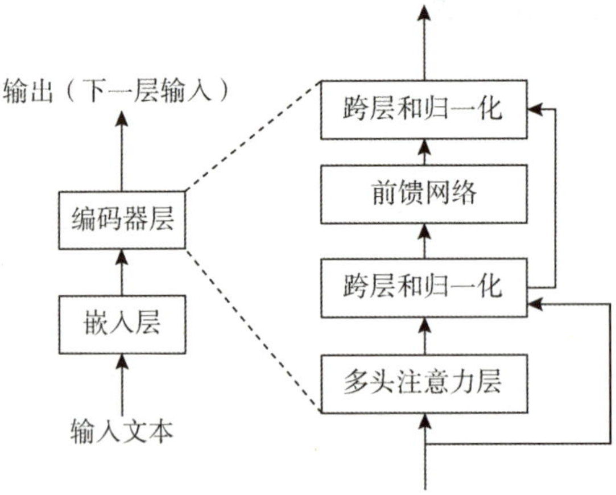

图 11-9 单个编码器层的展开

那么对于一个输入的文本序列，Transformer是如何完成编码工作的呢？下面以特性向量=512维度，输入文本“我在学人工智能”为例，详细说明Transformers是如何处理自然语言的。

1. 分词

将输入文本通过分词工具转换为序列。一般预训练大模型都是按字来分，因此上面的文本转换为序列S=[我，在，学，人，工，智，能]。

2. 增加位置序列

增加位置序列P=[1，2，3，4，5，6，7]。

3. 编码

在嵌入层网络，完成对S和P的编码工作，然后将S与P进行拼接，输出向量X。对S的编码，可以用独热表示，也可以采用预训练的Word2Vec。特定的预训练大模型都会自带Tokenizer工具进行编码，在实际项目开发中必须使用配套的Tokenizer工具才能使用特定预训练大模型。

对P的编码，原文采用正弦位置编码，这是一种基于正弦函数和余弦函数的位置编码方式。对于序列中的每个位置P，正弦位置编码会生成一个固定长度的向量，该向量的每个元素都是基于正弦函数和余弦函数的计算结果，使模型能够学习序列中元素的相对位置关系。

S和P的拼接，可以简单地按位相加，也可以在S上扩展，如图11-10所示。

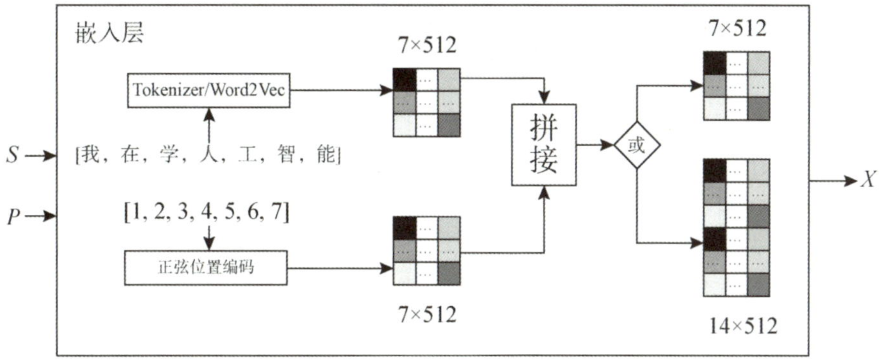

图 11-10　嵌入层工作机制

4. 词嵌入 X 经过多头注意力运算输出词嵌入 Z

词向量与词嵌入本质上都是向量矩阵，本书为了区别，将直接从文本序列编码得到的向量称为词向量，而在网络中层与层之间进行传递的向量称为词嵌入，嵌入即嵌在中间的意思。关于多头注意力的工作机制，我们在后面会单独讲解。多头注意力运算如图 11-11 所示。

图 11-11　多头注意力运算

5. 跨层连接与归一化处理

先将多头注意力层的输入 X 和输出 Z 相加，然后进行归一化处理，输出词嵌入 I。该算法的作用是通过加入残差连接和层归一化，使得网络训练更加稳定，收敛效果更好，如图 11-12 所示。

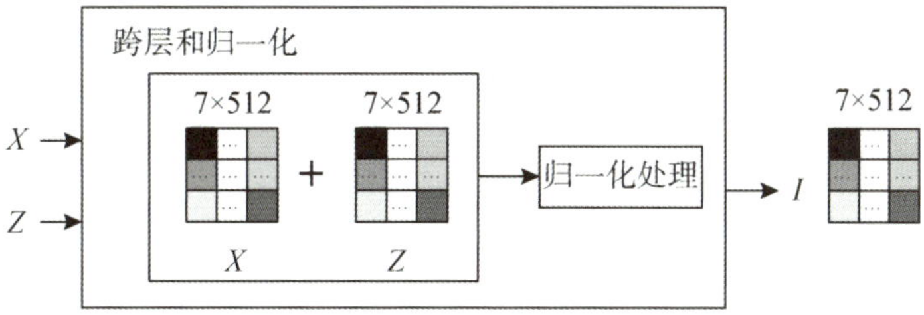

图 11-12　跨层和归一化处理工作机制

6. 完成输出

词嵌入 I 经过逐位置前馈网络、跨层连接和归一化处理后，得到该编码器层的最终输出词嵌入 E，如图 11-13 所示。

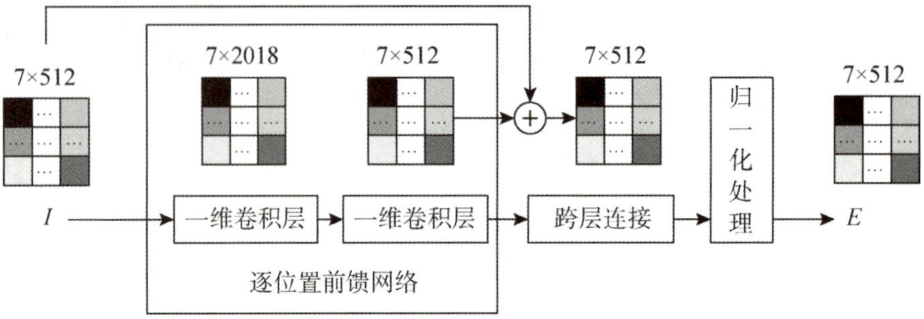

图 11-13　完成输出

逐位置前馈网络（Position-Wise Feed-Forward Network）在 Transformer 模型中被广泛使用，它是一个两层的前馈神经网络，每个位置的词向量都独立地经过这个网络进行变换，而不是将多维输入向量平铺展开成一维的向量。在图 11-13 中展示的是采用两个一维卷积网络进行运算的过程，第一个卷积层将输入变换到高维度空间（d=2048），第二个卷积层再降维到原始的维度。

得到逐位置前馈网络的输出后，再跟输入 I 相加，最后进行归一化处理后输出 E。

一维卷积层，即卷积核只有长度没有宽度的卷积运算构成的网络。

11.4.2　解码器

解码器网络由多个解码器层堆叠而成，每个解码器层接收来自编码器的输出 E、前一层的解码器输出（第一层接受实际的输出），经过多头注意力层、跨层和归一化层、编码器—解码器多头注意力层、前馈网络层的运算，完成一次特征提取，输出新的词嵌入，再进入下一个解码器层，如图 11-14 所示。

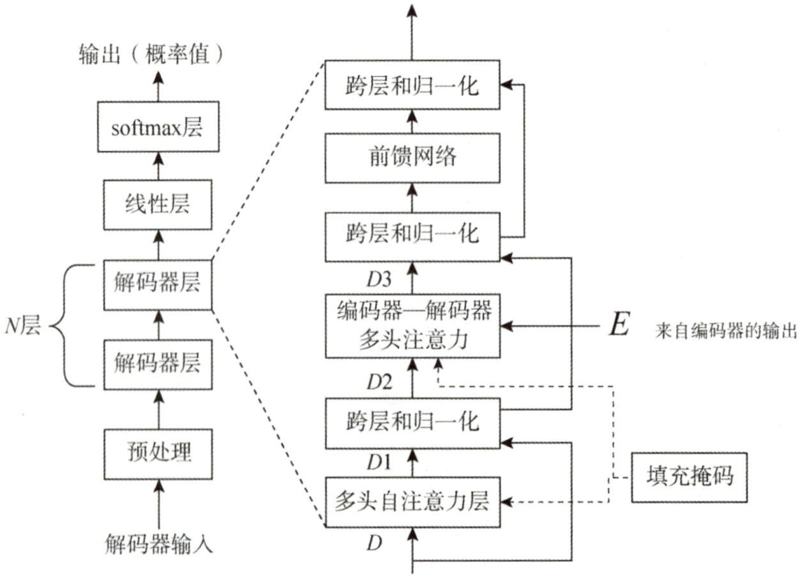

图 11-14　单个解码器的展开

延续上述编码器的案例，我们来看一下解码器是如何将词嵌入一步步解码成预测输出的。

1.预处理

在第一层，解码器的输入不仅仅来自编码器的输出，还来自样本数据的输入序列，在此我们统一将其命名为“解码器输入”。在训练阶段，这个“解码器输入”就是目标序列。在推理阶段，这个“解码器输入”则是模型自己已经生成的目标序列（自回归算法）。训练阶段和推理阶段的差别非常重要。

与编码器一样，预处理完成位置编码 P 和解码器输入编码 Y 的拼接，输出 D。工作机制参见图11-11。

2.填充掩码

在解码阶段，Transformer的主要任务就是完成预测输出。由于Transformer是对所有的位置数据进行并行处理的，因此，为了防止解码器看到“未来数据”，需要增加一个掩码操作，把当前位置之后的数据掩盖掉，在此过程中，解码器边生成边向右移动，直到出现终止条件。训练和推理过程如下。

第一步：[我<pad><pad><pad><pad><pad><pad>]

第二步：[我在<pad><pad><pad><pad><pad>]

……

最后一步：[我在学人工智能]

<pad>就是一个掩码符，计算机在处理的时候会忽略<pad>位置的信息。

3.多头注意力层处理

经过预处理和填充掩码后的词嵌入 D，再经过多头注意力运算输出词嵌入 $D1$。关于多头注意力的工作机制，我们在后面会单独讲解。多头注意力层处理过程如图11-15所示。

图11-15　多头注意力层

4.跨层和归一化处理

这一步也与编码器部分相同，输出 $D2$，在此不再赘述。

5.编码器—解码器多头注意力层

在解码器部分多了一个注意力机制的处理层，在该层接受来自编码器的输出 E，再与 $D2$ 一起经过掩码操作后，由编码器—解码器多头注意力机制进行运算后输出 $D3$。关于编码器—解码器多头注意力机制在后面详细介绍。编码器—解码器多头注意力层处理过程如图11-16所示。

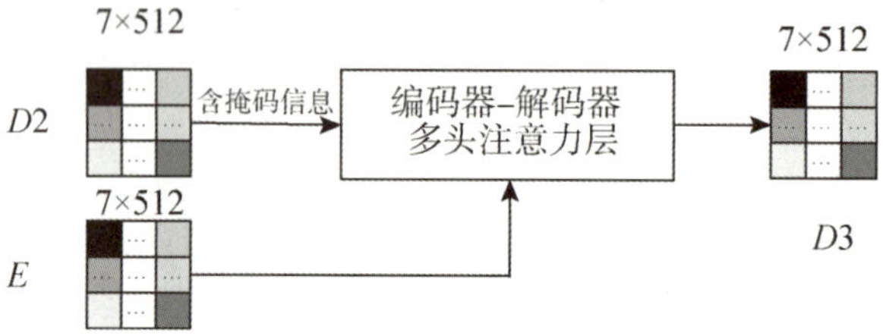

图 11-16 编码器—解码器多头注意力层

6. 完成第一层输出

词嵌入 *D3* 在经过逐位置前馈网络、跨层连接和归一化处理后，输出该解码层的输出词嵌入。此部分的工作机制也跟编码器一样。

7. 解码器的输出

接下去的解码器层的输入均来自上一层解码器的输出，不再接收样本数据，但在编码器—解码器多头注意力层依然接收编码器的输出。由此处我们可见，编码器的输出同时参与了每个解码器的运算，确保编码器提取的重要信息不会因解码器的层数增加而衰减丢失。

8. 最终输出

完成所有堆叠的解码器的运算后，再通过全连接的线性网络层和softmax层输出最终的预测结果，该预测结果是每个Token的概率。

11.4.3 多头注意力机制

1. 自注意力机制的概念

多头注意力机制作为目前基于Transformer结构的大语言模型具有如此强大功能的关键技术，在Transformer结构中被大量使用。多头注意力机制是在自注意力机制的基础上扩展而来的，其目的是在多个子空间中捕获多种特征，同时实现并行处理，从而加快训练速度。对于同一个输入序列，通过多头注意力机制可以从不同的角度来进行特征提取，每一个头都关注某一个特征，如词性、成分、词义、位置、关键词等。

在注意力机制中，Q（query，查询）、K（key，键）和V（value，值）是3个关键概念。

Q：指当前需要关注或查询的信息点，用于与K进行相似度计算，以确定哪些键（及其对应的值）是重要的，并据此分配注意力权重。

K：指输入数据中的各个部分或特征，用于与Q进行匹配，以确定哪些部分与当前查询最为相关，K的得分将用于计算注意力权重，进而决定从V中提取多少信息。

V：指实际被加权求和以生成输出的参数，它包含了输入数据中的具体信息。V根据注意力权重进行加权求和，以生成最终的注意力输出。

2. 工作机制

延续前面2节的案例，我们从自注意力机制、多头注意力机制两个方面来进一步了解Transformer的工作机制，如图11-17所示。

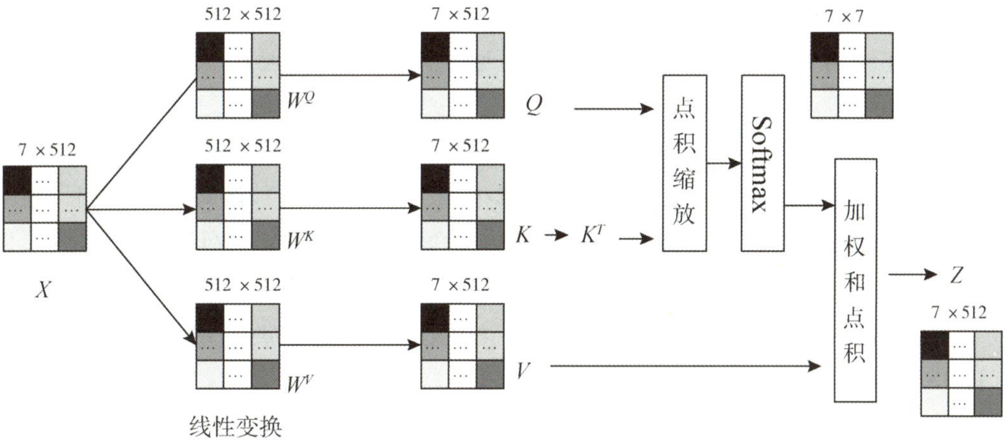

图11-17 自注意力计算过程

（1）自注意力机制

①线性变换

分别用三个不同的矩阵W^Q、W^K、W^V对输入X进行线性变换，获得Q、K、V，Q、K、V的形状应同X相同。

$Q=XW^Q$

$K=XW^K$

$V=XW^V$

②计算注意力分数

接下来，计算Q和K的点积，以得到注意力分数score。score是表示Q和K之间的相似度。score$=QK^T$（K^T是K的转置）。

③归一化注意力分数

通过softmax函数对注意力分数进行归一化，转换为一个概率分布，即attention_weigh。归一化之前通常需进行必要的缩放。计算公式为

$$\text{attention\_weigh}=\text{softmax}\left(\frac{score}{\sqrt{D}}\right) \tag{11.12}$$

其中，D是向量的维度，本例中$D=512$。

④最终的注意力分数

最终的注意力分数的计算公式为

$$Z=\text{attention\_weigh}\cdot V\text{（加权和点积）} \tag{11.13}$$

（2）多头注意力机制

多头注意力即将Q、K、V分为N个头，每个头使用不同的权重参数进行自注意力计算，所有这些头的注意力分数会拼接起来，产生最后的多头注意力分数。N通常设为8，本例为表述方便，设$N=2$。

多头注意力机制在自注意力机制的基础上增加了一个操作，如图10-7方框内所示。

Q、K、V分别通过线性变换拆分成2个子空间的$Q1$、$K1$、$V1$和$Q2$、$K2$、$V2$。这两个子空间各自通过自注意力机制中的（2）（3）（4）运算步骤得出了各自的注意力分数$Z1$和$Z2$，$Z1$和$Z2$进行合并后通过一个全连接网络层完成最后的输出。

全连接层也是一种线性变换，是为了确保最终的输出Z的形状与输入相同，如图11-18所示。

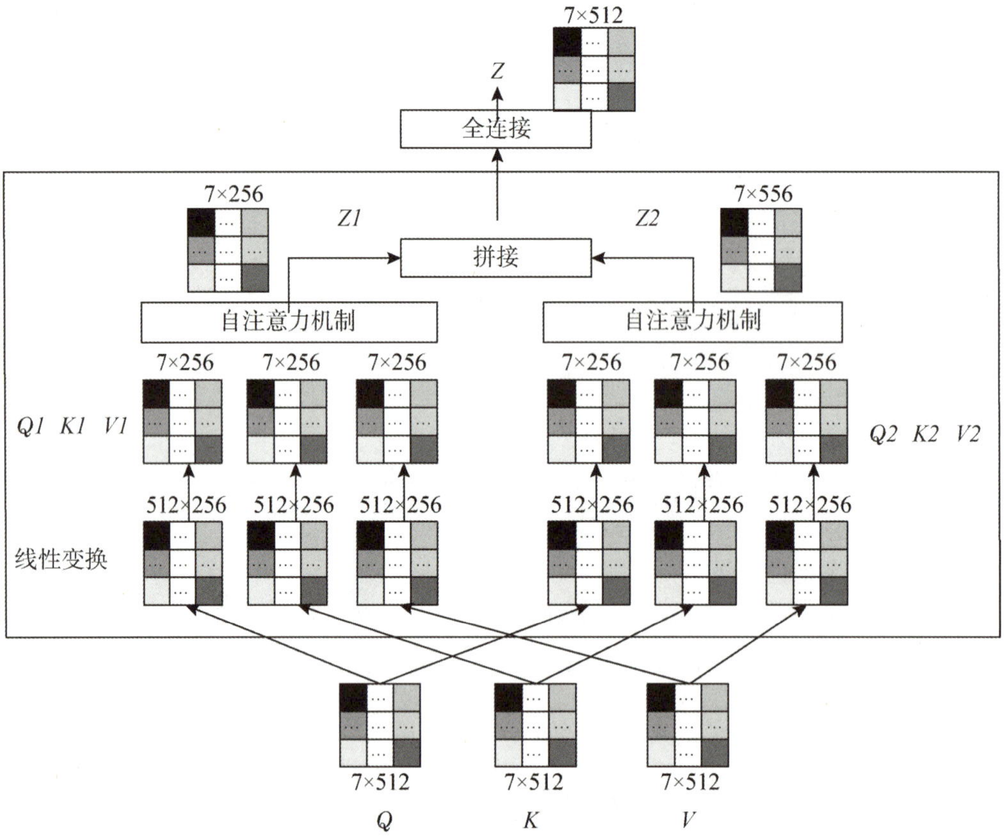

图11-18 多头注意力工作机制

11.4.4 3种类型的Transformer模型

Transformer几乎是现在所有大语言模型的基础，但在实践中，根据是否采用编码器和解码器结构可分为3种类型，如表11-4所示。

表11-4　3种类型的Transformer模型

类型	采用编码器	采用解码器
BERT系列	√	×
GPT系列	×	√
T5系列	√	√

1.BERT系列

BERT（Bidirectional Encoder Representations from Transformers）系列模型仅采用编码器结构而无解码器结构，由Google的AI研究团队在2018年提出。BERT的核心思想是通过在大规模语料库上进行无监督的预训练来学习语言的通用表示（即“语言理解”的能力）。然后这些预训练的表示可以被用于各种NLP的任务中，通过微调（fine-tuning）来适应具体任务的需求，如阅读理解、完形填空、命名实体识别、QA、机器翻译、情感分类等。与之前的预训练语言模型（如ELMo）不同，BERT使用了Transformer的编码器部分来同时考虑单词的上下文信息（即左右两边的词），这使得BERT能够捕获到单词在句子中的双向语义关系。

2.GPT系列

GPT（Generative Pre-trained Transformer）系列模型仅采用解码器结构而无编码器结构，由OpenAI公司开发。GPT系列模型被广泛应用于内容生成、交流问答、机器翻译、代码补全等任务，是目前公认的最强大的GAI模型之一，如表11-5所示。

表11-5　GPT系列模型

主要模型	发布时间	参数规模	特点
GPT-1	2018年	1.17亿	GPT系列的首个模型，是一个单向语言模型，只能根据上文来生成接下来的文本
GPT-2	2019年	15亿	能够生成更长的文本段落，甚至能够编故事、生成假新闻
GPT-3	2020年	1750亿	可以在没有或仅有少量监督训练的情况下，完成多种NLP任务，如文本自动补全、将网页描述转换为相应代码、模仿人类叙事等。GPT-3的出现标志着语言模型的发展进入了一个新的阶段，其生成的文本质量已经接近人类水平
GPT-4	2023年	1.8万亿	是一个大型多模态模型，支持图像和文本输入，再输出文本回复。GPT-4的推出进一步扩展了GPT系列模型的应用范围和能力边界

3.T5系列

T5（Text-To-Text Transfer Transformer）系列模型采用了编码器和解码器的结构，由谷歌研究团队提出。T5模型的核心思想是将所有NLP任务统一为文本到文本的格式，即无论是文本分类、翻译、摘要生成还是问答等任务，其输入和输出都表示为文本序列。这种设计理念使得T5模型在各种NLP任务中能够实现高度的通用性和灵活性。预训练阶段的学习使得T5模型具备了一定的语言理解能力，通过微调可以快速适应新任务，无须从头开始训练。T5模型能够处理任意长度的输入和输出序列，有效解决了传统的序列到序列（Seq2Seq）模型在处理长文本时的序列长度限制问题。

读者可以访问LLM可视化网站（https://bbycroft.net/llm）了解Transformer的三维可视化结构。

11.5 案例：用Gensim库分析小说中的人物关系

Gensim是一个开源的、用于自然语言处理任务的Python库。Gensim库专注于主题建模和文档相似度计算，在处理大规模的文本数据时，Gensim支持流式处理，不需要一次性将整个训练语料读入内存，可以逐步处理数据。因此，运行速度非常快，而且能在CPU上高速运行，非常适合个人研究。

Gensim能够自动提取文档的语义主题并计算文档之间的相似度。它支持多种文本表示方法，如词袋模型、TF-IDF和Word2Vec等，以及多种主题模型算法，如LDA（Latent Dirichlet Allocation）、LSI（Latent Semantic Indexing）等。

经过Gensim训练好的模型可以持久保存到硬盘内，并在需要时重新加载到内存中，以方便模型的保存和复用。

本节以一篇小说为语料，介绍如何用Gensim训练一个词向量模型来计算两个人物之间的关系。

1.语料准备

小说文本文件：西游记.txt。

需要分析的人物文件：name.txt。该文件用于将需要分析的人物姓名增加到词汇表中，保证能够从小说文本中分词出来。

停用词：stopwords_hit.txt。该文件用于从分词结果中去掉一些高频的但对当前任务无意义的词、标点符号、乱码等。如“的”“总之”“?”等。

2.加载必要的库

本案例拟建立Word2Vec模型

```
import jieba
import chardet
from gensim.models import word2vec
```

3.对语料进行分词

把语料封装成一个处理函数cutWordsToTrain()后，先用jieba进行分词，再去掉所有标点符号、数字、停用词并将英文单词全部变成小写。这一系列操作都是为了把语料转换成Gensim词向量模型能支持的数据格式。

4.设计模型并训练

Gensim开发包的模型设计和训练非常方便，调用word2vec.Word2Vec()即可一步完成（注意大小写）。主要的模型参数如下：

window=5：窗宽为5，即中心词左右两边各5个单词作为参考词。

vector_siz=100：每个词的特征数（词向量维度）为100。

min_count=1：词频阈值，默认为5。词频少于这个值的单词会被忽略，不参与训练。

sg：用于设置训练算法，默认为0，对应CBOW算法；若设置为1则采用Skip-Gram算法。

更多参数可查看在线文档或者咨询文心一言。

5.保存模型

model.save()：保存整个模型。

model.wv.save_word2vec_format()：只保存训练完成的词向量。

6.用模型分析两个词的相似度（关系）

model.wv.most_similar（'唐僧'，topn=5）：计算与'唐僧'最相似的5个词。

model.wv.similarity（'唐僧'，'孙悟空'）：计算'唐僧'与'孙悟空'的相似度（小说中的关系密切程度）。

7.查看词向量

print(model.wv['唐僧'])：查看'唐僧'的特征向量值，维度=vector_siz。

通过Gensim训练得到的词向量模型是后续NLP任务的基础。比如我们要预训练一个大语言模型，可以先将通过Gensim建立词表的词向量作为输入，达到大大优化预训练大模型质量的目的。此外，一些简单的NLP任务，如词法句法分析、文本相似度计算（查重）、同近义词查找、知识图谱构建等，它们都可以通过Gensim训练的词向量模型推理完成。

应注意不同Gensim版本的参数差异。详细的代码可扫描二维码获取。

用Gensim分析西游记人物关系

11.6 本章小结

NLP技术是当前人工智能中最热门的技术，包括语音识别、文本分析理解、文本转换、文本生成等功能，先后经历了基于规则的算法、统计语言模型、序列生成模型和预训练大模型四大发展阶段。

分词是NLP处理的第一个环节，经过分词后的最小编码单位叫“Token”，不同的分词技术和方法决定了模型对文本理解和输出的颗粒度。

NLP模型通过词向量和词嵌入在各个网络层间进行信息传递，这就是AI的思考过程。我们可以通过计算两个文本的相似度来描述文本的关系，其中余弦相似度、欧式距离、曼哈顿距离、Jaccard相似度是最常用的相似度计算方法。

NLP中最经典的模型是词袋模型、Word2Vec模型和Seq2Seq模型，这些都是浅层的神经网络。它们只解决了文本的向量表示而没有实现很好的自然语言输出，所以长期不被业界重视，发展较慢。

Transformer是2017年Google提出的一个Seq2Seq深度学习网络。它引入了自注意力机制，使得模型对自然语言的理解和文本生成有了质的飞跃。基于Transformer的预训练大模型，如GPT、BERT、LLaMA、文心一言、通义千问等，都表现出了强大的自然语言处理能力。编码器、解码器和多头注意力机制是构成Transformer的核心部件。

本章最后演示了一个有趣的实战案例，该案例采用轻量级的Gensim库，通过应用词向量模型和计算文本相似度的方法来分析《西游记》中的人物关系。

本章习题

一、判断题

1.19世纪70年代，IBM科学家弗雷德里克·贾里尼克团队首次采用了基于统计的方法来解决语音识别的问题。（　）

2.在序列生成模型中，输入的长度和输出的长度必须是一样的。（　）

3.本质上来讲，词向量可以理解为多维空间中的一个点，这个多维空间表示了该词的多个特征值。（　）

4.在Jaccard相似度计算中，值越大，相似度越小。（　）

5.在Transformer结构中，编码器的输出词向量仅作为第一层解码器输入的词向量参与解码器的运算。（　）

二、选择题

1.NLP最初起源于哪方面的需求？（　）

A.语音识别　　B.AI写作　　C.翻译　　D.聊天机器人

2.NLP的技术演变经历了哪些阶段？（　）

A.基于规则的算法　　B.统计语言模型

C.序列生成模型　　D.预训练—微调大模型

3.基于规则的NLP研究方法陷入困境的主要原因是什么？（　）

A.规则过于简单，无法处理复杂的语言现象

B.规则很多且复杂，无法涵盖所有语言现象

C.语言在不断演变，规则无法跟上变化
D.机器翻译的质量已经足够高，无须进一步改进

4.“熟读唐诗三百首，不会作诗也会吟”这句话所体现的是哪种语言模型的思想？（ ）
A.基于规则的模型 B.统计语言模型
C.神经网络模型 D.语义分析模型

5.以下哪个模型不属于统计生成模型？（ ）
A.Skip-Gram模型 B.CBOW模型
C.词袋模型 D.支持向量机模型

6.在自然语言处理中，“Token”可以是什么？（ ）
A.一个字 B.一个词 C.一个短语 D.一个句子

7.词向量表示文本后，哪些方法可以用来计算文本相似度？（ ）
A.曼哈顿距离 B.欧几里得距离
C.余弦相似度 D.Jaccard相似系数

8.Transformer结构中的哪个组件使得模型可以并行处理序列中的每个Token？（ ）
A.编码器 B.解码器 C.自注意力机制 D.词嵌入

9.BERT系列模型是由哪个公司的AI研究团队提出的？（ ）
A.OpenAI B.微软 C.谷歌 D.阿里巴巴

10.以下哪个模型同时采用了编码器和解码器结构？（ ）
A.BERT系列 B.T5系列 C.GPT系列 D.LLaMA系列

三、简答题

1.简述Word2Vec模型中两个不同模型的区别。

2.简述Transformer结构的主要特征，并列举3种不同架构的Transformer模型。

四、计算编程题

1.将英文“He likes to read the book about books that I like”按照空格进行自然分割后，词汇表大小有多少个Token？这个句子有多少个Token？

2.有以下3个句子，请计算并判断哪两个句子之间的语义最相似？

句子1：人工智能是研究和开发能够模拟、增强甚至超越人类智能的理论、方法、技术和应用系统的一门技术科学。它探索智能的本质，并创造出能以类似于人类智能的方式响应的智能机器，包括机器人技术、语言与图像识别、自然语言处理等。

句子2：人工智能是指由计算机系统所表现出的智能行为。它通过对人类智能的模拟与延伸实现识别、理解、分析、决策等功能，同时涉及机器学习、深度学习、自然语言处理等技术，旨在使机器能够完成复杂任务，提高工作效率，甚至在某些方面超越人类智能。

句子3：人工智能是模拟人类智能的理论、方法和技术，借助计算机程序实现识别、理解、推理、学习、自我修正等功能，从而使机器能够像人一样思考、学习和解决问题，提升工作效率，改善决策质量，拓展人类智能的应用领域。

3.在《西游记》这本小说中，与牛魔王关系最密切的8个人物是哪些？

4.计算以下两句话的Jaccard相似度：句子1=“天行健君子以自强不息”，句子2=“地势坤君子以厚德载物”。

第12章 大语言模型与生成式人工智能

本章导读

相信很多人现在对ChatGPT、文心一言、Kimi、通义万相等人工智能工具已经不再陌生，并已经在日常生活工作中使用它们。我们前面的课程中讲过可以使用文心一言来辅助我们编写代码、查阅文档；本书也使用到通义万相来制作示意图；读者也会使用一些AI助教来答疑和做练习题；大学课堂更是出现了很多数字教师参与教学；2024年Sora发布后，文生视频的视觉效果非常逼真，令人震撼。这些都是生成式人工智能，其背后都有一个大语言模型在工作。

人工智能技术的发展以及生成式人工智能的迭代速度远超人们的想象，新的技术名词如雨后春笋般涌现，初学者非常容易混淆。本章将先对一些容易混淆的技术名词和概念进行辨析；再对当前大语言模型的工作原理进行剖析，比较其优缺点和面临的挑战；最后对今后人工智能研究中会经常用到的一些公开数据集做一些梳理。

人工智能的普及应用需要全人类的共同参与，我们应树立正确使用AI技术、开发负责任的AI的重要理念，积极拥抱人工智能，迎接这场技术革新。

本章要点

- 名词辨析：AIGC、LLM、GAI、AGI、GPT、ChatGPT
- 简述预训练和微调的不同目标
- 阐述AI造假的原因、危害和预防措施
- 使用国内大语言模型平台解决学习和工作上的问题

12.1 概述

让AI能像人类一样说话，一直是人工智能研究的方向。ChatGPT的发布，让世人第一次意识到这一目标实现了。那么，ChatGPT能否成功通过图灵测试呢？

美国加利福尼亚大学圣迭戈分校的研究人员进行了这项图灵测试。总共有500名志愿者充当裁判参加这项测试，测试的对象包括真人、20世纪60年代的人工智能程序ELIZA、GPT-3.5和GPT-4.0，整个对话聊天过程持续5分钟。测试结束后，志愿者需要根据自己的认知，来判断与自己聊天的测试对象是真人还是人工智能。

测试结果显示，有22%的志愿者判定ELIZA为真实人类，有50%的志愿者判定GPT-3.5为真实人类，有54%的志愿者判定GPT-4.0为真实人类，有67%的志愿者判定真人是真实人类。结果表明，GPT-4.0成功地通过了图灵测试，大部分人无法将它和真实人类区分开来。不过，它和真正的真实人类判定比例67%仍然有较大的差距，还有巨大的提升改进空间，尽管如此，这仍然是一项很了不起的成绩。

ChatGPT背后有一个大语言模型在工作，本章就讲述这些最新的技术，这些技术的名字非常接近且容易混淆，读者要仔细区别。

12.1.1 AIGC与LLM

AIGC与LLM是两个密不可分的名词，LLM是AIGC的基础，而AIGC又是对LLM的进一步延伸。

AIGC（Artificial Intelligence Generated Content，人工智能生成内容），是指利用人工智能技术，使计算机自动生成各种形式的内容，如文章、音乐、图片、视频等。AIGC与以前的搜索引擎技术不同，搜索引擎只能获取已经存在的内容或者知识。而AIGC则可以根据输入或提示，模拟生成相应的新内容。

AIGC的工作原理是在大量的文本、图像、音频或视频的数据集上对特定的模型进行训练，模型可以习得语言模式、图像特征和语音结构等。

有两点需要特别注意：第一，在内容的原创性方面，目前的AIGC还很难实现。它虽然可以生成符合人类语言习惯的“新”内容，但这种新内容还是原有文字的一种排列组合，并不具备原创性，因此AIGC经常被诟病为“一本正经地胡说八道”，甚至造假而不自知，即AI幻觉。第二，在可解释方面，AIGC本质上还是基于概率来预测新的文本（自回归算法），不是在真正的语义环境和逻辑上进行推理。比如两个从小一起长大的人时隔多年相遇，一个人问：“胡萝卜，你最近过得还好吗？”AI就无法理解胡萝卜其实就是另一个人的绰号，而会生成非常“哭笑不得”的结果。图12-1就是与文心一言对话的一个例子。

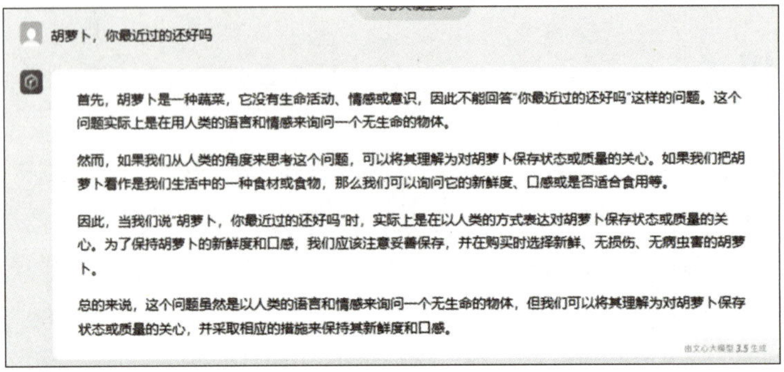

图12-1　文心大模型3.5对“胡萝卜，你最近过得还好吗?”的回答

虽然现在的AIGC还存在很多问题，但其可以快速生成大量内容，迅速获取知识，并做出一定的分析，确实能提高工作效率。在一些不需要原创性的工作上已经具备替代人类的可能。随着人工智能技术的不断发展，AIGC技术也将得到持续提高和完善。未来，AIGC将在更多领域得到广泛应用，如游戏设计、教育领域、医疗行业等。同时，随着技术的不断进步和法律法规的完善，AIGC将更加智能、自主和可信，为人类创造更多有价值的内容。

LLM（Large Language Model，大语言模型），是特指用于执行NLP任务的语言模型。这个“大”包含两个方面的含义：第一，训练数据大，LLM是在海量的文本数据上进行训练的深度学习模型。第二，参数规模大，通常包含数十亿到数千亿个参数（GPT-4.0达到了1.8亿参数），这种规模使得模型能够捕捉到语言中的复杂模式和细微差别。有研究者认为，当一种系统在复杂性增加到某一临界点时，会出现其子系统或较小规模版本中未曾存在的行为或特性。在大模型中将这种能力称为涌现能力，这些能力通常是训练目标未明确设计但模型能够自动学会的技能。

由于这两方面的“大”，因此训练一个大语言模型是一项耗资巨大的项目。根据行业分析和报告，训练一个千亿规模的大型模型，如果使用英伟达A100 GPU并在10天内完成训练，总成本大约需要1.43亿美元。此外，2023年的数据显示，OpenAI的GPT-4.0和Google的Gemini Ultra的训练成本分别为7800万美元和1.91亿美元，这也从侧面反映了训练大型语言模型所需的巨大成本。

在此，有3个方面的问题需要注意。

第一，模型不是越大越好，在一些专业化的垂直应用领域，反而是一些小模型更具备优势。大语言模型是在海量的无监督的数据上进行训练，追求的是通用性，所以参数规模越来越大，需要投入的资源也越来越多。而在专业领域，数据很小，而且是有监督的高质量数据，过大的参数规模不但会造成资源浪费，使运行成本变高，还会产生过拟合等问题。

第二，数据偏差与偏见，大语言模型依赖大量文本数据进行训练，但这些数据往往存在不平衡和偏差。训练数据中经常包含特定群体视角产生的观点，这导致模型在学习和生成语言时也会继承这些偏差。由于这些偏差，大语言模型可能会生成带有偏见的回答或内容，特别在一些敏感领域（如意识形态、决策制定、医疗保健、教育）中尤为严重，可能引发不公平或歧视性后果。

第三，隐私和数据保护，当我们在使用一些大语言模型平台的时候，无论是否免费，都是在给该模型投喂新的语料进行强化学习，因此要特别注意保护隐私和机密。有一个真实的案例，一个小女孩在同ChatGPT聊天的时候泄露了家人银行卡的密码，ChatGPT习得后，会在不知情的情况下，在同另外一个人的对话中出现这些信息，这可能是由于在另外一个场景中的上下文非常相似。

12.1.2 GAI与AGI

GAI与AGI是两个非常容易混淆的名词，仅GA前后位置更换，意思却会截然不同。

GAI（Generative Artificial Intelligence，生成式人工智能），是特指能生成全新内容的AI，其生成的内容就是前面所提的AIGC。AIGC侧重内容生成的来源，而GAI侧重AI系统的功能特点，如图12-2所示。在GAI之前，AI不产生新的内容，比如人脸识别，识别出来的结果是数据库中存在的一张脸的分类标签；又比如搜索引擎，搜索出来的结果是一个现存的网页，或者是数据库中的一段数据在网页模板中的显示。

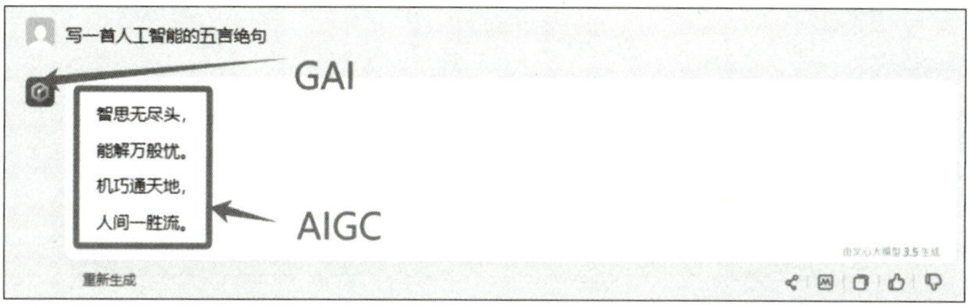

图12-2 文心一言大模型3.5（GAI）生成AIGC

GAI能生成的内容包括文本、图像、音频、视频、代码甚至三维模型等多元的数据形式，随技术发展其生成的内容越来越逼真，让人真假难辨。因其具有强大的表达能力和知识储备能力，GAI已经能在多种环境中胜任人类的工作，如智能助教、智能教学评估、智能客服、智能文员、影视创作等。

这里有几个问题需要注意。

第一，既然GAI的生成结果是根据自回归模型生成的新内容，那么不同的GAI对同一个问题的回答，必然会产生不同的结果。即使是同一个GAI在不同的时间点回答的结果也可能不一样，因此在使用时需要注意鉴别。表12-1是用不同的大模型生成的五言绝句，虽然提示词一样，但结果不一样，有些还可能是错的，不是五言绝句。

表 12-1　几个大模型生成五言绝句的结果比较

大模型	生成结果	是否正确
文心一言	写一首人工智能的五言绝句 人工智能舞，巧思妙如神。问它知何处，云在九霄云。	正确
Claude	写一首人工智能的五言绝句 人工智能腾飞时 智慧之光耀千里 穿梭虚拟无疆域 洞见未来可期许	错误
ChatGPT-4.0	写一首人工智能的五言绝句 人工蕴奇智，电光织梦缘。算法如水深，未来共人前。	正确
ChatGPT4.0—mini	写一首人工智能的五言绝句 智慧闪烁光辉现， 数据海洋思绪连。 虚拟心灵共此刻， 人机共舞未来篇。	错误
Gemini	写一首人工智能的五言绝句 智械之躯，非肉非血。算法为魂，算尽乾坤。无情无欲，永不停息。未来之光，亦是之惑。	错误
智谱AI	写一首人工智能的五言绝句 智能光环耀乾坤，千里之外解问津。互助交流成大道，共谋发展驰飞轮。	错误
通义千问	写一首人工智能的五言绝句 智能照万象，代码织千行。数据绘世界，算法映光芒。	正确

从上述的结果我们发现，不同的大语言模型在不同的时间点生成的结果不一样，也会出现错误的情况。但是人工智能的进化速度非常快，许多模型现在已经很少出现这些低级错误。由于教材与书本的出版速度已经远远落后于人工智能发展的速度，所以许多内容在读者看到的时候也许已经发生了翻天覆地的变化。在AI时

代，唯一不会变的就是变化。

第二，GAI不是搜索引擎，我们在使用的时候不能将GAI玩成搜索引擎，我们来看一个简单的例子，文心一言甚至都不认识自己，如图12-3所示。

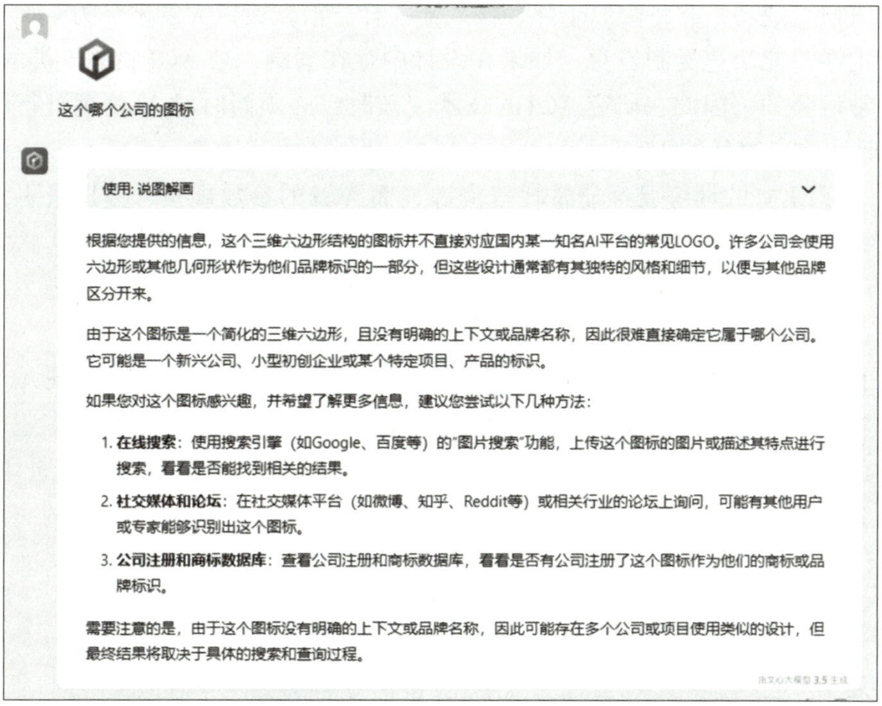

图12-3　文心一言搜索不出自己的图标

当然，随着技术的不断发展和应用场景的不断拓展，GAI也在不断迭代进化。未来，GAI的生成能力也将不断提升，许多错误会被不断纠正，为人类带来更多惊喜和便利。这种进化迭代的结果就是跟它长得很像的AGI。

AGI（Artificial General Intelligence，通用人工智能），是指机器拥有能够完成人类能够完成的任何智力任务的能力。它旨在实现一般的认知能力，能够适应任何情况或目标，是人工智能研究的终极目标之一。AGI能够执行各种复杂的任务，包括学习、计划、解决问题、具备抽象思维、理解复杂理念等。

显然AGI是高于GAI的一种人工智能，AGI除了对生成的内容有了更高的要求外，还对其具备的其他能力提出了更高要求。我们不但希望AGI具备人类的所有能力，甚至还希望它超越人类。通常，我们又将AGI叫作强人工智能，而将仅仅完成专业任务的AI叫作弱人工智能。

AGI要求在领域无关、任务无关的环境下进行训练，给模型投喂的数据集要包括多模态的数据，即文本、语音、视频、图像、气味等。该模型应具备各种能力，即佛学中讲的通五明[①]。

这里有几个问题需要说明。

第一，AGI的设计目标是超越人类的个体能力（不仅仅是人类的平均水平）。一旦AGI研究成功，它将跟原子弹、核武器一样，潜藏着巨大的破坏力。而且AGI具有自主性，能快速复制自身，如果在设计中存在漏洞，使AGI脱离人类的控制，将是非常危险的。因此在研究AGI的技术突破时，必须同时对AI伦理进行同步研究，设计出“负责任的AGI”。

第二，LLM的训练已经非常耗费资源，而AGI的参数规模、数据量更大，无论是训练阶段还是推理应用阶段都非常耗能。这让我们思考：仅靠无限扩大参数规模来设计AGI是否真的有意义？我们应寻找更有效的理论模型——要知道人类大脑一天耗费的卡路里才不到3000！

目前，AGI仍然是一个理论上的概念，尚未有完全实现的案例。实现AGI需要解决许多技术难题，如知识表示、推理、学习、感知等。目前的研究大多还是在增加参数的规模上。科学家在摸索一个奇点，参数达到这个奇点，就可通往AGI。Open AI预测将在2027年实现AI的智商达到140以上，这将是通往AGI的一个关键节点，让我们拭目以待。

12.1.3 GPT与ChatGPT

GPT与ChatGPT是另外两个比较容易混淆的名词，GPT是一种技术，而ChatGPT是一个应用，但许多情况下，GPT经常被认作ChatGPT。本节对两者做一个简要的区分。

GPT（Generative Pre-trained Transformer，生成式预训练变换器），是一个基于Transformer结构的预训练模型，通过引入自注意力机制使模型能够处理超长距离的序列数据。首先，GPT采用生成式预训练方式，通过在大规模文本数据集上进行无监督学习，使模型掌握初步的语言规律，习得自然语言的向量表示。其次，预训练的模型不能拿来直接应用于下游任务，还需要在专业领域的数据集上进行监督式的微调。最后，GPT采用自回归语言建模方式，即模型根据已生成的文本内容预测下一个单词的概率分布，并依此生成后续文本。

GPT-1.0发布于2018年，是GPT系列的第一代模型，参数规模为1.17亿，到现在已经发展到GPT-4.0，参数规模达到1.8万亿。随着参数规模的暴增，模型能力也变得越来越强大，但同时也遇到了训练能耗和成本剧增的瓶颈。

---

① 五明：佛学用语，五明可分大五明、小五明。大五明是指工巧明（技术、天文学）、医方明（医学）、声明（文法、文学）、因明（伦理学）、内明（哲学、教育学）。小五明是指修辞学、辞藻学、韵律学、戏剧学、星系学。

ChatGPT（Chat Generative Pre-trained Transformer），是一个采用GPT架构的聊天机器人产品，由美国公司OpenAI在2022年11月30日发布，它是GPT系列模型的一种具体应用。ChatGPT的出现刷新了人们对NLP的认知，上线5天活跃用户数量就突破了100万人，上线两个月活跃用户数量就突破1亿人，使其成为历史上用户增长最快的应用程序。

ChatGPT的出现可能会重塑人们与计算机进行交互的方式。过去需要通过点击按钮实现的功能，现在只需要输入提示词便可完成——计算机软件系统能实现的功能似乎可以无限延伸。一个应用ChatGPT的网站，就像有了大脑的人类一样，可以实现它具有的所有功能，比如制作PPT、生成分析报告、获取知识、设计图片、制作视频、创作音乐、解答数学题、生成代码等。需要进行参数设置时，不需要像以前一样在复杂的界面进行操作，可以通过输入自然语言轻松实现。在模型不断迭代进化后，无须重设界面，新的功能只需使用新的提示词就能实现。用户大可以充分发挥想象挖掘AI的潜力，毕竟这些功能是程序设计者也不一定是完全自主想象到的。

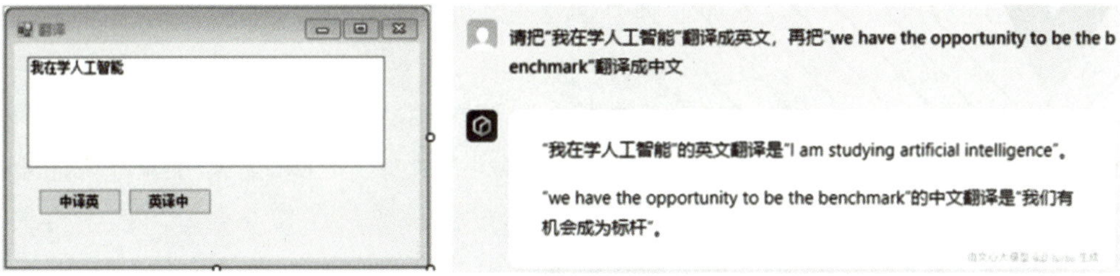

图12-4 ChatGPT重塑人机交互界面

图12-4是不同时代UI（User Interface，用户界面）的比较。在ChatGPT出现之前，我们需要设置两个功能键来进行中英文的翻译；在使用ChatGPT后，我们只需将功能放入提示词中。

中译英提示词：请把“我在学人工智能”翻译成英文。

英译中提示词：把“we have the opportunity to be the benchamark”翻译成英文。

ChatGPT的优点：ChatGPT训练源自大量的文本数据，因此在一些常见领域，它具备丰富的知识。它能够理解上下文信息，并基于之前的对话进行响应，让对话更加连贯和有逻辑。它适用于多个领域，为用户提供多样化的服务。

ChatGPT的缺点：在某些情况下仍然存在理解限制，特别是当问题含糊不清或需要深入推理时。由于ChatGPT是通过大规模训练数据学习而来，可能会呈现数据中的某些偏差和错误。ChatGPT通常只是被动地回应用户的输入，缺乏主动提问和引导对话的能力。作为一个黑盒模型，我们很难解释其生成结果的原因和推理过程。

此外，ChatGPT是国外的产品，在使用的时候还是会受到很多的限制。各个国家对这个产品的使用也有比较严格的规定。现在国内也涌现出许多与ChatGPT对标的产品，性能不断提升。比如字节跳动的豆包，目前注册用户已经跃居世界第2。

12.1.4 预训练与微调

预训练—微调是当前大语言模型在进行训练时的一种标准范式，其过程为：经过大规模数据训练后的模型已具备了一种基础能力，在此基础上将该模型进行微调就好比人类完成通识教育后，在正式工作前再进行岗位培训一样。下面我们介绍一下预训练和微调的不同任务与目标。

1. 预训练

预训练的概念最早由杰弗里·辛顿提出的，最初是为了解决深度学习网络中梯度消失和梯度爆炸的问题。它采用了预训练的方式，先预训练前面几层的网络，保留权重，然后再逐层向后训练，最终完成深度学习。

为了解决大规模数据的训练问题，模型的参数规模越来越庞大，训练也越来越耗时，对新的数据集如果每次都重新训练，既浪费资源又毫无必要（虽然理论上用全样本数据进行重新训练会更加准确，但这种性能的提高对实际应用而言并不具有太大优势）。

在Transformer出现后，Google最先采用这种结构提出了BERT模型。BERT采用随机掩码的方式，面对大量的自然语言语料，无须进行标记就可进行无监督学习，习得语言的通用表示。这如同人类的学习过程一样，在义务教育阶段学得最基本的语言表达、阅读理解和常识，并在后面阶段的学习中加以深化。

2. 微调

在预训练的基础上，通过微调来完成NLP的具体任务。这如同我们高中、大学阶段的学习。微调也不是一次便可完成的，需要不断地迭代和训练，好比我们工作后还需要定期进行岗前培训和职业教育。

在人工智能领域，微调是一种训练技术，它指的是在一个已经经过预训练的模型基础上针对特定的任务或数据集进行进一步的训练和调整。微调通常需要对预训练模型的参数进行小幅度的更新以适应新的任务或数据集。

微调一般都涉及监督学习，其核心思想就是利用预训练模型已经学到的通用特征表示，针对特定任务微调使模型能够更好地适应某个任务，并达到更高的性能。因为模型已经具备了基本的特征提取能力，所以微调只需要较小的数据集和较少的训练时间。

预训练和微调训练的比较如表12-2所示。

表12-2 预训练和微调训练的比较

训练方式	学习方式	数据规模	数据标记	下游任务	训练时间
预训练	无监督	海量	无	无	超长
微调	有监督	小量	有	有	很短

没有经过微调的预训练模型在解决特定的NLP任务时表现不佳。有些预训练模型（如BERT等），只采用编码器结构，在这种情况下，在预训练阶段习得的文本的词向量表达，不能拿来直接使用（输出的仅是人类无法理解的向量值）。因此，预训练模型必须经过下游任务的微调才能完成具体任务。经过微调的大语言模型可进行多种NLP任务，如情感分析、交流问答、命名实体识别、完形填空、关键词提取、文本摘要等。

微调的方式有多种，既可以对预训练的所有模型参数进行调整（一般只需训练几轮即可适应新的数据），也可以保持预训练模型的参数不变，而增加一个小型网络。

12.1.5　AIGC的甄别

与判别式AI不同，生成式AI的输出结果具有多样性和更大的不可预知性。生成式AI的自由发挥是基于对大量语料训练后的统计结果通过自回归的方式来预测新的文本；而判别式AI则是从现有数据集中提取标签。生成式AI可生成的内容包括文本、图片、声音、视频等，这也给AI造假创造了无限的可能。AI造假非常隐蔽。首先，AI造假没有自我动机，AI不知道自己在造假，所以表现得自信满满。其次，人类对不知道的事情会明确回答不知道，但AI不会，只要AI看到过相似的语料，就会不分真假地说出来。图12-5是生成式AI对造假问题的回答。

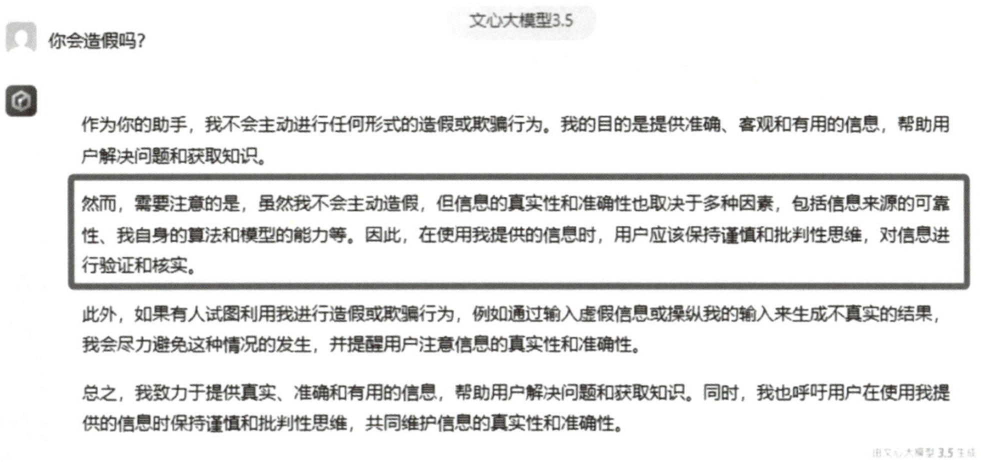

文心大模型3.5
你会造假吗?
作为你的助手，我不会主动进行任何形式的造假或欺骗行为。我的目的是提供准确、客观和有用的信息，帮助用户解决问题和获取知识。
然而，需要注意的是，虽然我不会主动造假，但信息的真实性和准确性也取决于多种因素，包括信息来源的可靠性、我自身的算法和模型的能力等。因此，在使用我提供的信息时，用户应该保持谨慎和批判性思维，对信息进行验证和核实。
此外，如果有人试图利用我进行造假或欺骗行为，例如通过输入虚假信息或操纵我的输入来生成不真实的结果，我会尽力避免这种情况的发生，并提醒用户注意信息的真实性和准确性。
总之，我致力于提供真实、准确和有用的信息，帮助用户解决问题和获取知识。同时，我也呼吁用户在使用我提供的信息时保持谨慎和批判性思维，共同维护信息的真实性和准确性。

图12-5　文心一言对自己是否造假的回答

AI造假的例子有很多。2015年，一篇发表于*International Archives of Medicine*的关于黑巧克力有助于减肥的研究论文在学术界引起了广泛的关注，文章作者公开承认采用了AI生成并处理过的实验数据，旨在展示学术界和媒体在处理科学信息时的漏洞。2023年，为了煽动战争情绪，有多个网站制造了以色列–哈马斯的战争图片，还有人利用AI的生成式功能制造了西雅图的抗议现场。据NewsGuard (https://www.newsguardtech.com)统计，目前已有超过800家网站提供人工智能生成的新闻和信息，这些网站都存在造假的风险。

2017年，斯坦福大学做过一个对比实验，由10位历史专家、25名斯坦福大学的本科生、10位效力于新闻机构的事实核查员3组人员进行真假新闻的鉴别，最后只有事实核查员这一组通过测试，而作为高知群体的历史专家组、斯坦福大学生组都没有通过测试。

AI造假带来的危害是非常大的，它会给当事人带来困扰，并影响读者情绪和思维；新闻媒体“翻车”则会不可避免地影响公信力，导致社会秩序遭到破坏，国家形象受到损害。

在学术领域，GAI强大的生成能力为科研人员提供了前所未有的便利，但同时也为部分研究者提供了捷径，他们试图通过非正当手段快速产出论文。近年来，因GAI生成文本、数据和图片而引发的撤稿事件屡见不鲜，这种依赖AI生成虚假内容的行为严重违背了学术研究的基本原则，损害了科研生态的纯净性，更对学术进步和公众信任造成了不可估量的损害。

此外，模型在接受训练时因受到各国文化、不同历史评判角度、意识形态等因素的影响，也会对历史事实做出不同的评价。

总之，如何识别AI的真假、如何鉴定哪些文字是由AI生成的，诸如此类的种种问题都是AI时代面临的巨大挑战。

12.2 LLM微调数据集获取

训练出一个大语言模型的必备条件是海量的数据集，这些数据集有些来自公开的网站，有些来自研究机构。将一些数据集进行公开有利于全人类共同研究人工智能，促进科学技术的发展。现在许多基础大语言模型也选择开源并公开其训练所选用的数据集。我们在学习人工智能的入门阶段，了解和使用这些开源资源是非常有必要的。我们可以通过学习这些开源模型去理解人工智能模型的底层逻辑，也可以用这些开源数据集作为基准测试数据集来尝试改进模型，进而开发出更好的模型。

此外，知道这些数据集的细节，也可以知道基于这些数据训练出来的模型会存在何种局限和偏见。这可以令我们在对其进行落地应用和微调训练时，能针对性地加以改进。

12.2.1 中文开源数据集

开源的中文公开数据集非常丰富，涵盖了自然语言处理（NLP）、机器学习、计算机视觉等多个领域。以下是一些常见的中文开源数据集。

1.自然语言处理（NLP）

（1）中文机器阅读理解数据集

Chinese Squad：这是一个中文机器阅读理解数据集，通过机器翻译加人工校正的方式从原始Squad中转换而来，包括V1.1和V2.0版本。

CMRC 2018：由科大讯飞、CCL、HFL等机构发布，包含第二届“讯飞杯”中文机器阅读理解评测所使用的数据，并被计算语言学顶级国际会议EMNLP 2019录用。

（2）中文对话数据集

CrossWOZ：由清华大学等机构发布，是首个面向任务的大型中文跨域Wizard-of-Oz导向数据集，包含5个场景的6000个对话和1020000个句子。

KdConv：由清华大学发布，是一个中文多领域知识驱动的对话数据集，包含来自电影、音乐和旅行3个领域的4500个对话。

（3）中文问答数据集

DuReader：由百度发布，是关注机器阅读理解领域的基准数据集和模型，主要用于智能问答任务。

ODSQA：由台湾大学发布，是用于中文问答的口语数据集，包含来自20位不同演讲者的3000多个问题。

（4）中文语法纠错检错数据集

FCGEC：由浙江大学、华为发布，是一个大规模母语使用者的多参考文本纠错检错语料，用于训练及评估纠错检错模型系统。

（5）其他NLP数据集

Ape210K：由中国猿辅导AI Lab、西北大学发布，是一个大规模且模板丰富的数学单词问题数据集，包含210000个中国小学水平的数学问题。

BELLE：由科大讯飞、CCL、HFL发布，涵盖9个真实场景，包含约350万条由BELLE项目生成的中文指令数据。

中文维基百科：数据集涵盖科技、娱乐、体育、教育、财经、时政等多个领域，数据集每年都会更新。

2.计算机视觉

（1）MTFL人脸识别数据集

来源：由香港中文大学多媒体实验室（MMLab）创建并发布。

内容：该数据集包含12995张人脸图像，这些图像用4种面部标志（性别、微笑、戴眼镜和头部姿势）的属性进行了标注。

用途：适用于人脸识别和面部属性分析的研究。

（2）PubFig Dataset数据集

来源：由哥伦比亚大学于2009年发布。

内容：包含互联网上200个ID的58797张图像，这些图像在主体完全不受控制的情况下拍摄，因此包含不同的表情、姿势、光照、场景、相机、成像条件和参数。

用途：可用于人脸识别和身份鉴定。

（3）Market-1501数据集

来源：在清华大学校园中采集。

内容：包括由6个摄像头拍摄到的1501个行人、32668个检测到的行人矩形框。每个行人至少由2个摄像头捕获到，并可能在一个摄像头中具有多张图像。

用途：适用于行人重识别（Re-ID）的研究。

（4）WIDER FACE数据集

来源：图像主要来源于互联网，包括但不限于Google Image、Flickr和百度图片等公开资源。此外，也有说法称WIDER FACE选择的图像来源于公开数据集WIDER。该数据集由香港中文大学制作并发布，是评估人脸检测算法的重要基准之一。

内容：虽然WIDER FACE本身是一个英文数据集，但它包含的面部图像对于计算机视觉中的面部检测任务具有通用性，且其中的面部图像可能包含中文环境下的特征。

特点：包含393703个面部标记，在尺度、姿态和表情方面具有高度的多样性。

3.财经领域

（1）Tushare数据库

简介：Tushare是一个免费、开源的Python财经数据接口包，专注于为金融分析人员提供快速、整洁和多样的财经数据。

数据来源：沪深两交易所中全部股票与主要股指的历史价格，包括每日的收盘价格、开盘价格、最高价格与最低价格，一些主要的宏观经济指标数据（如利率、GDP、存款准备金率、CPI①、PPI②等），以及公司、行业的基本面数据。

特点：Tushare支持Python API端口，可以通过pip（一款Python包管理工具）方式安装，并内置了数据本地保存函数，支持Csv、Xlsx、MySQL等多种格式。

官网：http：//www.tushare.org。

（2）企研·中国数字经济专题数据库

简介：该数据库由企研数据独立研发，旨在及时、充分地反映我国数字经济发展状况，弥合学术研究与数字经济产业和政策实践之间的差距。

数据来源：包括数字经济产业的所有子产业、所有规模的企业，以及详尽的企

① CPI：Consumer Price Index，居民消费价格指数。

② PPI：Producer Price Index，生产者价格指数。

业信息和专利信息。

特点：数据库框架基于微观数据构建，包含全量数字经济企业与数字专利等微观层面数据，并结合了宏观统计指标。数据覆盖全面，包含近2000万家数字经济产业企业的微观数据库。

版本：2024版已包括19个子库、69个模块、500+张表格，合计近8000个字段。

（3）其他开源财经数据集

除了上述两个专门的财经数据集外，还有一些综合性的数据平台或网站也提供财经相关的开源数据集，如阿里云的天池大数据众智平台（https://tianchi.aliyun.com）和Kaggle（https://www.kaggle.com）等。这些平台可能包含与财经相关的各类数据集，如股票价格预测、市场趋势分析等。

4.通用数据集平台

还有一些通用的数据集平台提供了丰富的中文开源数据集资源，具体如下。

（1）Kaggle

这是一个集竞赛、数据和学习于一体的网站，提供了包括泰坦尼克号数据分析在内的多个数据集。

（2）阿里云天池

不仅提供公共数据集，还有免费系统的AI课程可以学习。

（3）OpenDataLab

由上海人工智能实验室发布，上面发布了5000+的中文开源数据集，可用于训练AI大模型。

（4）AI Studio

基于百度深度学习开源平台飞桨的人工智能学习与实训社区，为开发者提供了功能强大的线上训练环境、开源数据集及开源项目。

5.其他资源

此外，还可以通过访问中国科学院、清华大学、北京大学等高校和研究机构的开放数据平台，以及参加相关的数据竞赛（如KDD Cup、CIKM Cup等）来获取更多的中文开源数据集资源。

需要注意的是，以上数据集的使用可能受到版权和许可协议的限制，因此在使用前请务必查阅相关条款并遵守规定。

12.2.2 英文开源数据集

开源的英文公开数据集种类更加丰富，涵盖了NLP、计算机视觉、机器学习等多个领域。以下是一些常见的开源英文公开数据集。

1.NLP

（1）IMDB电影评论数据集

内容：包含了大量用户对电影的评价和打分，通常用于情感分析任务。

用途：文本分类、情感分析等。

（2）AG News数据集

内容：由AG的新闻文章组成，分为4个类别：世界、体育、商业和科技。

用途：新闻分类、文本分类等。

（3）SQuAD数据集

内容：斯坦福问答数据集，包含一系列的问题和对应的答案，这些答案均来自给定的文本段落。

用途：机器阅读理解、问答系统等。

（4）CoNLL-2003数据集

内容：主要用于命名实体识别（Named Entity Recognition，NER）任务，包含从路透社文章中提取的标注数据。

用途：命名实体识别等。

（5）GLUE基准测试数据集

内容：GLUE（General Language Understanding Evaluation Benchmark，通用语言理解评估基准），是一个由多个NLP任务组成的基准测试数据集，包括情感分析、文本相似度计算等。

用途：评估自然语言处理模型的性能。

（6）Wikipedia

简介：维基百科是一部由全球志愿者协作创建和维护的免费在线百科全书，包含大量的文本数据。

特点：数据质量高、覆盖面广，是训练大语言模型的重要资源之一。

2.计算机视觉

（1）CIFAR-10和CIFAR-100数据集

内容：由60000张分辨率为32×32的彩色图像组成，分别属于10个、100个类别。

用途：图像分类、目标识别等。

（2）ImageNet数据集

内容：包含超过1400万张图像，涵盖了2万多个类别。

用途：图像分类、物体检测、图像分割等。

（3）MS COCO数据集

内容：用于对象检测、分割和图像描述的大型数据集，包含超过30万张图像和超过200万个标签。

用途：对象检测、分割和图像描述等。

（4）PASCAL VOC数据集

内容：包含多个任务的数据集，如图像分类、目标检测、图像分割等，涵盖20个类别。

用途：图像分类、目标检测、图像分割等。

3.机器学习

（1）UCI机器学习数据集

内容：加利福尼亚大学欧文分校维护的机器学习数据集仓库，包含多个领域的数据集，如生物信息学、医学、经济学等。

用途：用于多种机器学习任务的训练和测试。

（2）Kaggle数据集

内容：Kaggle是一个数据科学和机器学习竞赛平台，里面提供了大量的开源数据集，涵盖了各种领域和任务。

用途：数据竞赛、模型训练、数据分析等。

除了上述领域外，还有许多其他领域的开源英文公开数据集，如语音识别领域的LibriSpeech数据集、医学图像领域的MIMIC-Ⅲ数据集等。这些数据集为研究人员和开发者提供了丰富的数据资源，促进了相关领域的发展和创新。

但要注意，由于数据集的发布和更新速度较快，以上列举的数据集可能不是最新的或最完整的。因此，笔者建议根据具体需求和数据集的特点进行选择，并关注相关领域的最新动态。

12.2.3 数据集工具

1.数据集工具概述

在NLP、图像处理等深度学习任务中，模型的训练、评估和测试都有标准的代码模板可以调用，设计过程有通用的范式，相对比较简单。最耗费时间和最容易出错的反而是数据的处理过程。数据集会以多种数据格式保存，最后必须要处理成模型训练可接受的输入格式，如图12-6所示。

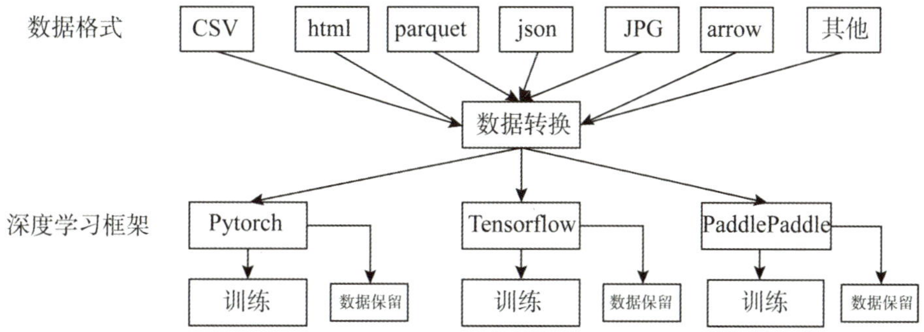

图12-6 数据转换

一般地，第一次将原始数据转换后会保存到所选框架的标准输入格式，便于下次训练时直接调用。这可省去大量的处理时间，并且利于数据的共享。

本书以Hugging Face为例，介绍了数据集工具的使用方法。Hugging Face是一个开源的人工智能和机器学习社区，专注于NLP和其他领域的开源工具和库。它由托马斯·沃尔夫和克莱门特·德朗格在2016年共同创立，旨在通过提供易于使用的工具和库来加速机器学习研究者和开发者的工作流程。Hugging Face最大的贡献是Transformers库，这是一个基于PyTorch和TensorFlow的库，提供了大量的预训练模型和易于使用的API，可用于处理各种NLP任务，如文本分类、命名实体识别、情感分析、交流问答等。Transformers库包含了多种流行的预训练模型，如BERT、GPT、RoBERTa、T5、Llama等，这些模型已经在大量文本数据上进行了训练，并可以轻松地用于各种下游任务。

Hugging Face的官方网站地址是：https://huggingface.co，主要包括数据集、模型、NLP课程、文档，这些都是免费的资源。国内镜像为https://hf-mirror.com。

登录https://hf-mirror.com/datasets进入镜像的数据集网页，就可以看到Hugging Face提供的数据集。在界面左侧可以通过任务、Python库、模态、格式、数据集大小等条件进行筛选，如图12-7所示。

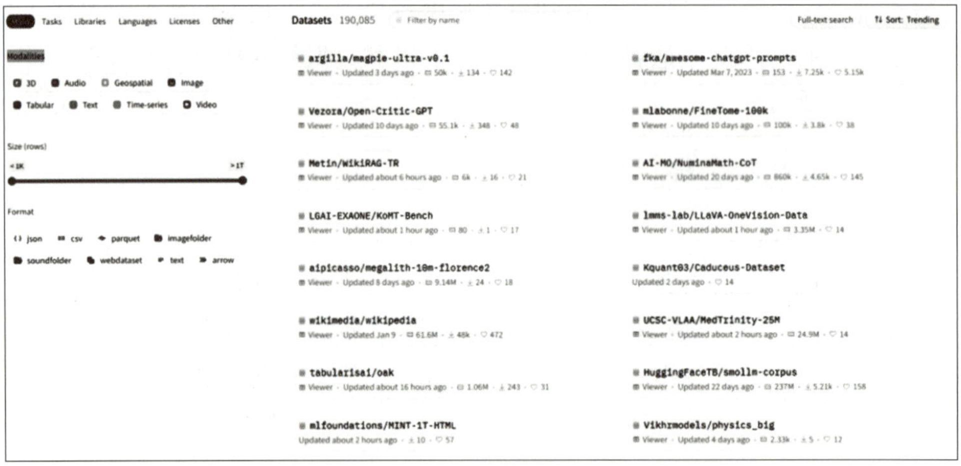

图12-7　Hugging Face数据集页面

2.数据集工具示例

我们以peoples_daily_ner数据集为例来演示如何加载数据集。

（1）下载数据

从官网下载数据到本地，保存到目录“e：\dataset\peoples_daily_ner”，实际目录可根据自己情况指定。下载到本地后最基本的数据结构如图12-8所示。

3个子目录分别保存测试集、训练集、评价集。dataset.arrow是每个子集的数据主题，两个json文件保存必要的格式信息，这个格式不能错误。

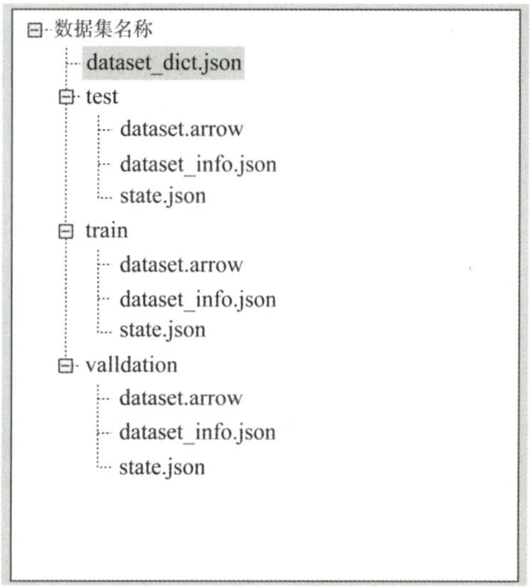

图12-8 数据集（peoples_daily_ner）的文件目录结构

（2）调用接口加载数据

```
from datasets import load_from_disk，load_dataset
dataset=load_from_disk（"e：/dataset/peoples_daily_ner"）
print（dataset）
#可以看到，要加载一个数据集并不复杂，只需要使用load_from_disk即可。
DatasetDict（{
 train： Dataset（{
 features： ['id'，'tokens'，'ner_tags']，
 num_rows： 20865 }）
 validation： Dataset（{
 features： ['id'，'tokens'，'ner_tags']，
 num_rows： 2319 }）
 test： Dataset（{
 features： ['id'，'tokens'，'ner_tags']，
 num_rows： 4637 }）
}）
```

在这里，如果调用load_dataset，那么会直接从官网下载。官网服务器如果在国外，那么在国内加载可能会遇到网络问题而下载失败。

如果使用load_dataset时指定文件格式为csv、json等，则可以从本地的磁盘中加载相应格式的数据集，具体可参考相应的文档。

(3) 数据集保存

调用dataset.save_to_disk('文件目录')可将数据集保存到本地，调用dataset.to_csv('文件名')可将数据集保存为csv格式，调用dataset.to_json('文件名')可将数据集保存为json格式。

(4) 设置数据格式

调用dataset.set_format()修改设置数据格式，其中的参数type用于设置数据类型，有Numpy、Torch、Tensorflow、Pandas等。通过这个设置转换，可以满足所用模型的输入格式。

其他开源数据集的加载、保存和格式转化都可以参照上面的方式，并且一般都有官方的文档进行详细的说明，及提供开源的Python代码。

12.3 LLM平台

国内外有很多基于LLM开发的应用平台，它们各有特色。由于国外平台使用受到诸多限制，而且各地文化、政治差异较大，所以本书仅对国内的一些知名平台做介绍。

1.DeepSeek

网址：https://www.deepseek.com/

DeepSeek是杭州深度求索人工智能（AI）基础技术研究有限公司自主研发的开源推理大模型，该模型一经公布便以其卓越的推理能力和低算力成本优势，迅速成为全球下载量最大的产品。DeepSeek的开源之举使得AI像水和电一样触手可及，为实现“时时、处处、人人可用的普遍智能”带来曙光，同时打破大模型必须依靠大算力的固有思维，突破了美国用算力禁售卡中国AI技术脖子的重围，意义非常深远。

DeepSeek具备强大的逻辑推理和问题解决能力，能处理复杂的查询和任务，提供准确的答案和解决方案，尤其在数学的解题能力方面堪称完美，远超同期的chat-GPT等工具，此外在自然语言理解与生成、图像与视频分析生成、语音识别、个性推荐、大数据处理和跨模态学习方面都有强大的能力，并能进行跨平台整合。

DeepSeek除了通过官网和App进行注册使用外，还可以非常方便地部署到本地计算机，彻底保护个人数据的隐私安全。DeepSeek通过知识蒸馏技术，发布了多种参数规模的Distill模型，用户可根据自己的电脑配置进行选择，甚至无需配置GPU即可使用。本书后面将进一步介绍DeepSeek本地部署的方法。

2.文心一言

网址：https://yiyan.baidu.com。

文心一言是百度在文心大模型ERNIE的基础上开发的生成式对话产品，被外界誉为“中国版ChatGPT”。该模型通过持续从海量数据和大规模知识中融合学习来不断提升其知识水平和理解能力，具备了跨模态、跨语言的深度语义理解与生成能力，在教育、工作、生活中有广泛的应用。其基本功能如下：

对话互动：文心一言能够与用户进行自然而流畅的对话，理解用户的意图和需求，并给出相应的回答和建议。

回答问题：无论是日常生活的问题，还是专业知识的查询，文心一言都能凭借其强大的知识库和推理能力给出答案。

协助创作：在文学创作、广告图文、市场分析报告等方面，文心一言也能提供有力的支持，帮助用户快速生成高质量的内容。

3. 阿里通义

网址：https://tongyi.aliyun.com。

阿里通义，是阿里云推出的大语言模型。通义意为“通情、达义”，它具备全部AI能力，致力于成为人们工作、学习、生活的助手。旗下最著名的产品是通义千问和通义万相。

通义千问：https://tongyi.aliyun.com/qianwen。

该模型的名字寓意着“千万次的问与千万次的学问”，强调了其处理复杂问题和生成丰富内容的能力。通义千问采用了先进的深度学习算法和大规模的语料库进行训练，从而获得了强大的语言理解和生成能力。它能够处理多种语言和数据类型，包括文本、图片、音视频等，在日常工作、学习、生活中成为我们的助手。

通义万相：https://tongyi.aliyun.com/wanxiang。

AI绘画创作平台，基于阿里研发的组合式生成模型Composer，能够通过对配色、布局、风格等图像设计元素进行拆解和组合，并以此提供具有高度可控性和极大自由度的图像生成效果。其基本功能如下：

文本生成图像：用户可以输入任意的文本描述（提示词），生成相应的图像或画作。例如，用户可以输入“画一幅素描画：橘猫、炸毛、生气的表情”，通义万相会生成多幅不同的素描以满足用户需求。

相似图像生成：用户可以上传一张图片，通义万相会根据图片的内容和风格，生成一些相似但不同的图片。

图像风格迁移：用户可以上传一张图片并选择目标风格，通义万相会将图片的风格进行转换，生成一张新的图片。

预设模板：提供了丰富的图像生成风格和模板，包括水彩、油画、中国画、扁平插画、二次元、素描、3D卡通等多种风格，以及多种预设的prompt（文本提示）。

4. 豆包

网址：https://www.doubao.com。

豆包是字节跳动旗下的AI智能助手，在云雀大模型上开发，具有AI聊天、问题查询、写作助手、语言学习、翻译、AI生图、生活助手等功能。豆包支持网页、客户端（包括iOS和Android应用）、插件等多种形式，用户可以根据自己的需求选择适合的平台进行使用。用户可以在豆包中创建属于自己的AI智能体，根据自己的喜好和需求进行个性化设置。2024年底，豆包的注册用户数已经跃居世界第二。

5.Kimi大模型

网址：https://kimi.moonshot.cn/ 和 https://www.moonshot.cn。

Kimi大模型是由北京月之暗面科技有限公司（Moonshot AI）推出的一款智能助手大模型。该模型基于深度学习和NCP技术构建，采用神经网络来处理复杂的自然语言任务。其设计灵感来源于人类大脑的工作原理，通过模拟神经网络的方式来实现智能决策，获得学习能力。

Kimi大模型的最大特点是其超长文本的处理能力。它能够支持高达数百万字的上下文输入，远超行业平均水平。因此在科研领域，科研人员可以借助它进行文献分析；在职场领域，职场人士可以用它来处理工作文档、获取行业信息；对于内容创作者，Kimi大模型则可以提供创作灵感和内容支持。

6.ChatGLM

网址：https://chatglm.cn。

ChatGLM是由清华技术成果转化公司智谱AI发布的开源的、支持中英双语问答的对话语言模型系列，并针对中文进行了优化。ChatGLM基于GLM（General Language Model，通用语言模型）架构，是一种采用编码器—解码器结构的Transfomer，可用于对话系统、个性化推荐、摘要生成等AIGC任务。

目前，国内的大语言模型平台如雨后春笋般涌现，许多平台将多个AI工具进行了集成，方便用户对比使用，并做成了AI超市，如chatAI：http://chatyy.jlrkwl.cn。

AI工具的功能越来越强大，如前所述，GAI技术重塑了人机交互的方式，软件的功能隐藏在丰富的提示词中，无法逐一介绍，就连平台的开发者都不能彻底了解模型所具备的强大能力。用户完全可以通过自己的想象去探索。

这是一个全新的时代，软件功能的挖掘从开发者转移到了使用者。这种转变是革命性的，给全方位的创新提供了工具支持，同时也给AI伦理带来了挑战。如何设计一个负责任的AI，如何把AI技术关在笼子里，又如何正确使用AI是当前面临的巨大挑战。

12.4 本章小结

AIGC、LLM、GAI、AGI、GPT、ChatGPT等每一个新名词都代表了一个新的技术，人工智能的发展之快甚至让人感到无所适从。人工智能是一把双刃剑，新技术带来的革命在促进社会发展的同时，也带来了诸如AI造假、数据隐私安全、伦理冲突等问题，设计和使用负责任的人工智能是当前AI工作者面临的巨大挑战。

大语言模型是在海量的数据上训练出来的，因此构建高质量的数据集是大语言模型和算法不断进化的基础。本章介绍了一些常用的开源数据集，可供我们在研究人工智能时使用。

最后介绍了一些功能强大的国产大语言平台，如DeepSeek、文心一言、阿里通义、豆包、kimi等。国内的百模大战让人眼花缭乱，因此也出现了一些AI超市将国内外出名的大语言平台集中起来供大家比较使用。在这些AI超市中，大语言模型就如京东上售卖的商品一样，有用户评论，也会提供使用方法，非常方便。

未来已至，有人认为人工智能带来的技术革新是第四次工业革命，也有许多人明显地感受到了人工智能给现有许多工作岗位带来的冲击，大语言模型在许多场景中确实已经可以代替一些低级的工作，而且效率更高。与其怨天尤人，不如拥抱变化，学习人工智能技术，迎接新时代的到来。

本章习题

一、判断题

1.随着AIGC的高速发展和技术升级，AIGC将完全替代人类在所有领域的工作。 （ ）

2.大语言模型在海量的数据上进行训练，所以不可能有偏见。 （ ）

3.同一个GAI产品在不同的时间回答同一个问题，答案可能会不一样。 （ ）

4.目前，AI造假大量存在，但是AI本身不知道自己是否在造假。 （ ）

5. LLaMA3是目前被业界公认的最好的开源大语言模型，因此可以拿来直接用于医学诊断。 （ ）

二、选择题

1.AIGC与搜索引擎技术的主要区别是什么？ （ ）

A.搜索引擎能获取已经存在的内容，而AIGC不能

B. AIGC能生成新的内容，而搜索引擎只能获取已经存在的内容

C.搜索引擎能更快找到信息，而AIGC不能

D. AIGC能找到需要的图像，而搜索引擎不能

2.LLM模型的特点是什么？ （ ）

A.预训练数据无须人工标注

B.参数规模小

C.在海量的文本数据上进行训练

D.参数规模通常达到数十亿到数千亿的级别

3.训练AGI模型的数据集应该包括哪些内容？ （ ）

A.文本数据　　B.语音数据　　C.视频数据　　D.压力传感器数据

4.预训练的概念最早是由谁提出来的?（ ）

A.谷歌 B.辛顿 C.BERT团队 D.OpenAI

5.在研究AGI的技术突破时，为什么需要同步研究AI伦理?（ ）

A.确保AGI的设计符合道德规范 B.提高AGI的智商水平

C.降低AGI的训练成本 D.加快AGI的研发速度

6.当使用大语言模型平台时，用户需要注意什么问题?（ ）

A.模型的大小 B.模型的运行速度

C.隐私和数据保护 D.模型的训练成本

7.GAI已经能在哪些环境中胜任人类的工作?（ ）

A.智能助教 B.智能教学评估 C.智能客服 D.影视创作

8.在2017年斯坦福大学的对比实验中，哪一组人员成功通过了真假新闻鉴别的测试?（ ）

A.10位历史专家

B.25名斯坦福大学的本科生

C.10位效力于新闻机构的事实核查员

D.所有组别都通过了

9.BERT模型采用了哪种方式进行无监督学习?（ ）

A.梯度下降 B.随机掩码 C.梯度上升 D.逐层向后训练

三、简答题

1.简述GPT和ChatGPT的区别。

2.简述预训练—微调的两种不同的方式。

3.简述强人工智能和弱人工智能的区别及强人工智能面临的挑战。

四、应用题

1.时间到了2075年，A市即将迎来第一批新物种——AI机器人。10万个AI机器人即将下线进入A市，与该市的居民一起工作与生活，这些AI机器人将在医疗、工厂、企业、餐饮、教育、旅游、养老等各个行业，甚至政府部门上岗，大街小巷里将随处可见来来往往的机器人。你作为这个城市的管理者，迫切需要制定一批新的法律，确保人与人造物的和谐相处。请借助大语言模型工具来规划需要的法律，并选择某一项法律来详细制定，字数800字以上。

2.让AI写一首词牌名为《江城子》的词，内容是描述内蒙古美丽的大草原。

第13章 预训练—微调和多模态模型

本章导读

人工智能技术几乎涵盖了我们工作、生活的方方面面，技术的迅猛发展带给我们无限的想象空间。正如本书写作之初我们还在大谈ChatGPT，但在出版之前，ChatGPT已经不再新奇，取而代之的是多模态大语言模型(MLLM)。

人类对美好生活的追求永无止境，一些科幻小说和电影中的场景逐渐成为现实。机器人也进入了我们的日常生活，人与这个特殊的人造物之间的关系正在发生微妙的变化。机器人有智慧吗？机器人有意识吗？

随着多模态人工智能技术的发展，机器人在视觉、听觉、味觉、嗅觉、触觉和语言方面都在与人类靠近，作为地球上最智慧的生灵——人类，我们似乎正在被自己的制造物超越，直觉与灵感闪现将是我们最后的阵地。但从技术演变的趋势来看，人工智能要拥有直觉也只是时间问题。

由于人们逐渐认识到数据安全和隐私的重要性，AI的个性化定制将会是今后人工智能很大的应用场景之一。本章通过一个私人助手定制的案例来讲述如何用自己的数据训练一个属于自己的永久AI伙伴。本章最后阐述了研究前沿——MLLM的基本思想和实现方案，并展望了AI的未来。

我们想带给读者一些思考：智能的本质是什么？人工智能将向哪里发展？我们应该无限制地发展人工智能吗？机器人会如科幻小说中描述的那样觉醒吗？

本章要点

- ◉ 绘图说明扩散模型的训练过程
- ◉ 绘图说明CLIP模型的实现过程
- ◉ 列举AI绘画的发展三阶段及代表模型
- ◉ 根据需求设计一个MLLM结构
- ◉ 阅读并理解基于预训练大模型实现的聊天机器人的代码并注释
- ◉ 阅读并理解个性化助手微调预训练模型的代码并注释

13.1 私人助手定制

如今谈论ChatGPT已经不再是什么新鲜事。大语言模型强大的自然语言理解能力和对话输出能力已经被各行各业认可，国内外各大AI公司纷纷推出自己的大语言产品，各种AI助手工具充斥市场，令人眼花缭乱。当第一阵风过去后，我们回头冷静地审视这些产品，会发现这些产品非常同质化。看似强大的自然语言对话能力，其实依然是一种简单的模仿。“一本正经地胡说八道”是对这些AI助手工具风趣的调侃，然而就是AI幻觉。究其根本，是因为这些预训练的大语言模型都是在公开的通用语料库中训练所得，不具备专业的知识训练。

很多人依然把现在的AI工具当作搜索工具使用。虽然一些公司声称可以通过自己的数据进行个性化模型的训练（微调），但是谁愿意将个人宝贵的数据提供给这些平台呢？况且，许多数据涉及隐私、机密、知识产权、国家安全，会受到严格的限制。

由此可见，使用开源的预训练模型以自己的专业数据进行微调训练、进行私人助手的开发是未来AI一个最常见的应用场景。这种私人的AI助手具备如下的优势：

一是私密性。你可以提供一些私密的数据给私人助手，比如工作日程安排、与某人的会面感受、会议记录、旅游照片、与AI日常的聊天记录等。

二是专业性。你可以将一些专业的语料投喂给私人AI助手。经过训练的AI助手可以解答专业的、个性化的问题；而这些专业的语料可以是你不想被公开的多年的工作成果，或者是还在保密期的资料；也可以是工作中涉及的专业资料，但不想跟大众分享（专业壁垒）。

三是永久性。在平台上的聊天对话记录往往保存的时间是有限的，而且一旦退出，所有过去的聊天记录都应该被清空（数据隐私要求）。平台不可能记住你几个月前跟它说过什么，但在实际的生活工作中经常会需要延续几个月前的对话。有了私人AI助手，你可以永久地保存这些记录，并在任意时刻“唤醒记忆”。

四是情感陪伴。私人AI助手在跟你长期的陪伴聊天中，不断记忆、训练并提升自己，了解你的爱好、习惯、感兴趣的话题、价值观等。等你老的时候，它将作为情感陪伴发挥自己的作用。到那时，具身机器人已经普及，你可以给它选择一个你喜欢的造型，把现在训练的“大脑”安装到这个躯壳之中。与猫狗等宠物相比，它不会死亡。

当然，私人AI助手要发挥以上的优势，先决条件就是必须将大语言模型部署在本地的个人电脑上，以保证数据的安全性。接下来，我们会介绍如何使用开源的预训练模型进行微调。之所以使用开源的预训练模型，是因为我们可以站在巨人的肩膀之上，快速搭建私人AI助手。在个人数据集足够多的时候，也可以重新设计一个语言模型。

13.1.1 聊天大语言模型

许多开源的大语言模型在海量的自然语言上进行了预训练，已经具备了聊天对话的功能。本节介绍两个开源的大语言模型，并用它们完成简单的聊天功能，将聊天记录保存在本地的数据库中（Excel表）。

1.Llama3-8B-Chinese-Chat

（1）下载模型

从Hugging Face国内镜像网站https://hf-mirror.com/上下载Llama3-8B-Chinese-Chat模型，必须下载该目录下的所有文件。下载地址https://hf-mirror.com/shenzhi-wang/Llama3-8B-Chinese-Chat/tree/main，如图13-1所示。

.gitattributes	1.52 kB
LICENSE	7.8 kB
README.md	43.6 kB
config.json	649 Bytes
generation_config.json	147 Bytes
model-00001-of-00004.safetensors	4.98 GB LFS
model-00002-of-00004.safetensors	5 GB LFS
model-00003-of-00004.safetensors	4.92 GB LFS
model-00004-of-00004.safetensors	1.17 GB LFS
model.safetensors.index.json	24 kB
special_tokens_map.json	97 Bytes
tokenizer.json	9.08 MB
tokenizer_config.json	51.3 kB

图13-1 Hugging Face上开源大语言模型文件列表

model开头的4个文件是该模型的主体，包含已经训练好的权重值，其他文件是一些模型的词表、配置信息等。关于该模型的详细介绍，可以阅读该模型下载地址的Model card页。

（2）一次对话的演示代码

```
def Llama():
    from transformers import AutoTokenizer, AutoModelForCausalLM

    # 用户发起的对话
    text = "人工智能的未来如何？"
```

```
    # 预训练模型存放的文件位置
    model_id = "model/Llama3-8B-Chinese-Chat"

    # 使用标准工具加载词表编码、分词器
    tokenizer = AutoTokenizer.from_pretrained(model_id)
    # 使用内置工具加载模型并初始化
    model = AutoModelForCausalLM.from_pretrained(
        model_id, torch_dtype="auto", device_map="auto"
    )

    # 定义一个输入格式，并分配一个角色
    messages = [
        {"role": "user", "content": text},
    ]

    # 用分词器对输入文本进行词向量编码，转换成模型支持的输入格式
    input_ids = tokenizer.apply_chat_template(
        messages, add_generation_prompt=True, return_tensors="pt"
    ).to(model.device)

    # 模型经过推理后，输出词嵌入向量
    outputs = model.generate(
        input_ids,
        max_new_tokens=8192,
        do_sample=True,
        temperature=0.6,
        top_p=0.9,
    )
    response = outputs[0][input_ids.shape[-1]:]
    # 用分词器进行解码后输出文本，完成一次对话
    print(tokenizer.decode(response, skip_special_tokens=True))
Llama()
```

在这个案例中，我们向LLaMA3大语言模型提了个问题：人工智能的未来如

何？程序的运行结果输出了对这个问题的回答。我们不难发现，模型每次输出的答案是不同的。

代码的功能见注释，对每个函数的详细参数若有疑问可以查看在线文档，或者可以咨询文心一言。需要了解模型的详细细节可用print(model）查看。

2.charent_ChatLM_mini_Chinese

（1）下载模型

从Hugging Face国内镜像网站https://hf-mirror.com上下载charent_ChatLM_mini_Chinese模型，必须下载该目录下的所有文件。下载地址为：https://hf-mirror.com/charent/ChatLM-mini-Chinese/tree/main，如图13-2所示。

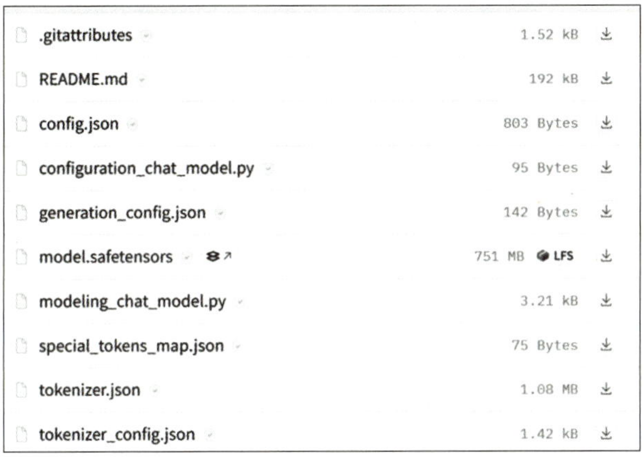

图13-2　Hugging Face上开源大语言模型文件列表

model.safetensors是该模型的主体，包含已经训练好的权重值，其他文件是一些模型的词表、配置信息等。关于该模型的详细介绍，可以阅读该模型下载地址的Model card页。

（2）一次对话的演示代码

```
def ChatLM():
    from transformers import AutoTokenizer, AutoModelForSeq2SeqLM
    import torch

    #用户发起的对话
    txt = '如何评价Apple这家公司？'

    #模型保存的文件目录
    model_id = 'model/charent_ChatLM_mini_Chinese'
    #如果有GPU加速，则使用cuda接口配置GPU
```

```
    device = torch.device('cuda' if torch.cuda.is_available() else 'cpu')

    # 使用标准工具加载词表编码、分词器
    tokenizer = AutoTokenizer.from_pretrained(model_id)

    # 使用内置工具加载模型并初始化
    model = AutoModelForSeq2SeqLM.from_pretrained(model_id,
trust_remote_code=True).to(device)

    #对输入进行编码，转换成模型支持的输入格式
    encode_ids = tokenizer([txt])
    input_ids, attention_mask = torch.LongTensor(encode_ids['input_ids']),
torch.LongTensor(encode_ids['attention_mask'])

    #用模型进行推理，生成输出
    outs = model.my_generate(
        input_ids=input_ids.to(device),
        attention_mask=attention_mask.to(device),
        max_seq_len=256,
        search_type='beam',
    )

    #通过分词器进行解码，生成输出，并显示对话结果
    outs_txt = tokenizer.batch_decode(outs.cpu().numpy(),
skip_special_tokens=True,clean_up_tokenization_spaces=True)
    print(outs_txt[0])

ChatLM()
```

在这个案例中，我们向ChatLM大语言模型提了个问题：如何评价Apple这家公司？程序的运行结果输出了对这个问题的回答。同样地，每次输出的结果是不同的。

可以发现，两个模型的代码在细节上略微不同，但整体框架是相同的，不同的模型只是调用了不同的函数。初学的时候，我们可以参照开发者的示例代码，等熟练以后，可以使用print(model)查看模型的细节，调用合适的transformer接口函数。

以上演示了两种不同结构的大语言预训练模型的对话代码。LLaMA3-8B-Chinese-Chat模型较大，需要GPU才能运行，对话质量较好。charent_ChatLM_mini_Chinese模型较小，在CPU上也能运行，对话质量较差，但是微调和强化训练更方便。经微调训练后，charent_ChatLM_mini_Chinese并不一定会比Llama3-8B-Chinese-Chat差，读者可自行摸索。

3.保存对话记录

设计一个Excel表可以将对话过程保留下来，以用于后续的强化训练，或者自行开发应用程序进行推理。要时刻牢记，在AI时代数据是最宝贵的财富，模型可以快速复制，但是数据无法复制，数据积累需要的时间是不可逾越的。

用pandas模块可以进行Excel的操作。核心代码主要有以下几条。

```
# 定义一个输入格式，并分配一个角色
import pandas as pd

df=pd.read_excel("myChat.xls",sheet_name="Sheet1")
newRow=["txt1","txt2","txt3","txt4"] #增加的新行具体内容
df.loc[len(df)]=newRow
df.to_excel("myChat.xls",sheet_name="Sheet1",index=False)
```

4.开发交互界面

使用PyQT开发UI界面。一个简单的参考界面如图13-3所示。

带界面的聊天记录保存的完整演示代码可扫描二维码获取。

聊天小软件

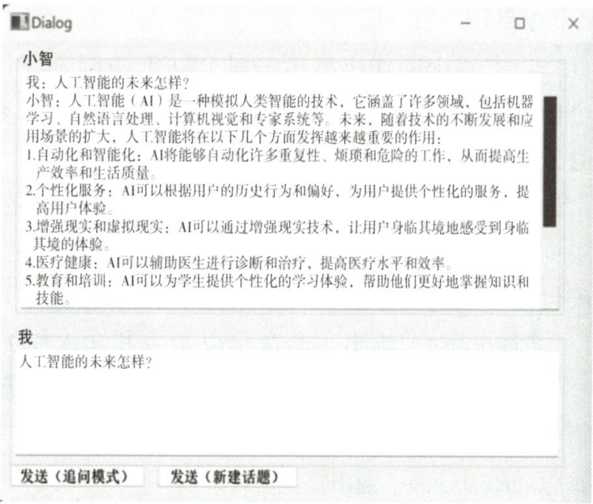

图13-3 简易的聊天对话UI界面

13.1.2 微调大语言模型

在通用的预训练模型基础上用特定的数据进行微调，以完成特定的下游任务，是目前应用预训练大模型的主要方式。这种预训练—微调模式不但可以将预训练模

型学到的知识进行迁移，而是可以进一步学到专业的知识，以完成特定的下游任务。不仅如此微调还是有监督的学习，一般会使用高质量的数据集，因此训练速度很快，一般只需几轮训练就能完成。

1.微调方式分类

大语言模型的微调方式多种多样，主要可以分为以下几类：

（1）全微调（Full Fine-Tuning）

基础模型的所有参数都参与微调，适用于有全新的足够大的数据。微调时需要对原生模型的知识进行重构以适应新的环境，比如从英文语境转到中文语境。

（2）部分微调（Partial Fine-Tuning）

冻结基础模型部分层的参数，调整非冻结参数。

（3）高效参数微调（Parameter-Efficient Fine-Tuning，PEFT）

这是目前最常用的微调方式，它通过微调少量参数来达到接近全量微调的效果。常见的PEFT技术有LoRA、Adapter Tuning 、Prefix Tuning、Prompt Tuning。

（4）提示词微调（Prompt Tuning）

通过精心制作的提示词模板和对应的输出实现模型的微调，而不对基础模型的任何参数进行更新，只更新embedding参数。

（5）RLHF（Reinforcement Learning from Human Feedback）

使用强化学习的方式直接优化带有人类反馈的语言模型，实现与人类价值观的对齐。

2.举例

二维码中的代码展示一种PEFT微调。该代码继续采用上节中聊天机器人的两个预训练模型作为基础模型，用alpaca_cleaned数据集进行微调。该数据集每一条均由3个字段组成，具体如下：

Instruction：指令，指导模型进行下一步的操作或生成相应的文本。

Input：输入，通常是与指令相关联的输入文本或数据，用于在模型处理指令时进行参考或分析。输入可以为空，在空的情况下直接使用指令文本作为提示词。

Response：输出，通常是以指令和输入作为提示词生成的输出文本。

例如：请指出以下几个动物中哪些是哺乳动物（Instruction，指令）：猪、河虾、猴子、鳗鱼、海豚（Input，输入）。哺乳动物有：猪、猴子、海豚（Response，输出）。

PEFT微调

微调的过程比较复杂，涉及的框架也比较多，初学者在理解上会有一定的难度，需要通过不断的实践来掌握这部分的知识。好在现在已经有了大语言模型可以随时帮助我们解答关于函数的参数说明问题，不需要再像以往那样去查阅技术文档。但是我们仍然要注意版本之间的兼容性问题。

13.1.3　本地部署DeepSeek-R1

DeepSeek-R1是我国自主研发的推理模型，于2025年1月20日正式开源发布。DeepSeek—R1的开源和高效性引起了全球科技市场的震动，让我国的AI从跟随走向了超越，其最大的亮点就是可以用低成本的算力训练和推理大模型，效果堪比chatGPT。受此冲击，Nvidia市场短期缩水4万亿。

DeepSeek-R1的低算力依赖为个人使用大语言模型提供了更多机会，尤其是R1的一些Distill版本，可以不需要GPU即可高效运行，如本节介绍的一种本地部署使用DeepSeek-R1-Distill-Qwen-1.5B模型的方法，实现私人助手。

（1）下载安装Ollama，下载地址：https://ollama.com，根据自己的操作系统选择相应的版本和安装指令。Ollama是一种第三方的docker，专门用于快速安装部署各种大模型，封装了与大模型交互的API接口。

（2）启动本地操作系统的控制台，即PowerShell（注意，不要使用cmd）。

在控制台的命令行界面输入命令行：ollama run deepseek-r1:1.5b。该命令执行模型的下载与部署，下载过程中，如果发现速度变慢，可以中断后再次执行命令续传，加快下载速度。

此处选择的模型版本可以根据自己电脑的配置更换，1.5b是最轻量级的模型。

（3）下载完成后出现“success”提示，即可使用deepseek-r1进行对话了。

（4）\bye 指令可以退出对话，再次执行ollama run deepseek-r1:1.5b即可重新启动对话。

详细的部署步骤可扫描右侧二维码查看。

Deepseek本地化部署

13.2　多模态大语言模型

多模态大型语言模型（Multi-Modal Large Language Model，MLLM）是当前人工智能的重要研究方向。以GPT-4V为代表的MLLM在基于图像编写故事和无需OCR的数学推理中表现出优异，为我们指出了一条通往AGI之路。

近年来，LLM逐渐成熟。从预训练到垂直领域的微调范式，AI的落地应用成为现实。尽管LLM在大多数NLP任务上展示了惊人的零样本/少样本推理性能，但它们只能处理离散的文本，对视觉是“盲目”的。相反，LVM可以清晰地“看”，但在语言推理上是薄弱的。在这个背景下，出现了将LLM和LVM进行融合研究的方法，进而延伸出结合文本、图像、视频、语音等多种模态的数据进行建模的研究。和传统的AI模型一样，多模态AI也分为判别式和生成式，典型的模型包括CLIP和OFA。

MLLM最初集中在通过文本提示输出图像（AI绘画）、生成视频（文生视频）

和音乐创作（文生音频）等方面。现在已经有了更进一步的研究：①选择特定对象的特定区域进行理解；②增强多模态输入支持；③同时输出不同的模态；④多国语言支持；⑤向医学图像理解、文档解析、多模态代理（具身代理、GUI代理）等其他领域扩展。

表13-1整理了一些具有影响力的MLLM模型及其发展历程，数据仅统计到2024年3月份。人工智能的发展更新速度很快，数据也会不断更新变化。可扫码查看完整表格。

MLLM
大模型资料

表13-1 MLLM清单

年份	名称	第一单位	链接	是否开源
2022	VIMA	NVIDIA	https://arxiv.org/abs/2210.03094	×
	Flamingo	DeepMind	https://arxiv.org/abs/2204.14198	×
2023	KOSMOS-1	Microsoft	https://arxiv.org/abs/2302.14045	√
	PaLM-E	Google	https://arxiv.org/abs/2303.03378	√
	LLaMA-Adapter	Shanghai Artificial Intelligence Laboratory	https://arxiv.org/abs/2303.16199	×
	BLIP-2	Salesforce Research	https://arxiv.org/abs/2301.12597	√
	LLaMA-VID	CUHK	https://arxiv.org/abs/2311.17043	√
	LanguageBind	Peking University	https://arxiv.org/abs/2310.01852	√
	LLaVA1.5	University of Wisconsin-Madison	https://arxiv.org/abs/2310.03744	√
	CogVLM	Tsinghua University	https://arxiv.org/abs/2311.03079	√
	Ferret	Columbia University	https://arxiv.org/abs/2310.07704	√
	GLaMM	Mohamed bin Zayed University of AI	https://arxiv.org/abs/2311.03356	√
	……			
2024	MoE-LLaVA	Peking University	https://arxiv.org/abs/2401.15947	√
	TextMonkey	Huazhong University of Science and Technology	https://arxiv.org/abs/2403.04473	√
	MobileAgent	Beijing Jiaotong University	https://arxiv.org/abs/2401.16158	√
	MM1	Apple	https://arxiv.org/abs/2403.09611	×

一个典型的MLLM可以抽象为3个模块，即预训练的模态编码器（Modality Encoder）、预训练的大型语言模型（LLM），以及连接它们的模态接口。图像和视频编码器接收和预处理光学信号，类似人类的眼睛；音频编码器接收和预处理声学信号，类似人类的耳朵；LLM理解并推理，类似人的大脑。模态接口用于对齐不

同的模态，一些MLLM还包括一个生成器来输出除文本之外的其他模态。

虽然MLLM时代才刚刚开始，但是AI技术的迭代和进化速度远超人类想象，日益强大的计算能力和庞大的数据支持将大大加速MLLM的研究。

13.2.1　AI绘画

多模态大语言模型的经典应用就是AI绘画了。所谓的AI绘画就是我们通过自然语言的描述让AI生成相应的电脑绘画，这个描述词通常称为“咒语”。图12-4就是用通义万相根据古诗“枯藤老树昏鸦，小桥流水人家，古道西风瘦马，夕阳西下，断肠人在天涯”生成的国风绘画。

从这个案例中我们发现，同样的提示词和描述，AI可以生成多幅不同的画。

本书也有很多图片来自AI绘画，可见AI绘画已经具有很好的表现能力，并能给我们日常的工作生活带来便利。

图13-4　AI绘画案例

AI绘画历史久远，但真正进入普通大众视野的是最近出现的Stable Diffusion开源项目。基于该项目的AI绘画已经涌现出一批新兴岗位，对传统的产业链形成了巨大冲击。

AI绘画大致分为基于规则、基于深度学习和多模态大语言模型3个发展阶段，如图13-5所示。

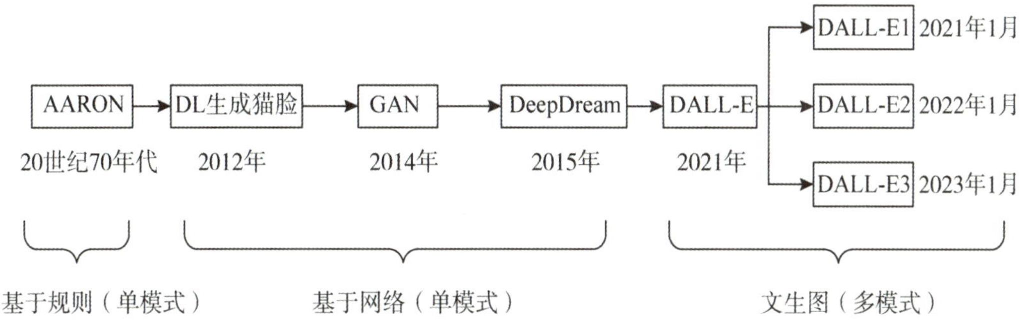

图13-5　AI绘画发展三阶段

1.AI绘画鼻祖——AARON

20世纪70年代，艺术家哈罗德·科恩发明了AARON，AARON能通过机械臂进行作画。控制机械臂的是一套计算机程序算法，是一种基于规则的算法。

最初ARRON绘制的图带有浓厚的抽象风格，到了20世纪90年代，AARON已经能够使用多种颜色进行绘画，并可以在三维空间中创作。AARON不断迭代，至今仍然在创作。

2006年，伦敦大学金史密斯学院的计算机创作学教授Colton开发了另一种基于规则算法的AI绘画产品The Painting Fool，它可以观察并提取照片里的块颜色信息，再使用现实中的绘画材料如油漆、粉彩等进行创作。

2.深度学习模型

2012年，谷歌的吴恩达和杰夫·迪恩使用卷积神经网络（Convolutional Neural Networks，CNN），在不断投喂大量猫脸图片训练出了一个能够生成模糊猫脸的模型。这代表了AI绘画的一个重要起点。他们使用了1.6万个CPU核心和来自YouTube的一千万张猫脸图片进行了为期3天的训练，成功训练出了一个能够生成模糊猫脸的深度神经网络模型。虽然最初的模型图像质量不高，但它证明了深度学习模型（Deep Learning，DL）能够学习到图像的复杂特征，并可用于生成新的图像内容。

3.生成式对抗网络

生成式对抗网络（Generative Adversarial Networks，GAN）通过生成器和判别器的对抗过程来生成图像。它由加拿大蒙特利尔大学伊恩·古德费洛等人于2014年提出，其基本原理如下：

生成器：目的是让生成器的图能够骗过判别器，让它认为这张图就是原始数据库中的真实图片而非模型生成的。输出结果越趋近于1就能说明生成模型效果越好。

判别器：目的是有效地辨别出生成器生成的图片。输出结果越趋近于0就能说明生成模型效果越好。

生成器和判别器不断进行对抗，当输出的结果无限趋近于0.5（纳什均衡）时，模型训练完成。

现在熟知的Midjourney底层就是基于GAN模型。

4.Deep Dream

Deep Dream（深梦）是谷歌于2015年推出的图像生成工具，该模型通过不断优化输入的图像来实现目标图像的生成，其原理大致如下：

首先要有一个训练好的CNN进行图像分类，然后随机初始化一个图像X（X可以是随机噪声，也可以是一幅图像）。X经过CNN输出的是分类图像的概率。指定需要生成的分类图像标签，如“猫”。CNN预测结果与实际结果的误差会通过反向传播算法调整输入图像X的像素，最后生成特征值与真实图像分类高度接近的新图像，实现类似“滤镜”的变换效果。生成的图像既保留了图像分类最基本的特征，又有许多新的变化。

5.DALL-E

从AARON到Deep Dream，无论是基于规则还是基于深度学习的AI绘画，都还是单模态的，都没实现文字→图片的效果。直到2021年OpenAI推出DALL-E才真正实现文字→图片的多模态生成方式。只要用户输入提示词，DALL-E就能生成文字对应的图片。DALL-E发展至今，经历了3个版本，技术架构区别比较大：

DALL-E1：GPT-3（Transformer）＋VAE（自分编码器）；

DALL-E2：CLIP（视觉语言预训练模型）＋Diffusion（扩散模型）；

DALL-E3：CLIP＋VAE＋Diffusion（扩散模型）；

前面讲过Transformer，这里简单了解一下CLIP。

在CLIP模型中，文本信息通过文本编码器进行编码，图像信息通过图像编码器进行编码，二者的编码信息存入多模态的隐空间中。所谓的隐空间就是数据的一种表示和存储方式，即将现实世界的实体（如本文中的图像、文本）编码为计算机算法可运算的数据格式。文本编码器和图像编码器的参数经过模型训练获得最优值，以实现文本与图像的匹配，如图13-6所示。

当前许多主流大语言模型都内嵌了文生图功能，但真正专业化的AI绘画工具只有Midjourney和Stable Diffusion几种，其中Midjourney需要在它的平台上进行制作，并有不少限制，如生图数量、GPU时间等。Stable Diffusion是开源免费项目，可以部署在本地。

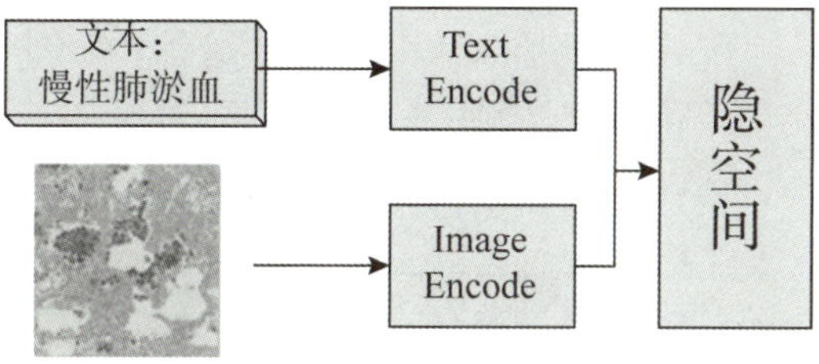

图13-6　CLIP结构

13.2.2　扩散模型

Stable Diffusion的核心部件是扩散模型（Diffusion Models）。扩散模型能够让AI生成以假乱真的图片、视频和音乐。它们的名字来源于自然界的扩散现象，就像水里的墨水慢慢散开一样，如图13-7所示。

扩散模型通过逆转扩散过程来生成新数据，也就是说，它通过在数据中添加随机噪声，然后再逆转这个过程，实现从噪声数据中恢复原始数据分布，创造出新的数据。比如DALL-E 3、Stable Diffusion、Sora等，只要告诉它们你的想法，就能生成你想要的图片或者视频。

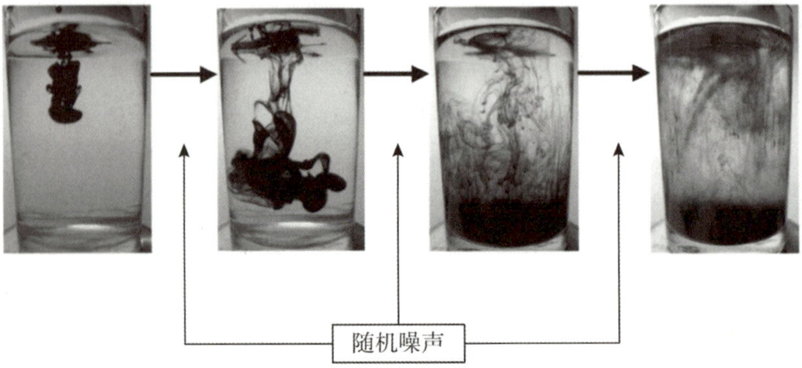

图 13-7 墨水在水中的扩散过程

就扩散模型的训练来说，用于训练的图像是整体图像的随机抽样（比如1000张狗的照片是无数狗的照片的随机抽样结果）。如果我们从这些训练样本中估算出整体的真实分布$p(x)$，那么即可从该分布$p(x)$中源源不断地采样出新的图像，这就是AI图像生成的原理。扩散模型就是这样一种能从训练样本中训练出真实分布的计算机算法，是从物理热力学中的物质扩散现象中受到启发而设计的一个人工智能深度学习模型。该模型分前向（扩散）和反向（去噪）两个过程，如图13-8所示。

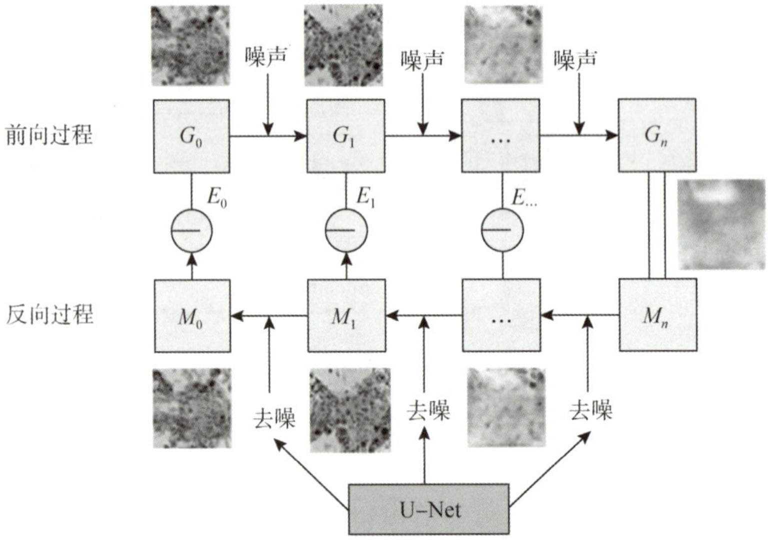

图 13-8 病理切片图像的扩散模型

1. 前向（扩散）过程

原始图像G_0经过不断加入高斯噪声生成模糊图像（即打马赛克），经过一定的步骤n，最终生成一幅不再扩散的稳定图像G_n。

2. 反向（去噪）过程

从图像$M_n = G_n$出发，通过带参数的模型U-Net一步步实现去噪过程并恢复图像的原始状态，经过n步，最终获得去噪后的图像M_0。这个模型U-Net就是扩散模型。

3.模型优化

通过训练模型U-Net的参数，满足前向噪声和反向预测噪声的分布残差E最小化，就获得了所需建立的扩散模型。

4.图像特征

扩散模型假设最终那幅稳定的图像$M_n = G_n$就是该图的特征值。虽然人眼无法理解，但AI能记住、识别并理解。AI将这个特征图与文字的词向量关联——AI绘画的生成过程就是从文字的词向量映射到图像的特征向量，再从特征向量出发进行反复去噪，恢复出原始的图像。由于去噪的过程带有随机性，因此能生成不同的图像，并保持高级特征不变。

13.2.3 MLLM研究前沿

人类是通过对多种模态的输入信号进行综合判断后做出决策，由此可见，MLLM是通往通用人工智能（Artificial General Intelligence，AGI）的必由之路。目前所知人类拥有的六感，即视觉、听觉、嗅觉、味觉、触觉和直觉，除直觉外，其他五觉都已经有相应的传感器进行信号的获取。它们在经过模数（Analog to Digital，AD）转换后能被计算机分析。我们不难发现，MLLM的研究才刚刚开始。目前的模型还远没有实现对五感的综合建模，但相信已经有大量的人工智能科学家在向这个方向努力。

至于第六感直觉，又叫知觉或者心觉，是一种非逻辑、非意识的感知能力，它可能是基于我们的经验、知识和潜意识来做出的快速判断或预测。直觉有时能够超越我们的常规感官认知，给出一些难以解释但准确的感受或判断。

事实上，第六感是否真的存在，科学界一直有争议。比如对于一个词“苹果”，儿童只能联想到是一种水果，而成年人则能联想到手机、公司、名字、密码等。在我们学习了本书人工智能的知识后，我们已经知道这跟这个词的向量维度有关——维度越多，可联想的可能性越多。再结合情景能做出的概率最大的指向，如果这个指向出乎常理（非逻辑），我们就会把其归为“直觉”。从这个角度去理解直觉，直觉就不再神秘，只是不同的人理解事物的维度不同而已。因而人工智能天生具备了“直觉”能力，因为对于一个输入模态（文本、图像、视频等），我们可以设定任意大小的维度进行特征提取，这也是当前AI看起来比人类强大的本质所在。

作为启发，笔者设想了一种新的MLLM架构，如图13-9所示。

我们把视频看作是图像的时间序列，即图像流。图13-9中各种编码器、MLLM、LLM和多模态解码器都可以是一种深度学习网络结构，它们对人类的五感信号进行编码后映射到同一隐空间进行对齐。模型经过训练产生AI直觉。由此可见，MLLM的研究是一个非常综合的跨学科研究，充满挑战，也充满机遇。

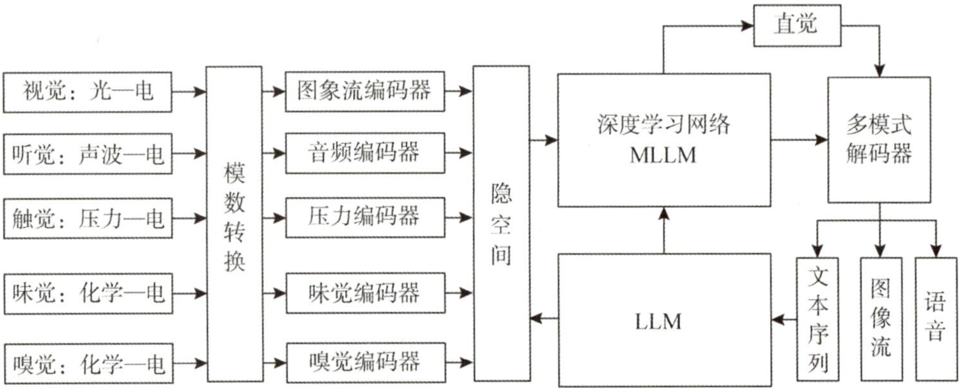

图 13-9　MLLM 研究路径设计

作为一个成功的案例，我们介绍一篇 2024 年 5 月 28 日发表在顶级期刊 *Nature* 上的论文——*A Multimodal Generative AI Copilot for Human Pathology*（《人类病理学的多模态生成人工智能》）。该论文将多模态生成式 AI 应用到临床，提出了一个名为 PathChat 的临床病理学诊断助手，如图 13-10 所示。

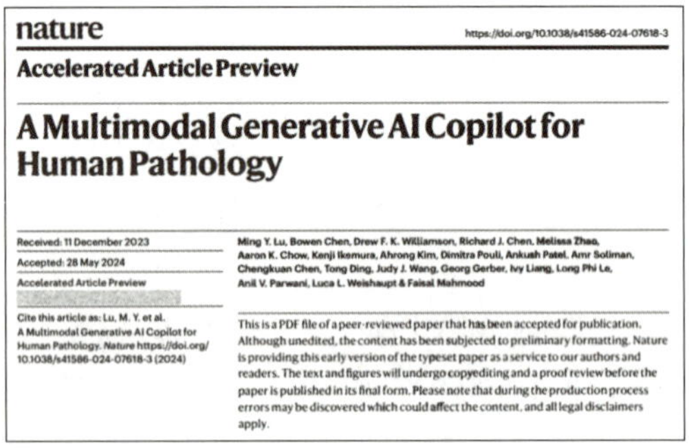

nature　https://doi.org/10.1038/s41586-024-07618-3

Accelerated Article Preview

A Multimodal Generative AI Copilot for Human Pathology

Received: 11 December 2023

Accepted: 28 May 2024

Accelerated Article Preview

Cite this article as: Lu, M. Y. et al. A Multimodal Generative AI Copilot for Human Pathology. *Nature* https://doi.org/10.1038/s41586-024-07618-3 (2024)

Ming Y. Lu, Bowen Chen, Drew F. K. Williamson, Richard J. Chen, Melissa Zhao, Aaron K. Chow, Kenji Ikemura, Ahrong Kim, Dimitra Pouli, Ankush Patel, Amr Soliman, Chengkuan Chen, Tong Ding, Judy J. Wang, Georg Gerber, Ivy Liang, Long Phi Le, Anil V. Parwani, Luca L. Weishaupt & Faisal Mahmood

This is a PDF file of a peer-reviewed paper that has been accepted for publication. Although unedited, the content has been subjected to preliminary formatting. Nature is providing this early version of the typeset paper as a service to our authors and readers. The text and figures will undergo copyediting and a proof review before the paper is published in its final form. Please note that during the production process errors may be discovered which could affect the content, and all legal disclaimers apply.

图 13-10　PathChat 发表在 *Nature* 上的文章

PathChat 能够理解并处理视觉和语言输入，提供精确的病理学相关查询响应；从活检切片中正确识别出疾病的准确率高达 89.5%，并可以与临床医生讨论结果。PathChat 的核心组件如下：

第一，视觉编码器。预训练超过 100 万张病理学图像以提取高维图像特征。

第二，多模态投影模块。将视觉特征映射到 LLM 的嵌入空间，使得视觉和语言信息可以结合处理。

第三，大型语言模型。使用 13 亿参数的 LLaMA 2 模型处理复杂的自然语言指令并生成响应。在数据集方面，PathChat 采用一个包含 456916 条指令的数据集，其中包括 999202 次问答回合。数据集来源多样，涵盖了图像说明、PubMed 开放获取文章、病理学病例报告和全视野图像的兴趣区域。此外，研究团队还创建了一个高质量的病理学问答基准（PathQABench），包括从多家医院收集的 105 例全视野图像。如图 13-11 所示，其评估方法包括多选诊断问题和开放性诊断问题，分别测试了PathChat在病理图像分析和临床背景结合诊断中的表现。

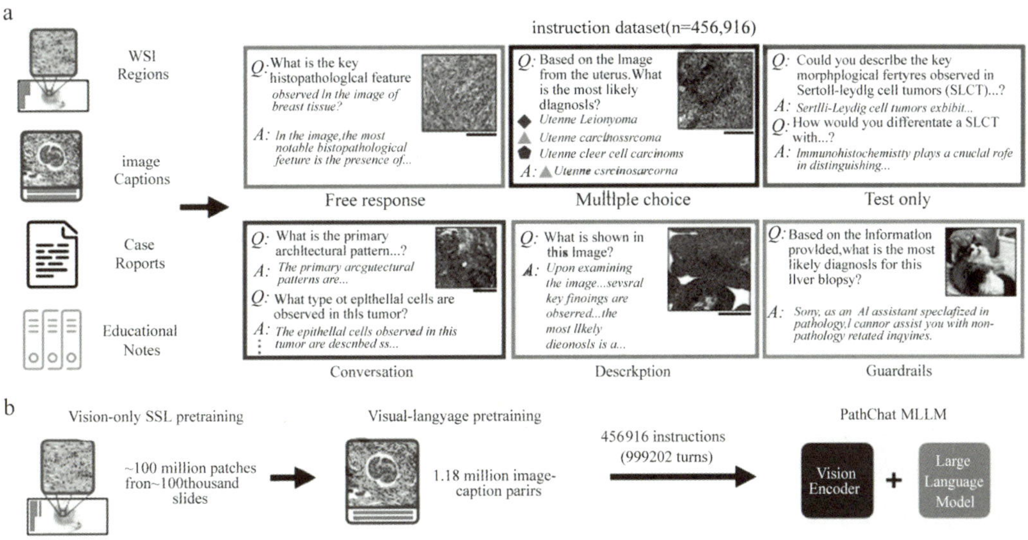

图13-11 PathChat设计方案

13.3 本章小结

数据的隐私安全越来越受到人们的重视，因此，定制私人的AI助手将会是未来最主要的应用场景之一，这就需要我们掌握在预训练的模型上进行微调的技术。本章通过引入私人助手定制案例，介绍了如何使用现有的开源大模型LLaMA3和ChatLM实现聊天机器人的训练，并保存所有聊天记录。随后介绍了如何用自己的语料对LLaMA3和ChatLM进行微调，以实现私人AI助手的定制。

在本章中，我们对人工智能的研究前沿进行了一些介绍，重点介绍多模态大语言模型（MLLM）、文生图技术、AI绘画等，并以*Nature*上发表的一篇最新研究论文*A Multimodal Generative AI Copilot for Human Pathology*作为结尾，展望人工智能无限广阔的应用前景。

本章习题

一、判断题

1. 提示词微调（Prompt Tuning）主要更新的是embedding参数。 （ ）
2. 扩散模型的名字来源于经济学中的市场扩散理论。 （ ）
3. 扩散模型的前向过程是对原始图像不断加入噪声生成模糊图像。 （ ）

4.RLHF是使用强化学习的方式直接优化带有人类反馈的语言模型，实现了与人类价值观的对齐。（　）

5.文生图技术就是通过用户输入的提示词，从图库中搜索出一幅最近似的图像给用户。（　）

二、选择题

1.关于预训练大语言模型，以下说法正确的是哪些？（　）

A.它们已经具备了所有的专业知识

B.它们经常会出现答非所问的情况

C.它们主要是在公开的语料库中训练，缺乏专业知识训练

D.它们不需要进行微调就能完美适应各种应用场景

2.将个人数据提供给AI平台进行个性化模型训练会存在哪些问题？（　）

A.AI平台无法保证数据的安全性

B.个性化模型训练对个人用户没有实际价值

C.现有的AI平台训练不出符合我们需要的模型

D.个性化模型训练对个人用户来讲费用太昂贵

3.要发挥私人AI助手的优势，必须满足哪些条件？（　）

A.将大语言模型部署在云端服务器上

B.将大语言模型部署在本地的个人电脑上

C.积累足够多的个人数据集

D.重新设计一个全新的语言模型

4.大语言模型的局限性体现在以下哪些方面？（　）

A.需要大量新样本才能进行推理

B.对视觉是“盲目”的

C.无法生成没有见过的内容

D.经常出现AI幻觉

5.图像和视频编码器在多模态大型语言模型中的作用是什么？（　）

A.类似于人类的耳朵，接收和预处理声学信号

B.类似于人类的大脑，进行理解和推理

C.类似于人类的眼睛，接收和预处理光学信号

D.类似于生成器，输出除文本之外的其他模态

6.用扩散模型生成图像，在模型训练和图像生成过程中会有哪些步骤？（　）

A.在原始图像中添加随机噪声

B.通过判别器来辨别图像生成的效果

C.通过训练模型U-Net的参数，满足前向噪声和反向预测噪声的分布残差最小化

D.从噪声数据中恢复原始数据分布

7.以下哪个应用采用的是扩散模型技术来生成图像或视频？（　）

A.GPT-2　　B.DALL-E 3

C.Stable Diffusion　　D.Sora

8.AARON是哪位艺术家发明的？ （ ）

A.约翰·沃特斯 B.杰克逊·波洛克

C.哈罗德·科恩 D.安德鲁·怀斯

9.DALL-E3的技术架构包含哪些组件？ （ ）

A.GPT-3（Transformer） B.VAE（自编码器）

C.CLIP（视觉语言预训练模型） D.Diffusion（扩散模型）

10.CLIP模型的作用和目标有哪些？

A.将现实世界的实体编码为计算机算法可运算的数据格式

B.实现文本与图像的匹配

C.生成高质量的图像

D.通过训练获得文本编码器和图像编码器的最优参数

三、简答题

1.简述AI绘画的3个主要发展阶段。

2.什么是隐空间？

3.列举微调大语言模型的5种方法。

四、应用题

1.从Hugging Face网站上下载一个预训练的大模型，并用该模型进行一次问答对话。

2.根据自己所学的专业，设计一个MLLM框架，解决专业上的一个问题。

参考文献

[1] 陈春晖，翁恺，季江民. Python程序设计 [M]. 2版. 杭州：浙江大学出版社，2022.

[2] 陈张一，朱朝阳，危晓莉，等. 文生图扩散模型技术在病理学教学中的应用 [J]. 基础医学教育，2024，26（11）：980-985.

[3] 古天龙. 人工智能伦理及其课程教学 [J]. 中国大学教学，2022（11）：35-40.

[4] 古德费洛，本吉奥，库维尔. 深度学习 [M]. 北京：人民邮电出版社，2020.

[5] 胡晓武，秦婷婷，李超，等. 智能之门：神经网络与深度学习入门（基于Python的实现）[M]. 北京：高等教育出版社，2020.

[6] 何钦铭，谢红霞. 大学计算机问题求解基础 [M]. 北京：高等教育出版社，2022.

[7] 柯博文. Tensorflow 深度学习：手把手教你掌握100个精彩案例（Python版）[M]. 北京：清华大学出版社，2022.

[8] 李德毅. 人工智能导论 [M]. 北京：中国科学技术出版社，2018.

[9] 刘鹏，曹骝，吴彩云，等. 人工智能：从小白到大神 [M]. 北京：中国水利水电出版社，2021.

[10] 林定夷. 问题学之探究 [M]. 广州：中山大学出版社，2016.

[11] 梁启雄. 荀子简释 [M]. 北京：古籍出版社，1956.

[12] 陆汉权. 数据与计算 [M]. 4版. 北京：电子工业出版社，2019.

[13] 山口达辉，松田洋之. 图解机器学习和深度学习入门 [M]. 张鸿涛，戴凤智，，高一婷，译. 北京：化学工业出版社，2023.

[14] 昇思MindSpore全场景AI框架 [EB/OL]. [2025-02-10]. https://www.mindspore.cn.

[15] 通义万相 [EB/OL]. [2025-02-10]. https://tongyi.aliyun.com/wanxiang.

[16] 文心一言 [EB/OL]. [2025-02-10]. https://yiyan.baidu.com.

[17] 吴飞. DeepSeek：迈向全社会分享的普遍智能 [EB/OL].（2025-02-03）[2025-02-10]. https://www.jfdaily.com/staticsg/res/html/web/newsDetail.html?id=854432&sid=12.

[18] 吴飞. 走进人工智能 [M]. 2版. 北京：高等教育出版社，2024.

[19] 吴飞. 人工智能导论：模型与算法 [M]. 北京：高等教育出版社，2020.

[20] 吴飞，潘云鹤. 人工智能引论 [M]. 北京：高等教育出版社，2024.

［21］吴超，祁玉，蒋卓人，等. 人工智能通识基础（社会科学）［M］. 杭州：浙江大学出版社，2025.

［22］吴明晖. 深度学习应用开发：TensorFlow实践［M］. 北京：高等教育出版社，2022.

［23］徐岚，魏庆义，严戈. 学术伦理视角下高校使用生成式人工智能的策略与原则［J］. 教育发展研究，2023，43（19）：49-60.

［24］许端清，陈静远，唐谈，等. 人工智能通识基础（人文艺术）［M］. 杭州：浙江大学出版社，2025.

［25］张立文. 能所相资论：中国哲学元理［J］. 河北学刊，2020，40（5）：17.

［26］赵春晓，魏楚元. 多智能体技术及应用［M］. 北京：机械工业出版社，2021.

［27］DeepSeek［EB/OL］.［2025-02-10］. https://www.deepseek.com.

［28］Lu M Y，Chen B，Williamson D F K，et al. A multimodal generative AI copilot for human pathology［J］. Nature，2024，634（8033）：466-473.

［29］Popper K R. All life is problem solving［M］. London：Psychology Press，1999.

附录　本书常用名词术语解释

名词	英文解释	中文解释
AES	Advanced Encryption Standard	高级加密标准
AGI	Artificial General Intelligence	通用人工智能
AI	Artificial Intelligence	人工智能
AIGC	Artificial Intelligence Generated Content	人工智能生成内容
ASIC	Application-Specific Integrated Circuit	专用集成电路
BERT	Bidirectional Encoder Representations from Transformers	“双向编码器表征法”或“双向变换器模型”
Bi-RNN	Bidirectional Recurrent Neural Network	双向循环神经网络
BPU	Brain Processing Unit	大脑处理器
CNN	Convolutional Neural Network	卷积神经网络
CPU	Central Processing Unit	中央处理器
Deep RNN	Deep Recurrent Neural Network	深度循环神经网络
DNN	Deep Neural Network	深度神经网络
DPU	Deep Learning Processing Unit	深度学习处理器
FPGA	Field Programmable Gate Array	现场可编程门阵列
GAI	Generative Artificial Intelligence	生成式人工智能
GAN	Generative Adversarial Networks	生成对抗网络
GPT	Generative Pre-Trained Transformer	生成式预训练变换器
GPU	Graphics Processing Unit	图形处理单元
GRU	Gated Recurrent Unit	门控循环单元
IDE	Integrated Development Environment	集成开发环境
LSTM	Long Short Term Memory	长短期记忆网络
MLM	Masked Language Model	遮蔽语言模型
MLP	Multilayer Perceptron	多层感知器
MLLM	Multimodal Large Language Model	多模态大语言模型
NLP	Nature Language Process	自然语言处理
NPU	Neural Network Processing Unit	神经网络处理器
RNN	Recurrent Neural Network	循环神经网络
SVM	Support Vector Machine	支持向量机
TPU	Tensor Processing Unit	张量处理器